金仓数据库 KingbaseES SQL 编程

张 俊 曹志英 张德珍 杜 胜 冯 玉 编著

清华大学出版社

北京

内 容 简 介

本书介绍 KingbaseES SQL 编程的语言基础、数据类型、数据库对象、SQL 查询、DML 语句、事务处理、外部数据访问、编程接口等基本知识,并以一个在线网络购物平台数据库为例说明如何进行 KingbaseES SQL 编程的实际应用。

全书共分为 10 章:第 1 章概述 KingbaseES 数据库发展历史和本书用例库;第 2 章介绍 SQL 基础;第 3 章介绍各种数据库对象;第 4 章介绍各种 SQL 查询语句;第 5 章介绍插入、更新、删除等 DML 语句;第 6 章介绍事务处理相关内容;第 7 章介绍用户与权限管理;第 8 章介绍外部数据访问的原理和方法;第 9 章介绍文本搜索、XML 和 JSON 等复杂数据类型;第 10 章介绍 JDBC、Python 等 KingbaseES 编程接口。本书提供了大量实用的例子。

本书适合作为数据库应用开发人员的参考书,也适合作为高等院校计算机大类本科生和研究生学习数据库的参考书,同时可供学习和应用数据库的开发人员、广大科技工作者和研究人员参考。

本书封面贴有清华大学出版社防伪标签,无标签者不得销售。

版权所有,侵权必究。举报:010-62782989,beiqinquan@tup.tsinghua.edu.cn。

图书在版编目(CIP)数据

金仓数据库 KingbaseES SQL 编程/张俊等编著. —北京:清华大学出版社,2023.8
ISBN 978-7-302-64032-5

Ⅰ.①金… Ⅱ.①张… Ⅲ.①关系数据库系统—程序设计 Ⅳ.①TP311.132.3

中国国家版本馆 CIP 数据核字(2023)第 128935 号

责任编辑:张 玥 薛 阳
封面设计:常雪影
责任校对:胡伟民
责任印制:曹婉颖

出版发行:清华大学出版社
      网　　址:http://www.tup.com.cn,http://www.wqbook.com
      地　　址:北京清华大学学研大厦 A 座　　　　邮　　编:100084
      社 总 机:010-83470000　　　　　　　　　　邮　　购:010-62786544
      投稿与读者服务:010-62776969,c-service@tup.tsinghua.edu.cn
      质量反馈:010-62772015,zhiliang@tup.tsinghua.edu.cn
      课件下载:http://www.tup.com.cn,010-83470236
印 装 者:天津安泰印刷有限公司
经　　销:全国新华书店
开　　本:185mm×260mm　　　　印　　张:22　　　　字　　数:553 千字
版　　次:2023 年 10 月第 1 版　　　　　　　　印　　次:2023 年 10 月第 1 次印刷
定　　价:75.00 元

产品编号:100503-01

前　言

金仓数据库 KingbaseES 是由人大金仓公司研发的一款面向大规模并发交易处理的企业级关系数据库,融合了人大金仓公司在数据库领域几十年产品研发与企业级应用的实践经验,可满足各行业用户多种场景的数据处理需求。KingbaseES 遵循严格的 ACID 特性、结合多核架构的极致性能、行业最高的安全标准、完备的高可用方案,以及可覆盖迁移、开发及运维管理全使用周期的智能便捷工具,可为用户带来极致的使用体验。金仓数据库 KingbaseES 广泛服务于电子政务、能源、金融、电信等六十余个重点行业和关键领域,累计装机部署超过 100 万套,入选国务院国有资产监督管理委员会发布的十项国有企业数字技术典型成果。

关系数据库仍然是目前数据存储和管理的主要方式,SQL 是操作关系数据库的标准语言,其以简单易学、功能强大、适用面广等优点,成为数据库管理和数据库应用开发必须掌握的编程语言之一。本书以 KingbaseES SQL 编程的语言基础、数据类型、数据库对象和 SQL 查询为重点,以一个在线网络购物平台数据库为例,重点讲解了使用 KingbaseES SQL 进行数据库应用开发的知识点和具体应用。

本书以 IT 企业对数据库应用开发人员技术能力要求为基础,以实践能力培养为目标,梳理了 KingbaseES SQL 编程的知识点,并形成相应章节安排,便于学习和掌握;本书提供大量的实际例子,注重实践能力的训练和提高。使用本书,可以提高读者使用 SQL 进行数据库应用开发的能力。本书既可以作为数据库应用开发人员的参考书,也可以作为计算机类专业各层次学生学习和应用数据库的参考书。

全书共分为 10 章,章节安排以 KingbaseES SQL 编程知识点为主线展开,内容讲解由浅入深,层次清晰,通俗易懂。第 1 章概述 KingbaseES 数据库发展历史、技术特点、SQL 标准、开发环境和本书用例库;第 2 章介绍 KingbaseES SQL 基础,包括标识符与关键字、常用数据类型与操作符、函数、数据类型转换;第 3 章介绍数据库、模式、表空间、表、约束、索引、视图、同义词、序列,以及系统表和系统视图;第 4 章介绍各种 SQL 查询,包括单表查询、分组聚集查询、连接查询、子查询、层次查询,以及使用窗口函数等高级分析 SQL 查询;第 5 章介绍插入、更新、删除等 DML 语句;第 6 章介绍 KingbaseES 事务处理相关内容,包括事务定义和提交、隔离级别、死锁和显式封锁;第 7 章介绍用户管理、权限管理和行级权限管理;第 8 章介绍通过 kdb_database_link、DBLINK 和 FDW 三种方式访问外部数据的原理和方法;第 9 章介绍文本搜索、XML 和 JSON 等复杂数据类型;第 10 章介绍 KingbaseES 编程接口,包括 JDBC 和 Python,以及 Hibernate 应用开发框架。本书针对 SQL 和语法提供了大量实用的例子。

金仓数据库**KingbaseES** SQL编程

本书具有以下特点。

（1）遵照 SQL 编程语言知识点体系合理安排章节，组织相关知识点与内容。

（2）注重数据库原理、SQL 和实践相结合，从头到尾融入一个实际用例库，使得读者在掌握 SQL 的同时能够提高数据库应用开发过程中分析问题和解决问题的实践动手能力，启发读者的创新意识。

（3）每个章节中的知识点都包括基本原理、概念和作用的概述、SQL 基本语法、例子和运行结果及分析说明，将知识点有机地串联在一起，便于读者掌握与理解。

（4）本书提供配套的用例库和源代码。

本书由张俊、曹志英、张德珍、杜胜、冯玉共同编写。本书大纲由杜胜、冯玉拟制，第 1～3、6～9 和 10 章由张俊执笔，第 4～5 章由曹志英执笔，张德珍参与本书的编写讨论和用户案例库设计，最后由张俊统稿，杜胜和冯玉参与本书撰写过程的全部讨论，并对本书进行审定，提出大量宝贵的修改意见和建议。

同时，大连海事大学信息科学技术学院 2020 级本科生孙明渝负责第 1 章和第 8 章、张怡如负责第 2 章和第 9 章、徐宇佳负责第 3 章、韩丰负责第 4 章、第 6 章和第 10 章、丁嘉怡负责第 5 章和第 7 章，他们分别收集整理了各章节相关素材并设计和验证了相关例子。在编写过程中，参阅了北京人大金仓公司、甲骨文（Oracle）公司、PostgreSQL 开源数据库等相关的数据库文档、联机帮助和教学培训成果，也吸取了国内外相关参考书的精髓，对这些作者的贡献表示由衷的感谢。本书在出版过程中，得到了中国人民大学王珊教授的支持和帮助；还得到了清华大学出版社的大力支持，在此表示诚挚的感谢。

由于作者水平有限，书中难免有不妥和疏漏之处，恳请各位专家、同仁和读者不吝赐教和批评指正，并与作者讨论。

作　者

2023 年 2 月于大连

目　录

第 1 章

KingbaseES 概述

 ## 1.1　简介

金仓数据库管理系统(简称金仓数据库或 KingbaseES)是北京人大金仓信息技术股份有限公司(简称人大金仓公司)自主研制开发的具有自主知识产权的通用关系型数据库管理系统,是迄今为止唯一入选国家自主创新产品目录的数据库产品。

KingbaseES 是一款面向事务处理应用,兼顾简单分析应用的企业级关系型数据库,支持严格的 ACID 特性,结合多核架构的极致性能,符合行业最高的安全标准,具备完备的高可用方案,并提供可覆盖迁移、开发及运维管理全使用周期的智能便捷工具。该产品融合了人大金仓公司在数据库领域多年的产品研发经验和企业级应用经验,可满足各行业用户多种场景的数据处理需求,例如,可用作管理信息系统、业务及生产系统、决策支持系统、多维数据分析、全文检索、地理信息系统、图片搜索等各种应用的承载数据库。

人大金仓公司专注数据库领域二十余载,具备出色的数据库产品研发及服务能力。曾先后承担国家"863"、电子发展基金、信息安全专项、国家重点研发计划、"核高基"等重大课题研究。核心产品金仓数据库管理系统 KingbaseES 是具备国际先进水平的大型通用数据库。2018 年,人大金仓公司申报的"数据库管理系统核心技术的创新与金仓数据库产业化"项目荣获国家科学技术进步二等奖,人大金仓公司成为迄今为止数据库领域唯一获得国家级奖项的企业。

人大金仓公司具备国内领先的数据库产品、服务及解决方案体系,广泛服务于电子政务、国防军工、能源、金融、电信等六十余个重点行业和关键领域,累计装机部署超百万套。2020 年,人大金仓公司实现在国产数据库关键应用领域销售套数占比第一的市场地位。在北京、上海、成都、天津、青岛、福州等地设有研发和服务中心,全国设有多处分公司、办事处及代理合作机构,具备覆盖全国的 7×24h 优质原厂的本地化服务能力,并设立完备的服务体系,为客户提供全面的服务和信息安全保障。未来,人大金仓公司将继续践行数据库领域国家队使命,通过标准建设、人才培育、资源共享,为各行业数字化场景提供数据存储计算支撑。

1.1.1　发展历史

KingbaseES 产品发展历程经历了起步、积累、成长、发展和引领五个阶段(如图 1.1 所示)。

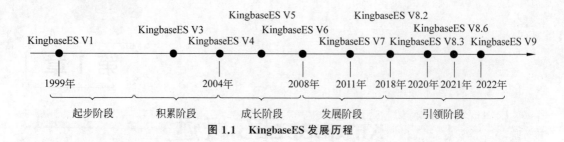

图 1.1　KingbaseES 发展历程

1. 起步阶段(KingbaseES V1)

1999 年,人大金仓公司由中国人民大学及一批最早在国内开展数据库教育、研发和开发的专家正式创立。公司成立后,通过产研结合将人民大学的科研项目产品化,推出自主可控的大型通用关系型数据库 KingbaseES V1。

2. 积累阶段(KingbaseES V3、V4)

经过 KingbaseES V1 到 V3 之间的版本升级迭代后,KingbaseES V4 于 2004 年首次推出,成为国内第一个体系完整、功能完备、产品化程序高的数据库管理系统,完整支持 SQL-92 入门级标准要求,符合 ODBC、JDBC 标准,支持基本的应用开发和系统管理工具。

3. 成长阶段(KingbaseES V5、V6)

2004—2008 年,完成 KingbaseES V4 到 V6 之间的版本升级迭代,正式推出 KingbaseES V6。数据库系统改为多线程架构体系,支持中文字符集和存储管理。支持 Oracle 专有的 SQL、PL/SQL、OCI 等开发接口,支持基本高可用方案,提供逻辑备份和物理备份功能,产品安全能力提升,通过等保四级认证。

4. 发展阶段(KingbaseES V7)

2011 年,全面推出 KingbaseES V7 产品。全面支持国产 CPU、操作系统、中间件等基础软件平台,支持智能查询优化器、缓冲区管理、异步 I/O、数据分区、列存储等多种性能优化手段,安全特性方面增加三权分立、自主访问控制和强制访问控制、数据库审计等功能,采用多种备份方案、日志复制组件等高可靠技术,支持读写分离集群架构。

5. 引领阶段(KingbaseES V8、V9)

2018 年,金仓数据库正式推出 KingbaseES V8.2 版本,新增抽象数据类型、动态 SQL 和快速加载等功能,实现控制文件多路复用以及多同步备机支持,支持读写分离负载均衡技术和自动故障检测与切换。

2020 年,数据库升级为 KingbaseES V8.3 版本。数据库系统改成多进程架构体系,并支持闪回技术、全局临时表、层次查询和表空间限额等技术。

2021 年,KingbaseES V8.6 进入市场,新增了行压缩、实时入侵检测、完整性检查、自治事务等功能,支持远程增量备份还原、服务进程绑核以及原子之类优化等技术。

2022 年 8 月,KingbaseES V9 正式发布,这也是目前金仓数据库面向市场的最新版本,该版本功能更丰富、性能更强劲,具有更强的库内多模计算能力,其压测表现领跑国产数据库,并提供最高级别可用性能力支持。

1.1.2　版本分类

针对不同类型的客户需求,KingbaseES 设计并实现了开发版、标准版、专业版和企业版等多类版本,满足各种业务场景对通用数据库管理系统的技术需求,所有版本全部构建于同一数据库引擎内,在不同平台上,版本完全兼容。KingbaseES 数据库应用程序可从笔记本电脑扩展到台式计算机、大型数据库服务器,以至整个企业网络,而无须重新设计。此外,当用户业务发展需更大的数据处理能力时,KingbaseES 还支持各个版本之间的平滑升级。KingbaseES 目前发布的最新版本为 V9,其各类版本简介如下。

1. 开发版

该版本主要是由 KingbaseES 的开发人员使用,功能极为完善,适用范围广,主要包括:内置的数据容灾保护、查询优化策略、多样化数据缓存机制、面向大数据的并行处理和集群架构、支持国密算法的数据传输和存储保护、全方位访问控制、数据管理能力、系统监控与管理手段、与第三方数据库的兼容、对业内主流中间件和其他应用的支持等。

2. 标准版

该版本主要支撑互联网以及中小企业业务,拥有较高的性价比。标准版主要可以用数据库的日常管理与使用,在应用开发、安全、可管理性等方面只是完成了基本的使用功能。过于复杂的功能或开发,不适用标准版。

3. 专业版

该版本主要由相关技术人员使用,用于部分的数据库开发管理与应用。在应用开发、高可用、安全、可管理性、数据集成等方面,与标准版相比,具有更强大的功能;但与企业版和开发版相比,在数据集成、大数据管理等方面依旧有些许不足。

4. 企业版

该版本是 KingbaseES 的核心产品,主要面向企业级的关键业务应用。它具有大型通用、"三高"(高可靠性、高可用性、高性能)、"两易"(易使用、易维护)和运行稳定等特点。其主要特性与开发版本相同。

1.1.3　技术特性

作为 KingbaseES 产品系列最新一代版本,KingbaseES V9 在系统的安全性、可靠性、可用性、性能和兼容性等方面进行了重大改进,新的技术蕴含无限希望,令人神往。

1. 安全可靠,事在人为

人大金仓公司是国内首个通过商用密码二级认证的数据厂商。KingbaseES V9 作为国内安全等级最高(同时通过公安部安全四级与 EAL4+)的数据库系统,在保障用户数据安全方面提供了丰富的安全策略,同时还进行了多项安全性增强改进。

2. 高度容错,稳定可靠

针对企业级关键业务应用的可持续服务需求,KingbaseES 提供可在电力、金融、电信等核心业务系统中久经考验的容错功能体系,通过如数据备份、恢复、同步复制、多数据副本等高可用技术,确保数据库 $7\times24h$ 不间断服务,实现 99.999% 的系统可用性。

3．应用迁移，无损高效

针对从异构数据库将应用迁移到 KingbaseES 的场景，KingbaseES 一方面通过迁移评估工具实现异构数据库兼容性评估、迁移转换，降低数据库的迁移成本和周期，另一方面通过智能便捷的数据迁移工具，实现无损、快速数据迁移。另外，KingbaseES 还提供高度符合标准（如 SQL、ODBC、JDBC 等）并兼容主流数据库（如 Oracle、SQL Server、MySQL 等）语法的服务器端、客户端应用开发接口，可最大限度地降低迁移成本。KingbaseES 迁移工具还能够自动选择迁移失败的对象，实现再次迁移。

4．人性设计，简单易用

KingbaseES 提供了全新设计的集成开发环境（IDE）和集成管理平台，能有效降低数据库开发人员和管理人员的使用成本，提高开发和管理效率。

5．性能强劲，扩展性强

针对企业业务增长带来的数据库并发处理压力，该版本提供了包括并行计算、索引覆盖等技术在内的多种性能优化手段。此外，提供了基于读写分离的负载均衡技术，让企业能从容应对高负载大并发的业务。

1.1.4 系统安装

从人大金仓公司官网下载最新版 KingbaseES 安装文件压缩包和授权文件压缩包。下载成功后，解压安装包文件，运行安装程序即可以安装 KingbaseES 最新版本了。安装KingbaseES 时要注意如下几点。

（1）准备好产品许可证协议，不同的 KingbaseES 版本需要相应的授权文件。

（2）设置好数据库系统文件的安装目录。

（3）设置好数据安装目录，通常数据库系统文件目录与数据文件目录不在一个分区上，一旦系统坏了，不至于导致数据文件丢失。

（4）设置端口号（默认为 54321）和超级用户 system 密码。一旦遗忘密码就要重新安装KingbaseES。

安装完成 KingbaseES 之后，可以按照如下方法验证 KingbaseES 是否安装成功（以Windows 环境为例）。

（1）在"计算机管理（本地）"→"服务和应用程序"→"服务"中，可以看到 KingbaseES 自动安装了一个 kingbase_instance 实例服务，并且是自动运行状态。

（2）在"程序"菜单中找到 KingbaseES，然后找到数据库开发管理工具（KStudio），运行它，就可以连接数据库服务器实例 kingbase_instance，进行数据库管理。

（3）在命令窗口（cmd）中使用 KSQL 命令行工具执行"ksql -U system TEST"命令，测试数据库是否安装成功，如果能连上，则表明安装成功。

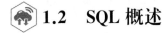

1.2 SQL 概述

1.2.1 SQL 特点

结构化查询语言（Structured Query Language，SQL）是一种非过程化的数据库命令语言,能使用户方便地操作关系数据库。SQL 已经成为关系数据库管理系统标准的查询语言,也是数据库最重要的操作语言,目前绝大多数的关系数据库系统都支持它。

SQL 具有综合统一、高度非过程化、面向集合操作、同一种语法结构提供多种使用方式、语言简洁且易学易用等特点(如表 1.1 所示)。

表 1.1　SQL 特点一览

特　点	含　义	示　例
综合统一	集数据定义语言(Data Definition Language, DDL),数据操纵语言(Data Manipulation Language,DML),数据控制语言(Data Control Language,DCL)于一体	DDL:CREATE、ALTER、DROP DML:SELECT、INSERT、UPDATE、DELETE DCL:GRANT、REVOKE
高度非过程化	只要提出"要什么""怎么做"由 DBMS 自动决定,存取路径选择以及 SQL 的操作过程由系统自动完成	SELECT goodname FROM Good WHERE goodid ='100232901206'
面向集合操作	SQL 采用集合操作方式,操作数和操作结果都是集合	SELECT * FROM Good; Good 是集合,结果也是集合
同一种语法结构多种使用方式	独立的高级语言,用于联机交互使用;又是嵌入式语言,SQL 能够嵌入到高级语言(例如 C、C++、Java)程序中使用	
语言简洁且易学易用	SQL 功能极强,完成核心功能只用了 9 个动词	CREATE、ALTER、DROP、SELECT、INSERT、UPDATE、DELETE、GRANT、REVOKE

1.2.2　SQL 功能组成

SQL 是高度综合统一的数据库操作语言,主要包括数据定义、数据操纵和数据控制三类功能(如表 1.2 所示)。

表 1.2　SQL 功能组成

SQL 功能	解　释	示　例
数据定义	创建、修改或删除数据库、表、视图、约束、序列、同义词等数据库对象	CREATE TABLE table_name(…); ALTER TABLE table_name(…);
数据操纵	添加、删除、更新和查询数据库记录,并检查数据完整性。也有将 DML 中的数据查询功能从 DML 中分离,称为 DQL	SELECT …FROM … WHERE…; INSERT INTO table VALUES(…); UPDATE table SET column = expression; DELETE FROM table_name WHERE …;
数据控制	控制不同数据的访问许可和访问级别,定义了数据库、表、属性(或称列)、用户的访问权限和安全级别	GRANT priviliages ON database_object TO user or role; REVOKE priviliages ON database_object FROM user or role;

1.2.3　SQL 标准

美国国家标准协会(American National Standard Institute,ANSI)将 SQL 作为关系数

据库管理系统的标准语言,推出了一系列的 ANSI SQL 标准,之后,国际标准化组织 (International Standard Organization,ISO)制定了相应的标准,并且 SQL 标准一直在发展和进步,也变得越来越庞大。中国标准化机构也采用 SQL 国际标准或参考国际标准制定了一系列的数据库标准。SQL 是操作访问几乎所有关系数据库管理系统的基础。SQL 标准发展历史参见表 1.3。

表 1.3　SQL 标准发展历史

标准	部分主要新增功能	发布日期
SQL-86	SQL 第一个标准,也叫 SQL1	1986
SQL-89 (FIPS 127-1)	增加完整性约束,以及 C 和 Ada 语言的绑定	1989
SQL-92	主要的版本,叫 SQL2,增加 JOIN 语法,CASE WHEN,CAST	1992
SQL：1999	SQL3,由 5 部分构成,增加 Common Table Expressions（CTEs）,OLAP 分析功能	1999
SQL：2003	增加窗口函数	2004
SQL：2006	增加 SQL-XML 处理	2006
SQL：2008	增加 INSTEAD OF 触发器,TRUNCATE,FETCH	2008
SQL：2011	增加时态数据管理	2011
SQL：2016	增加行模式匹配,JSON 支持	2016
SQL：2019	第 5 部分增加定义多维数组	2019

KingbaseES 的 SQL 遵循 SQL-92 入门级和过渡级标准、SQL：1999 和 SQL：2003 的核心级标准,并在此基础上进行了适当的扩充。本书将介绍 KingbaseES 支持的 SQL 语句,其语法采用巴克斯范式（Backus Normal Form,BNF）描述。KingbaseES 客户端管理工具允许用户不使用 SQL 语句来访问数据库,但这些应用程序在执行用户请求时同样使用了 SQL 语句。

1.3　开发环境概述

1.3.1　命令行开发工具 KSQL

KSQL 是 KingbaseES 的交互式终端程序,允许用户交互地输入、编辑和执行 SQL 命令,位于数据库安装目录的 ClientTools\bin 文件夹中。

KSQL 具体用法如下。

```
ksql [option···] [dbname [username]]
```

该命令使用用户名 username 连接 KingbaseES 数据库实例服务器上的 dbname 数据库。默认端口为 54321。

例 1.1 使用 system 用户连接数据库 Seamart,端口号默认为 54321。

```
ksql -U system -p54321 seamart
```

在 cmd 命令窗口中执行后,提示输入密码,之后将出现 KSQL 的命令程序符♯:

```
Password for user system:
seamart=♯
```

说明:KSQL 显示完最后一行提示符,即可输入 SQL 命令,查询到的结果将显示在 KSQL 的工作区域。

例 1.2 KSQL 中使用 SQL 命令。

```
seamart=♯ SELECT goodid, goodname FROM sales.goods LIMIT 3;
```

运行结果如下。

```
    goodid     |        goodname
---------------+------------------------------
 100007325720 | 小迷糊护肤套装礼盒装
 100012178380 | 小迷糊防晒霜
 608569307386 | 朱顶红蜡球大球
(3 rows)
```

例 1.3 KSQL 中使用非 SQL 命令。

KSQL 应用中存在一些不属于 SQL 命令的内部命令,以反斜线开头,输入"help",将显示部分 KSQL 内部命令,输入"\?",将显示 KSQL 所有内部命令。

```
seamart=♯ help
您正在使用 ksql,这是一种用于访问 Kingbase 的命令行界面.
键入: \copyright 显示发行条款
\h 显示 SQL 命令的说明
\? 显示 ksql 命令的说明
\g 或者以分号 (;) 结尾以执行查询
\q 退出
```

例 1.4 使用 KSQL 非 SQL 命令查看当前模式下 Goods 表结构。

```
seamart=♯ \d Goods
```

说明:假设当前模式为 Sales。如果省略表名,则该命令列出当前数据库当前模式下的所有表、视图和序列等对象列表。

例 1.5 在 KSQL 中连接到一个新数据库。

```
seamart=♯ \c test
```

说明:当前数据库为 Seamart,该命令使用当前用户名连接并切换到 test 数据库。

1.3.2 数据库开发管理工具 KStudio

数据库开发管理工具 KStudio 是人大金仓公司自主研发的一款功能强大的数据库管理工具,可为数据库开发人员、DBA 提供数据库开发、调试、维护等各项功能,完美支持金仓数据库。KStudio 的特点如表 1.4 所示。

表 1.4 KStudio 的特点

特 点	解 释
跨平台	支持主流操作系统,包括 Windows、macOS、Linux 等;支持国产操作系统,包括中标麒麟、银河麒麟、UOS 等
一站式数据库管理	除金仓数据库外,还支持其他主流数据库;提供一站式数据库管理服务;在多源异构开发环境中具有良好的用户体验
全功能 SQL 编辑器	SQL 语法高亮、SQL 解析、智能提示、结果集展示和脚本使用等新功能,提高数据库开发效率;高性能数据加载和查询分析功能
PLSQL 调试	提供匿名块、函数、存储过程、程序包调试功能;支持设置断点、继续、停止、单步跳入、单步执行、单步跳出、控制台输出、设置变量、显示堆栈信息
数据库对比	可统计存在差异的数据库对象,快速定位差异内容,生成对比报告

KStudio 启动后可以直接连接数据库服务器实例,其主界面如图 1.2 所示。

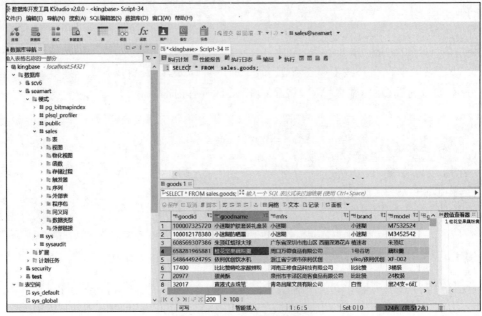

图 1.2 KStudio 操作主界面

图 1.2 中左侧主要是显示或者操控数据库对象的区域,右上部是输入 SQL 命令或者 PL/SQL 命令区域,右下部是 SQL 命令执行结果显示区域。该窗口右部最上面有个下拉框 sales@seamart,显示当前 SQL 操作的数据库和模式名。

通过 KStudio 开发管理工具,几乎可以完成数据库所有的工作,包括创建数据库、表、视图、函数、触发器、存储过程、表空间、用户和角色等,可以调试 SQL 语句和 PL/SQL 代码,可以实现数据库逻辑备份和逻辑恢复等功能。

 ## 1.4 用例库

1.4.1 用例库描述

本书使用海市在线购物平台数据库(简称 Seamart 数据库)作为贯穿始终的用例库。Seamart 数据库中有行政地区划分 Adminaddr、商品分类 Categories、顾客 Customers、店铺 Shopstores、商品 Goods、供应 Supply、订单 Orders、订单项 Lineitems 等表。通过 Seamart 数据库,顾客可以查询购买的商品信息、商品所在店铺信息、商品评论等;店家可以查看顾客信息、店铺商品信息、商品供应以及订单信息等。

1.4.2 用例库模式

1. 概念模式

Seamart 数据库概念模式由行政地区划分 Adminaddr、商品分类 Categories、顾客 Customers、店铺 Shopstores、商品 Goods、供应 Supply、订单 Orders、订单项 Lineitems 等 8 个实体及其之间的联系组成(如图 1.3 所示)。

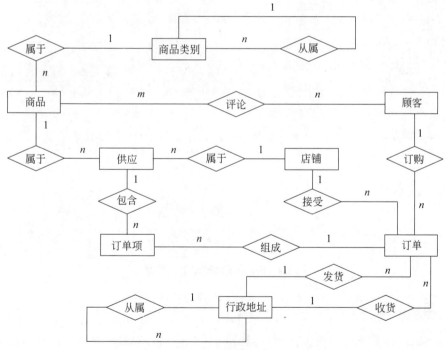

图 1.3 Seamart 数据库概念模型(E-R 图)

2. 逻辑模式

Seamart 数据库的逻辑模型由行政地区划分 Adminaddr、商品分类 Categories、顾客 Customers、店铺 Shopstores、商品 Goods、供应 Supply、订单 Orders、订单项 Lineitems、评论 Comments 等 9 个关系组成,其中,字体加粗的属性为该关系的主属性(单个或多个主属性组成该关系的主码)、灰色底色标识的一个或者多个属性组合成为该关系的外码。详见图 1.4。

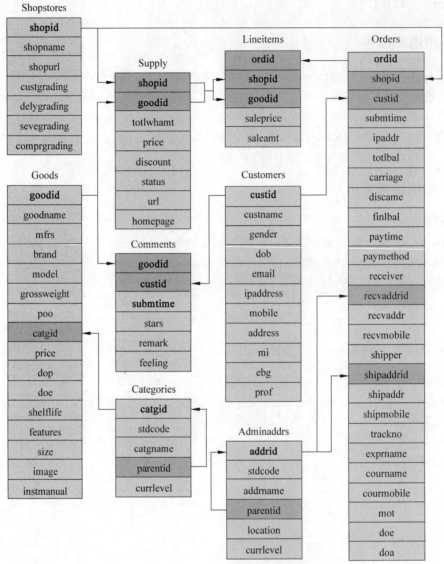

图 1.4 Seamart 数据库逻辑模型

1.4.3 用例数据

按照 Seamart 数据库的逻辑模型,在 KingbaseES 数据库系统中创建名为 Seamart 的数据库,名为 Sales 的模式,Seamart 所有的数据库对象都将存储在 Sales 模式下。

在 Seamart 数据库中,行政区划 Adminaddrs 地址有国家、省市、区县、街道乡镇、村社区共五级数据,来源于网络下载的数据。商品分类 Categories 数据也来源于网络,三级分类,共 2072 类。顾客 Customers 数据是利用软件按照设定的规则随机生成的 5000 个顾客信息,其中,姓名属性是利用姓名生成器网站 https://www.qqxiuzi.cn/zh/xingming/ 随机生成的；性别在男和女中随机选择；生日、IP 地址、电话号码随机生成；教育程度在'小学'、'初中'、'高中'、'中专'、'大专'、'本科'、'硕士'、'博士'、'其他'中随机选；所属行业根据国家行业分类标准随机选择。

其他数据，如店铺 Shopstores、商品 Goods、供应 Supply、订单 Orders、订单项 Lineitems、评论 Comments 等表中的数据是收集了 5 个学生部分购物记录整理而成的数据，每个表中大约有 100 条记录。

第 2 章

SQL 语言基础

本章主要介绍 KingbaseES SQL 的基础知识,包括标识符与关键字、常用数据类型与操作符、函数、数据类型转换等内容。

 ## 2.1 标识符与关键字

数据库对象的名称即为其标识符(Identifier)。标识符标识表、列或者其他数据库对象的名字,取决于使用它们的命令,因此标识符有时也被简称为"名字"。

例 2.1 识别出 SQL 语句中的标识符与关键字。

```
SELECT * FROM Customer;
UPDATE Customer SET ebg = '本科';
INSERT INTO Customer VALUES (5001, '张嘉翔', '男', '1985/3/3',
                            'tdecoaqdt@qq.com', '192.375.714.121:7465',
                            '13955747507',NULL,NULL, '博士', '金融');
```

说明:该例子中的标识符为顾客表 Customer 和教育背景属性 ebg;关键字为 SELECT、FROM、UPDATE、SET、INSERT、INTO、VALUES 和 NULL 等大写的单词;其他不带引号的为数值,带单引号的为字符串常量。

1. 命名规则

(1) 名称:SQL 标识符必须以字母(a~z,也可以是带变音符的字母和非拉丁字母)或下画线(_)开始。后续字符可以是字母、下画线(_)、数字(0~9)或美元符号($)。根据 SQL 标准的字母规定,美元符号是不允许出现在标识符中的,因此它们的使用可能会降低应用的可移植性。SQL 标准不会定义包含数字或者以下画线开头或结尾的关键字,因此这种形式的标识符不会与未来可能的标准扩展冲突。

(2) 长度:系统中一个标识符的长度不能超过 NAMEDATALEN−1 字节,在命令中可以写超过此长度的标识符,但是它们会被截断。默认情况下,NAMEDATALEN 的值为 64,因此标识符的长度上限为 63B。

(3) 大小写:不被双引号修饰的标识符大小写不敏感,常见的习惯是将标识符写成小写或者大小写混合。例如,顾客表名 Customer 采用首字母大写其他符号小写的方式,列名 egb 通常采用小写方式。

2. 受限标识符

标识符有另一种形式,即受限标识符或被引号修饰的标识符。它是由双引号(")包围的一个任意字符序列。一个受限标识符总是一个标识符而不会是一个关键字。因此,"select"可以用于引用一个名为"select"的列或者表,而一个没有引号修饰的 select 则会被当作一个关键字。例如,将例 2.1 中的标识符改为受限标识符:

```
UPDATE "customer" SET "ebg" = '本科';
```

受限标识符可以包含任何字符,除了代码为 0 的字符(如果要包含一个双引号,则写两个双引号)。这使得可以构建原本不被允许的表或列的名称,例如,包含空格或星号的名字。但是长度限制依然有效。

受限标识符是大小写敏感的。KingbaseES 中,全大写的受限标识符会转换为小写存储,而大小写混合的受限标识符将按照用户输入进行存储。例如,标识符 CUSTOMER、customer 和"customer"在 KingbaseES 中被认为是相同的,而"Customer"和"CUSTOMER"则互不相同并且也不同于前面三个标识符。KingbaseES 将非受限名字转换为小写形式的这种做法与 SQL 标准是不兼容的,SQL 标准中要求将非受限名称转换为大写形式。如果希望写一个可移植的应用,应该用引号修饰一个特定名字或者从不使用引号修饰。

关键字(Keyword)即 SQL 中具有特定意义的词,如 SELECT、FROM、WHERE、ALL、CHECK、NULL 等。SQL 区分保留关键字和非保留关键字,保留关键字不被允许作为标识符。非保留关键字仅仅是在特定上下文中具有特殊的含义并且可以在其他上下文中被用作标识符,如 CALL、FUNCTION、SEARCH 等。标识符和关键字具有相同的词法结构。

在例 2.1 中,SELECT、UPDATE 和 VALUES 是保留关键字。

SQL 关键字大小写不敏感,如 UPDATE、update、Update 等是同一个关键字 UPDATE,常见的习惯是将关键字写成大写。

2.2 常用数据类型与操作符

SQL 数据类型(Data Type)定义了关系属性及其对应的数据库表中的列需要存储什么类型的数据。确定关系属性的数据类型,是数据库设计的重要内容,通常需要根据属性的取值范围选择合适的数据类型。KingbaseES 有着丰富的 SQL 数据类型,用户也可以使用 CREATE TYPE 命令创建新的用户自定义的数据类型。

操作符是对各种类型数据进行运算的运算符,每个操作符要求的操作数类型不一样,不同的数据类型可以使用的操作符也不一样。KingbaseES 为每种数据类型定义了常用的操作符,如果用户有特殊需要,还可以自己定义某种数据类型的操作符。理解一个操作符,要从操作符的操作数个数、操作数类型、操作符含义和作用、操作符优先级等方面来掌握。按操作数的数据类型来分,操作符可以分为数值、字符串、位串、时间日期、数组、范围等数据类型操作符,以及逻辑、比较、模式匹配等操作符。从操作符使用的操作数个数来分,操作符又可以分为单目操作符、双目操作符。

2.2.1 数值类型

1. 数值类型

数值类型包括整数类型、定点小数类型、浮点小数类型和序列类型等(参见表2.1)。数值类型主要用来表示事物的重量、大小、年龄等属性,应用十分广泛。

表 2.1 数值类型

分类	名字	占用字节	描 述	取 值 范 围	SQL标准	Oracle数据类型
整型	tinyint	1	微整型	−128〜+127	是	NUMBER
	smallint	2	短整型,INT2	−32 768〜+32 767	是	NUMBER
	integer	4	整型,INT4	−2 147 483 648〜+2 147 483 647	是	有
	bigint	8	长整型,INT8	−9 223 372 036 854 775 808〜+9 223 372 036 854 775 807	是	NUMBER
定点型	Decimal(p,s)	可变	用户指定精度	p 精度的取值范围为 1〜1000;s 标度的取值范围为 0〜38	是	有
	Numeric(p,s)	可变	用户指定精度	p 精度的取值范围为 1〜1000;s 标度的取值范围为 0〜38	是	有
浮点型	real	4	可变精度	−1E+37〜+1E+37,精度至少 6 位小数	是	有
	double precision	8	可变精度	−1E+308〜+1E+308,精度至少 15 位数字	是	有
序列型	smallserial	2	自动增长的短整型	1〜32 767	否	通过创建 SEQUENCE 变量和 TRIGGER 来实现自增主键
	serial	4	自动增长的整型	1〜2 147 483 647	否	
	bigserial	8	自动增长的长整型	1〜9 223 372 036 854 775 807	否	

1) 整型

tinyint、smallint、integer 和 bigint 存储指定范围的整数类型的数据。INTEGER 是最常用的整数类型,提供了在范围、存储空间和性能之间的最佳平衡,一般只有在磁盘空间紧张的时候才使用 tinyint 或 smallint 类型,在 integer 取值范围不够的时候才使用 bigint。

2) 定点型

decimal(p,s)和 numeric(p,s)是等效的,可以存储指定精度为 p 标度为 s 的精确数据类型,其中,p 表示整数位和小数位的总位数,s 表示小数位数,例如,123.4567 的精度 p 为 7,而标度 s 为 4。p(precision)须为正整数,s(scale)可以是 0 或整数。可以认为整数的标度 s 为 0。

如定义数据类型时不指定精度或标度,则该列可以存储任何精度或标度的数字值,如果一个要存储的值的标度比列声明的标度大,系统将进行四舍五入;如果小数点左边的位数超过了声明的精度减去声明的标度,超过定义好的取值范围,系统将产生数据类型错误。为了提高可移植性,最好显式声明定点型的精度和标度。

定点型适用于要求计算准确的数据类型定义,例如货币金额,但 numeric 类型上的算术运算比整数类型或者浮点类型要慢很多，从性能上考虑除非有必要，一般不建议使用 numeric 数据类型。

例 2.2 当第一位小数为 5，在对值进行四舍五入时，numeric 类型会取到远离零的整数，而 real 和 double precision 类型会取最近的偶数。

```
SELECT x, round(x::numeric) AS num_round,
       round(x::double precision) AS dbl_round
FROM generate_series(-1.5, 1.5, 1) as x;
```

运行结果如下。

```
  x   | num_round | dbl_round
----+--------+--------------
 -1.5|    -2 |    -2
 -0.5|    -1 |    -0
  0.5|     1 |     0
  1.5|     2 |     2
(4 rows)
```

3）浮点型

浮点型用于存储十进制小数。浮点类型如 real 和 double precision 是不精确的、变精度的数据类型，意味着一些值不能准确地转换成内部格式并且是以近似的形式存储的，因此存储和检索一个值可能会出现一些偏差；用两个浮点数值进行等值比较不可能总是按照期望地进行。若用户要求精确地存储和计算（例如货币金额），则应使用 numeric 类型。

KingbaseES 还支持使用 SQL 标准中的 float 和 float(p) 来声明非精确的数字类型。p 指定以二进制位表示的最低可接受精度。real 类型的精度为 1～24，double precision 的精度为 25～53。在允许范围之外的 p 值将导致一个错误。没有指定精度的 float 类型数据将被当作 double precision 类型。

浮点类型支持'Infinity'（正无穷大）、'-Infinity'（负无穷大）、'NaN'（不是一个数字）三个特殊值，这些值是大小写无关的。例如，设置商品库存量为正无穷大：

```
UPDATE Supply SET totalwhamt = 'Infinity';
```

4）序列型

smallserial、serial 和 bigserial 类型不是真正的类型，只是为了创建唯一标识符列而存在的方便符号，其中，serial 和 serial4 创建的是 integer 类型列，bigserial 和 serial8 创建的是 bigint 类型列，smallserial 和 serial2 创建的是 smallint 类型列。

例 2.3 将表 Categories 中的 catgid 属性定义为 serial 类型。

```
CREATE TABLE Categories ( catgid SERIAL );
```

该语句会默认创建一个序列，同时在 Categories 表中创建一个非空的整数列 catgid 并把它的默认值设置为从该序列发生器取值。该序列是"属于"catgid 列的，当列或表被删除时该序列也会被删除。上述语句等价于以下语句：

```
CREATE SEQUENCE Categories_catgid_seq AS INTEGER;
CREATE TABLE Categories (
catgid INTEGER NOT NULL DEFAULT nextval('Categories_catgid_seq') );
ALTER SEQUENCE Categories_catgid_seq OWNED BY Categories.catgid;
```

说明：①序列并不能避免 UNIQUE 或者 PRIMARY KEY 约束插入重复值,需要用其他命令进行设置。②序列值可能有"空洞"或者间隙,例如,一个从序列中分配的值被用在一行中,即使该行最终没有被成功地插入到表中,该值也被"用掉"了,当插入事务回滚时就会发生这种情况。

2. 数学运算符

数学运算符包括基本操作符、幂操作符和按位操作符三类,如表 2.2 所示。按位操作符只能用于整数数据类型,而其他操作符可以用于全部数值数据类型。按位操作的操作符还可以用于位串类型 bit 和 bit varying。

表 2.2　常用的数学运算符

分　类	操　作　符	含　　义	示　　例	结　　果
基本操作符	+	加	2 + 3	5
	−	减	2 − 3	−1
	*	乘	2 * 3	6
	/	除(整数除法截断结果)	4 / 2	2
	%	模(取余)	5 % 4	1
	@	绝对值	@ −5.0	5
幂操作符	^	指数(从左至右结合)	2.0 ^ 3.0	8
	|/	平方根	|/ 25.0	5
	||/	立方根	||/ 27.0	3
	!	阶乘	5 !	120
	!!	阶乘(前缀操作符)	!! 5	120
按位操作符	&	按位与	91 & 15	11
	|	按位或	32 | 3	35
	#	按位异或	17 # 5	20
	~	按位求反	~1	−2
	<<	按位左移	1 << 4	16
	>>	按位右移	8 >> 2	2

3. 比较运算符

比较运算符是双目操作符,对两个操作数进行比较运算,返回 boolean 类型结果值,进行比较的操作数必须是可以比较的数据类型。一般来说,同类型的数据都可以比较,不同类型的数据不能互相比较(除非可以自动进行类型转换)。例如,数值数据类型可以互相比较,字符串类型可以互相比较,但是数值类型与字符串类型一般不能比较。

　　例如,表达式 1<2<3 是非法的,因为该表达式相当于(1<2)<3,等价于 True<3,但是布尔型(Boolean)的值 True 不能与数值类型的值 3 进行比较。常见的比较操作符(参见表 2.3)分为两类:传统的比较运算符和 SQL 专用比较运算符。

表 2.3　常用的比较运算符

分　类	运　算　符	含　义	示　例	结　果
传统的比较运算符	<	小于	x<y	true 或 false
	>	大于	x>y	true 或 false
	<=	小于或等于	x<=y	true 或 false
	>=	大于或等于	x>=y	true 或 false
	=	等于	x=y	true 或 false
	<>或!=或^=	不等于	x!=y	true 或 false
SQL 专用的比较运算符	[NOT] BETWEEN AND	在"x"和"y"之间	"a" BETWEEN "x" AND "y"	true 或 false
	IS [NOT] NULL	是空值	"expression" IS NULL	true 或 false

2.2.2　字符类型

1. 字符类型

　　字符类型可以用来存储数字、字母、汉字、标点符号以及特殊符号等各种字符,是使用最多的数据类型,如表 2.4 所示。一般情况下,使用字符类型数据时须在其前后加上单引号(')。

表 2.4　字符类型

分类	名字	占用存储空间	描述	取值范围	SQL 标准数据类型	Oracle 数据类型
变长字符类型	character varying (n [char | byte]),varchar (n [char | byte])	n×字符集规定的单字符字节数 + 记录长度	有限制的变长	0~10 485 760	是	varchar2
定长字符类型	character (n [char | byte]),char(n [char | byte])	n×字符集规定的单字符字节数	定长,空格填充	0~10 485 760	是	有
字符大对象	clob	输入数据的实际字节数	字符大对象	$0\sim(2^{30}-1)$	是	有
	nclob	输入数据的实际字节数	字符大对象	$0\sim(2^{30}-1)$	是	有
特殊字符类型	"char"	1B	单字节内部类型	0~1	否	用 ENUM 代替
	name	64B	用于对象名的内部类型	0~63	是	无

1）变长字符类型

变长字符类型 character varying(n [char ｜ byte])，别名：varchar[(n [char ｜ byte])]，varchar2[(n [char ｜ byte])]，nvarchar2[(n[char ｜ byte])]，nvarchar[(n [char ｜byte])]。其中，n 为正整数，声明可以存储的字符串的最大长度，若没有声明长度 n，则 character varying 类型接受任何长度的串；若显式指定了 char 或 byte，则 n 为字符数或字节数，若没有显式指定，则以系统参数 nls_length_semantics 设定的值为准，其默认值是 char。

2）定长字符类型

定长字符类型 character [(n [char ｜ byte])]，也可简写为 char[(n [char ｜ byte])]，n 为声明的字符串最大长度，n 的最大值为 10 485 760，默认为 1。

说明：①SQL 标准规定，若存储超出声明长度的字符都是空白时该串将被截断为最大长度，否则存储超过长度的字符串将会产生错误；②若要存储的字符串比声明长度短，将会用空白填满，但拖尾的空白被当作是没有意义的，并且在比较两个 character 类型值时不会考虑它们。③ KingbaseES 的变长 varchar 与定长 character 类型之间没有性能差别，character(n)通常是这两种类型之中最慢的一个，因为它需要额外的存储开销，在大多数情况下，应该使用 character varying。

3）字符大对象

CLOB 是专门存储字符长文本的大对象，与之对应的 BLOB 专门存储图片、音乐等二进制大对象文件。

当 CLOB 存储的文本不太长时，可以像使用普通字符类型一样插入和查看，如果存储的文本太长，则可以通过专门的操作函数来进行导入导出，通常在高级语言中如 Java、Python 中通过编程接口来访问和操作。

4）特殊字符类型

name 类型只用于在内部系统目录中存储标识符并且不允许一般用户使用，该类型长度在编译时设置，一般为 64B(63B 可用字符加结束符)。类型"char"(注意引号)和 char(1)是不一样的，它在系统内部用于系统目录，只用 1B，当作简化的枚举类型用。

2. 字符串操作符

字符串操作符包括比较运算符、连接操作符、排序规则操作符等。比较运算符可以按指定的字符集排序规则对字符串进行排序比较，得出逻辑结果；连接运算可以串接两个字符串为一个字符串。collate 操作符能够覆盖数据库使用标准排序规则，重新确定 char、varchar、text 等字符串类型表达式的排序规则。collate 是后缀一元操作符，它与其他一元操作符具有相同的优先级，但在对所有前缀一元操作符求值后进行求值。常用的字符串操作符如表 2.5 所示。

表 2.5　常用的字符串操作符

分类	操 作 符	返回类型	描 述	示 例	结 果
比较	<	boolean	小于	7<8	TRUE
	>	boolean	大于	5>6	FALSE

续表

分类	操 作 符	返回类型	描 述	示 例	结 果
连接	string‖string	text	串接	'King'‖'baseES'	KingbaseES
	string‖non-string or non-string‖string	text	使用一个非字符串输入的串接	'Value: '‖42	Value: 42
排序	COLLATE	原表达式类型	操作符确定表达式的排序规则	Good_name COLLATE "C";	按"C"规则排序
模式匹配	[NOT] LIKE	boolean	判断给定字符串是否匹配给定的模式	'abc' LIKE 'a%' 'abc' LIKE '_b_' 'abc' LIKE 'c'	TRUE TRUE FALSE
	SIMILAR TO	boolean	判断给定字符串是否匹配给定的模式	'abc' SIMILAR TO 'abc' 'abc' SIMILAR TO 'a' 'abc' SIMILAR TO '%(b|d)%' 'abc' SIMILAR TO '(b|c)%'	TRUE FALSE TRUE FALSE

KingbaseES 提供了两种独立实现的模式匹配方法：LIKE 和 SIMILAR TO。其中，LIKE 支持通配符，是最常用的操作符，而 SIMILAR TO 还支持 POSIX-风格的正则表达式，功能更强大。

1) LIKE

```
string [NOT] LIKE pattern [ESCAPE escape-character]
```

如果该 string 匹配了提供的 pattern，则 LIKE 表达式返回真。pattern 里的下画线(_)代表或者匹配任何单个字符，而百分号(%)匹配任何零个或更多个字符的序列，因此下画线和百分号又称为通配符。如果要匹配的文本本身包含下画线或者百分号，pattern 里相应的字符必须前导转义字符。默认的转义字符是反斜线(\)，但可用 ESCAPE 子句指定一个不同的转义字符。要匹配转义字符本身，需写两个转义字符。

操作符 ~~ 等效于 LIKE，而 ~~* 对应 ILIKE。还有 !~~ 和 !~~* 操作符分别代表 NOT LIKE 和 NOT ILIKE，所有这些操作符都是 KingbaseES 特有的。

2) SIMILAR TO 正则表达式

```
string [NOT] SIMILAR TO pattern [ESCAPE escape-character]
```

该命令除了与 LIKE 类似的功能之外，还支持下面这些 POSIX 正则表达式的模式匹配元字符，例如，|表示选择(两个候选之一)、*表示重复前面的项零次或更多次、+表示重复前面的项一次或更多次，等等。和 LIKE 一样，转义字符反斜线可以用来禁用所有这些元字符的特殊含义，也可以用 ESCAPE 指定一个不同的转义字符。

2.2.3 二进制类型

1. 二进制类型

二进制类型是一个八位位组(或字节)的序列，存储诸如图片、Word 文档等数据，如

表 2.6 所示。

表 2.6 二进制数据类型

分类	名字	占用存储空间	描述	取值范围	SQL 标准数据类型	Oracle 数据类型
二进制类型	Bytea	1B 或 4B 外加二进制数据	变长二进制串	$2^{30}-1$	否	用 BLOB 代替
	BLOB	1B 或 4B 外加二进制数据	变长二进制串	$2^{30}-1$	是	有

1) Bytea 类型

Bytea 分为十六进制格式和转义格式两种。十六进制格式将二进制数据编码为每个字节对应两个十六进制位,最高有效位在前。整个串以序列\x 开头(用以和转义格式区分)。十六进制格式和很多外部应用及协议相兼容,并且其转换速度要比转义格式更快。Bytea 的转义格式是传统 KingbaseES 格式,它采用将二进制串表示成 ASCII 字符序列的方法,而将那些无法用 ASCII 字符表示的字节转换成特殊的转义语句,在转义模式下输入 Bytea 值时,有些字符必须被转义,而所有的字符值都可以被转义。通常,要转义一个字符,需要把它转换成与它等价的三位八进制值,并且前导一个反斜线。反斜线本身(十进制字节值92)也可以用双写的反斜线表示。

2) BLOB 类型

BLOB(Binary Large OBject)是 SQL 标准定义的不同于 Bytea 的二进制字符串类型,但是提供的函数和操作符大多一样。

2. 二进制操作符

当 Bytea 和 BLOB 存储的二进制数据不太长时,可以像使用普通数据类型一样插入和查询,如果存储的数据太大,则可以通过专门的操作函数来进行导入导出。

2.2.4 日期和时间类型

1. 日期和时间类型

日期和时间类型在数据库中存储日期和时间类型的数据。日期根据公历来计算,即使对于该历法被引入之前的年份也一样。KingbaseES 支持 SQL 标准中所有的日期和时间类型(如表 2.7 所示)。

表 2.7 日期和时间类型

分类	名字	占用存储空间	描述	取值范围	解析度	SQL 标准数据类型	Oracle 数据类型
时间戳类型	timestamp［（p）］［ without time zone ］	8B	包括日期和时间(无时区)	4713BC～294276 AD	$1\mu s$	是	有
	timestamp［（p）］with time zone	8B	包括日期和时间,有时区	4713BC～294276 AD	$1\mu s$	是	有

分类	名字	占用存储空间	描述	取值范围	解析度	SQL 标准数据类型	Oracle 数据类型
时间戳类型	timestamp［（p）］with local time zone	8B	包括日期和时间，有时区	4713BC~294276 AD	1μs	是	有
日期类型	date	8B	日期(无时间)	4713BC~5874897 AD	1 日	是	有
时间类型	time［（p）］［without time zone］	8B	一天中的时间(无日期)	00：00：00~24：00：00	1μs	是	有
	time［（p）］with time zone	12B	仅仅是一天中的时间(无日期),有时区	00：00：00+1459~24：00：00-1459	1μs	是	有
间隔类型	interval［fields］［("p")］	16B	时间间隔	—178000000 年~178000000 年	1μs	是	有

1) 时间戳类型

timestamp 等效于 timestamp without time zone,timestamptz 等效于 timestamp with time zone,该类型既存储日期又存储时间。可以为 timestamp、time 和 interval 类型设置一个可选的精度值 p,用来声明在秒域中小数点之后保留的位数。默认情况下,在精度上没有明确的边界。p 允许的范围是 0~6。

时间戳类型的有效常量由一个日期和时间串接组成,后面跟着一个可选的时区,如 2022-10-29 04:05:06 和 2022-10-29 04:05:06-8:00,也支持使用广泛的格式,如 October 29 04:05:06 2022 PST。

2) 日期类型

日期类型 date 占 8B,存储年、月、日信息,不存储时间信息。

3) 时间类型

时间类型是 time［（p）］without time zone 和 time［（p）］with time zone。只写 time 则等效于 time without time zone。这些类型的有效常量由时间后面跟着可选的时区组成。例如,04:05:06-8:00、04:05:06 PST 都表示太平洋标准时间。

4) 间隔类型

interval 表示日期时间间隔类型数据,例如,间隔 2 天、间隔 1 小时 10 分钟等,该类型通过如下的 fields 集合来存储年、月、日、时、分、秒等域数据：YEAR、MONTH、DAY、HOUR、MINUTE、SECOND、YEAR TO MONTH、DAY TO HOUR、DAY TO MINUTE、DAY TO SECOND、HOUR TO MINUTE、HOUR TO SECOND、MINUTE TO SECOND。为兼容 MySQL UNIT 类型,fields 集合中的 TO 用下画线替代,但需要通过执行 set mysql_interval_style to on 命令来启用,如 YEAR_MONTH、DAY_HOUR、DAY_ MINUTE、DAY _ SECOND、HOUR _ MINUTE、HOUR _ SECOND、MINUTE _ SECOND。

例如,interval '4 5:12:10.222' DAY TO SECOND(3)表示间隔 4 天 5 小时 12 分 10.222

秒,interval '400 5' DAY(3) TO HOUR 表示间隔 400 天 5 小时。

5）特殊日期时间值

为了方便,KingbaseES 支持一些特殊日期/时间输入值,如表 2.8 所示。

表 2.8　特殊日期/时间输入

输　入　串	合　法　类　型	描　　　述
epoch	date，timestamp	1970-01-01 00:00:00+00(UNIX 系统时间 0)
infinity	date，timestamp	比任何其他时间戳都晚
-infinity	date，timestamp	比任何其他时间戳都早
now	date，time，timestamp	当前事务的开始时间
today	date，timestamp	当日午夜
tomorrow	date，timestamp	明日午夜
yesterday	date，timestamp	昨日午夜
allballs	time	00:00:00.00 UTC

下列函数可以被用来为相应的数据类型获得当前时间值:CURRENT_DATE、CURRENT_TIME、CURRENT_TIMESTAMP、LOCALTIME、LOCALTIMESTAMP。后四种有一个可选的亚秒精度声明。

2. 日期和时间操作符

日期和时间操作符是对日期和时间类型（如 DATE，TIME，TIMESTAMP，INTERVAL)的数据进行操作的运算符,包括加＋、减－、乘＊、除/等。两个 DATE 相加没有意义,它们相减得出两个日期的间隔类型（INTERVAL）值;DATE 和整数、TIME、INTERVAL 等类型相加或相减,使得 DATE 值往前增加或往后减少相应的日期时间间隔;只有 INTERVAL 才能和整数或小数相乘或相除,要注意时、分、秒的换算。具体操作符和例子详见表 2.9。

表 2.9　日期/时间操作符

分类	操作符	含　　义	示　　例	结　　果
加	＋	日期和整数相加	date '2001-09-28' ＋ integer '7'	date '2001-10-05'
	＋	日期和时间相加	date '2001-09-28' ＋ time '03:00'	timestamp '2001-09-28 03:00:00'
	＋	日期和 INTERVAL 相加	date '2001-09-28' ＋ interval '1 hour'	timestamp '2001-09-28 01:00:00'
	＋	TIMESTAMP 和 INTERVAL 相加	timestamp '2001-09-28 01:00' ＋ interval '23 hours'	timestamp '2001-09-29 00:00:00'
	＋	TIME 和 INTERVAL 相加	time '01:00' ＋ interval '3 hours'	time '04:00:00'
	＋	INTERVAL 相加	interval '1day' ＋ interval '1 hour'	interval '1 day 01:00:00'

续表

分类	操作符	含 义	示 例	结 果
减	—	单目操作符 -	— interval '23 hours'	interval '-23：00：00'
	—	两个 DATE 相减	date '2001-10-01' - date '2001-09-28'	integer '3' (days)
	—	DATE 减正数	date '2001-10-01' - integer '7'	date '2001-09-24'
	—	DATE 减去 INTERVAL	date '2001-09-28' - interval '1 hour'	timestamp '2001-09-27 23：00：00'
	—	两个 TIME 相减	time '05：00' - time '03：00'	interval '02：00：00'
	—	TIME 减去 INTERVAL	time '05：00' - interval '2 hours'	time '03：00：00'
	—	TIMESTAMP 减去 INTERVAL	timestamp '2001-09-28 23：00' - interval '23 hours'	timestamp '2001-09-28 00：00：00'
	—	两个 INTERVAL 相减	interval '1day' - interval '1 hour'	interval '1 day -01：00：00'
	—	两个 TIMESTAMP 相减	timestamp '2001-09-29 03：00' - timestamp '2001-09-27 12：00'	interval '1 day 15：00：00'
乘	*	INTERVAL 和整数相乘	900 * interval '1 second'	interval '00：15：00'
	*	INTERVAL 和整数相乘	21 * interval '1 day'	interval '21 days'
	*	INTERVAL 和小数相乘	double precision '3.5' * interval '1 hour'	interval '03：30：00'
除	/	INTERVAL 和小数相除	interval '1 hour' / double precision '1.5'	interval '00：40：00'

2.2.5 布尔类型

1. 布尔类型

布尔类型 boolean 又称为逻辑数据类型,是一种只有非零(通常是 1 或者 -1)和零两种取值的原始类型,分别等价于真和假。KingbaseES 提供标准的 SQL 类型 boolean。boolean 可以有"true(真)""false(假)"和"unknown(未知)"三种状态,未知状态由 SQL 空值表示。布尔常量可以用 SQL 关键字 TRUE,FALSE 和 NULL 来表示。

boolean 数据类型输入函数能够识别 true、yes、on 和 1 等表示"true"的值与 false、no、off 和 0 等表示"false"的值。也能够识别这些值的首字母缩写,例如 t 或 n。前面或后面的空白将被忽略,大小写不重要。

2. 布尔类型操作符

布尔类型的操作符为逻辑操作符:AND、OR、NOT。逻辑运算符主要用在 SQL 查询的 WHERE 子句的条件表达式中。SQL 使用三值逻辑系统,包括真、假和 NULL。因为 NULL 代表未知,当逻辑表达式的结果要依赖 NULL 值来确定时,结果就一定是 NULL,当不依赖 NULL 可以确定时,结果就为 TRUE 或者 FALSE,例如,TRUE AND NULL 结果为 NULL,FALSE AND NULL 结果为 FALSE。逻辑运算符如表 2.10 所示。

表 2.10　逻辑运算符

运 算 符	含 义	示例及结果
AND	与	TRUE AND NULL = NULL FALSE AND NULL = FALSE
OR	或	TRUE OR NULL = TRUE FALSE OR NULL = NULL
NOT	非	NOT NULL = NULL

2.2.6　位串类型

1. 位串类型

位串就是由 1 和 0 组成的二进制位串,它们可以用于存储和可视化位掩码。bit(n)类型的数据必须是长度为 n 位的串;长度小于 n 或者超过 n 都是错误的。bit varying(n)数据是最长 n 位的变长类型,超过 n 位的串会被拒绝。未指定长度的 bit 等效于 bit(1),未指定长度的 bit varying 意味着没有长度限制。

如果显式地把一个位串值转换成 bit(n),那么它的右边将被截断或者在右边补齐零,直到刚好为 n 位,而且不会抛出任何错误。类似地,如果显式地把一个位串数值转换成 bit varying(n),如果它超过了 n 位,那么它的右边将被截断。

2. 位串操作符

位串操作符用于检查和操作 bit 和 bit varying 类型位串的操作符,其中,&、| 和 ♯ 操作符的操作数位串必须等长,<<在移位的时候,保留原始的位串长度。常用的位串操作符如表 2.11 所示。

表 2.11　常用的位串操作符

分类	操作符	含 义	示 例	结 果
连接	||	连接	B'10001' || B'011'	10001011
按位操作	&	按位与	B'10001' & B'01101'	00001
	|	按位或	B'10001' | B'01101'	11101
	♯	按位异或	B'10001' ♯ B'01101'	11100
	~	按位求反	~ B'10001'	01110
位移操作	<<	按位左移	B'10001' << 3	01000
	>>	按位右移	B'10001' >> 2	00100

2.2.7　枚举类型

1. 枚举类型

枚举(enum)类型是由一个静态值的有序集合构成的数据类型,如一周中的星期、性别的取值。一般对属性取值个数较少(例如小于 10),并且取值是离散值的情况,可以定义为枚举类型,则该属性定义、完整性约束定义、属性查询和更新等操作将更为方便和灵活。枚举类型规定了取值范围,相当于给属性增加了"CHECK IN⟨值集合⟩"的完整性约束。

枚举类型可以使用 CREATE TYPE 命令创建,例如,创建性别 GENDERENUM 枚举类型,包含'1'、'2'和'9'三个值,按照国家信息分类编码标准规定,1 表示男,2 表示女,9 表示未知性别:CREATE TYPE GENDERENUM AS ENUM ('1','2','9');该类型被创建后,就可以像很多其他类型一样在表和函数定义中使用,例如,将表 Customers 中的 gender 属性设置为 GENDERENUM 类型。

例 2.4　创建性别枚举类型,并定义顾客性别为枚举类型的值。

```
CREATE TYPE GENDERENUM AS ENUM ('1','2','9');
CREATE TABLE Customers (
custname VARCHAR(20),
gender GENDERENUM );
INSERT INTO Customers VALUES ('Moe', '2');
SELECT * FROM Customers WHERE gender = '2';
```

运行结果如下。

```
custname | gender
-------- +-----------
Moe      |   2
(1 row)
```

说明:①枚举类型值的顺序是该类型被创建时所列出的值的顺序,比较、排序都是按照这个顺序来进行的。②枚举类型安全性是指每一种枚举数据类型都是独立的并且不能和其他枚举类型相比较。③枚举标签是大小写敏感的,标签中的空格也是有意义的。④从内部枚举值到文本标签的翻译被保存在系统目录 sys_enum 中,可以直接查询该目录。

2. 枚举类型操作符

枚举类型值没有专门的操作符,主要通过相应的函数来操作,参见 2.3.6 节枚举函数。

2.2.8　范围类型

1. 范围类型

范围类型是表达某种元素类型(称为范围的 subtype)的一个值的范围的数据类型。范围类型通常用一个起始值和终止值来表示一个取值的范围,可以清晰地表达诸如包含、重叠、不相交等范围概念,也方便利用集合运算符进行范围查找等操作。一般在取值范围比较大或者连续的情况下,使用范围类型,而不用枚举类型。

例如,timestamp 的范围可以被用来表达一个会议室被保留的时间范围。在这种情况下,数据类型是 tsrange("timestamp range"的简写)而 timestamp 是 subtype。subtype 必须整体有序,这样对于元素值是在一个范围值之内、之前或之后就是界线清楚的。

在 Seamart 数据库模式中,商品的保质期有起止日期,商品价格打折规则有效期也有起止日期,它们都可以使用范围类型。在一个字段中保存了起始日期和终止日期,非常方便查找某一天是否在商品的保质期内,或者在打折规则有效期内。

KingbaseES 带有下列内建范围类型:INT4RANGE、INT8RANGE、NMRANGE、

TSRANGE、TSTZRANGE、DATERANGE 分别表示 INTEGER、BIGINT、NUMERIC、不带时区的 TIMESTAMP 和带时区的 TIMESTAMP、DATE 的范围。

说明：（1）排除或包含边界。每一个非空范围都有两个界限，即下界和上界，方括号"["表示包含下界，圆括号"("表示排除下界，方括号"]"表示包含上界，圆括号")"表示排除上界，也就是说，方括号表示边界点包含在内，圆括号表示边界点不包含在内。函数 lower_inc()和 upper_inc()分别测试一个范围值的上下界。

（2）无限（无界）范围。一个范围的下界或上界可以被忽略，意味着所有小于上界或大于下界的点都被包括在范围中。这等效于把下界当作"负无穷"，或者把上界当作"正无穷"。例如，在时间戳范围中，[today,]与[today,)相同。但是[today,infinity]与[today,infinity)不同，后者排除了特殊的 timestamp 值 infinity。函数 lower_inf 和 upper_inf 分别测试一个范围的无限上下界。

（3）范围输入/输出。一个范围值的输入必须遵循下列模式之一。

```
(lower-bound, upper-bound)
(lower-bound, upper-bound]
[lower-bound, upper-bound)
[lower-bound, upper-bound]
empty
```

注意最后一个模式是 empty，它表示一个空范围（一个不包含点的范围）。

例如，'[3,7)'::int4range 表示包括 3，不包括 7，并且包括 3 和 7 之间的所有点的范围取值。

（4）定义新的范围类型。用户可以定义自己的范围类型。

例 2.5 创建一个 float8 的范围类型。

```
CREATE TYPE floatrange AS RANGE (
subtype = float8,
subtype_diff = float8mi);
SELECT '[1.234, 5.678]'::floatrange;
```

查询结果如下。

```
floatrange
----------------
[1.234,5.678]
(1 row)
```

说明：因为 float8 没有有意义的"步长"，所以在这个例子中没有定义一个标准函数。

例 2.6 自定义 subtype_diff()函数的时间范围类型。

```
CREATE FUNCTION time_subtype_diff(x time, y time) RETURNS float8 AS 'SELECT
EXTRACT(EPOCH FROM (x - y))' LANGUAGE sql STRICT IMMUTABLE;
CREATE TYPE timerange AS RANGE (
subtype = time,
subtype_diff = time_subtype_diff );
SELECT '[11:10, 23:00]'::timerange;
```

查询结果如下。

```
timerange
---------------------
[11:10:00,23:00:00]
(1 row)
```

说明：该例子首先创建一个自定义的 subtype_diff()函数,计算两个时间差的函数;然后创建时间范围类型,最后用一个 SELECT 查询语句测试该自定义类型创建成功。

2. 范围操作符

范围操作符是对范围类型的数据进行操作的运算符,包括范围比较、范围包含和重叠、不相交的检查,以及范围的相邻、并、交、差等集合运算。常用的范围操作符如表 2.12 所示。

表 2.12 范围操作符

分类	操作符	描述	例　子	结果
范围比较	=	等于	int4range(1,5) = '[1,4]'::int4range	t
	<>	不等于	numrange(1.1,2.2) <>numrange(1.1,2.3)	t
	<	小于	int4range(1,10) <int4range(2,3)	t
	>	大于	int4range(1,10) >int4range(1,5)	t
	<=	小于或等于	numrange(1.1,2.2) <=numrange(1.1,2.2)	t
	>=	大于或等于	numrange(1.1,2.2) >=numrange(1.1,2.0)	t
范围包含	@>	包含范围	int4range(2,4) @>int4range(2,3)	t
	@>	包含元素	'[2011-01-01, 2011-03-01)'::tsrange @> '2011-01-10'::timestamp	t
	<@	范围被包含	int4range(2,4) <@int4range(1,7)	t
	<@	元素被包含	42 <@ int4range(1,7)	f
	&&	重叠(有公共点)	int8range(3,7) &&int8range(4,12)	t
不相交	<<	严格左部	int8range(1,10) <<int8range(100,110)	t
	>>	严格右部	int8range(50,60) >>int8range(20,30)	t
	&<	不超过右部	int8range(1,20) &<int8range(18,20)	t
	&>	不超过左部	int8range(7,20) &>int8range(5,10)	t
集合运算	-|-	相邻	numrange(1.1,2.2) -|- numrange(2.2,3.3)	t
	+	并	numrange(5,15) +numrange(10,20)	[5,20)
	*	交	int8range(5,15) * int8range(10,20)	[10,15)
	-	差	int8range(5,15) -int8range(10,20)	[5,10)

说明：①当涉及一个空范围时,左部/右部/相邻操作符总是返回假;即一个空范围被认为不在任何其他范围前面或者后面。②如果结果范围可能需要包含两个分离的子范围,并

和差操作符将会失败,因为这样的范围无法被表示。

2.2.9 数组类型

1. 数组类型

KingbaseES 允许一个表中的列定义为变长多维数组。可以创建任何内建或用户自定义的基类、枚举类型、组合类型或者域的数组。一个数组数据类型可以通过在数组元素的数据类型名称后面加上方括号"[ ]"来命名,或者使用 SQL 标准的关键词 ARRAY 来定义一维数组。

数组类型的作用是方便在一列中存储多个结构化的值,如果是多维数组,则相当于在一列上又存储了一个子表数据,例如,一种商品可能有多个别名,存储在一个数组类型的列。对于属性取值个数相对较少的情况,使用数组比使用一个单独表来存储更容易维护和检索,甚至效率更高。

例 2.7 以 Goods 表为例展示数组类型的使用。

该 Goods 表只有两个字段,仅为演示本例使用。

```
CREATE TABLE Goods (
goodname VARCHAR(128),
aliasname VARCHAR(128)[] );
INSERT INTO Goods (goodname,aliasname)
    VALUES('猫零食猫','{猫零食,小鱼干,磨牙零食}');
INSERT INTO Goods (goodname,aliasname)
    VALUES('自嗨锅','{自嗨锅,拉面}');
SELECT * FROM Goods;
```

运行结果如下。

```
goodname | aliasname
-------- +----------------
猫零食猫   | {猫零食,小鱼干,磨牙零食}
自嗨锅    | {自嗨锅,拉面}
(2 rows)
```

说明:①数组常量的表示方式为将元素值用花括号包围并用逗号分隔,一个数组常量的一般格式如下: '{ val1 delim val2 delim … }'。例如,'{{1,2,3},{4,5,6},{7,8,9}}'表示一个 3 行 3 列的二维数组,它由 3 个整数子数组构成。②通过数组名和下标来访问数组。数组下标写在方括号内,默认情况下,KingbaseES 数组的下标从 1 开始编号,即一个具有"n"个元素的数组从 array[1]开始,结束于 array[n]。③修改数组。可以更新整个数组值,也可以通过下标访问来更新数组的某个元素值。

2. 数组操作符

数组操作符是对两个数组或者数组和数组元素进行操作的运算符。数组比较操作符(如<、>等)逐个比较数组元素,使用元素数据类型的默认 B-tree 比较函数,并根据第一个差异排序。多维数组的元素按照行序进行访问(即最后的下标变化最快)。数组包含操作符(<@和@>)认为,如果一个数组的每个元素都出现在另一个数组中,则该数组包含在另一个数组中,重复项不做特殊处理,因此数组 ARRAY[1] 和数组 ARRAY[1,1] 被认为互相包含。常用的数组操作符如表 2.13 所示。

表 2.13 常用的数组操作符

分类	操作符	含 义	示 例	结果
比较操作符	=	等于	ARRAY[1.1,2.1,3.1]::int[]=ARRAY[1,2,3]	TRUE
	<>	不等于	ARRAY[1,2,3] <> ARRAY[1,2,4]	TRUE
	<	小于	ARRAY[1,2,3] < ARRAY[1,2,4]	TRUE
	>	大于	ARRAY[1,4,3] > ARRAY[1,2,4]	TRUE
	<=	小于或等于	ARRAY[1,2,3] <= ARRAY[1,2,3]	TRUE
	>=	大于或等于	ARRAY[1,4,3] >= ARRAY[1,4,3]	TRUE
包含操作符	@>	包含	ARRAY[1,4,3] @> ARRAY[3,1,3]	TRUE
	<@	被包含	ARRAY[2,2,7] <@ ARRAY[1,7,4,2,6]	TRUE
	&&	重叠(具有公共元素)	ARRAY[1,4,3] && ARRAY[2,1]	TRUE
串接操作符	||	数组和数组串接	ARRAY[1,2,3] || ARRAY[4,5,6]	{1,2,3,4,5,6}
	||	数组和数组串接	ARRAY[1,2,3] || ARRAY[[4,5,6],[7,8,9]]	{{1,2,3},{4,5,6},{7,8,9}}
	||	元素到数组串接	3 || ARRAY[4,5,6]	{3,4,5,6}
	||	数组到元素串接	ARRAY[4,5,6] || 7	{4,5,6,7}

2.3 函数

SQL 函数(Function)是预定义好的代码模块,对输入参数进行计算和处理并输出结果值;SQL 函数内置于 KingbaseES 数据库中,可用于各种 SQL 语句。按照函数返回值,KingbaseES 的 SQL 函数可以分为两类:标量函数(Scalar Function,即返回一个值)、数组函数、记录函数。按函数来源分为:系统函数(System Built-in Function,又称内置函数)和用户自定义函数(User Defined Function)。

SQL 函数调用的一般形式为:函数名(参数 1,参数 2,…,参数 n)。使用 SQL 函数时,首先要明确 SQL 函数的参数类型,每个参数要与 SQL 函数定义的参数类型一致或者相容(即 SQL 能够自动进行数据类型转换);然后要明确函数返回值类型,是返回一个值(标量函数)还是可能返回多个值(非标量函数)。

本节主要介绍 KingbaseES 提供的常用数据类型的系统函数,包括数学函数、字符函数、二进制串函数、位串函数、时间日期等。

2.3.1 数学函数

数学函数用来处理数值类型(如 Integer,Numeric,Float,Double Precision 等)的数据,主要的数学函数有:绝对值函数、余商函数、圆整函数、方根函数、幂函数、对数函数、随机数函数、三角函数、双曲函数等。常用的数学函数如表 2.14 所示,其中,dp 表示 double precision 数据类型。

表 2.14 部分常用数学函数

分类	函数	返回类型	描　述	示　例	结果
绝对值函数	abs(x)	和输入相同	绝对值	abs(−17.4)	17.4
余商函数	mod(y,x)	和参数类型相同	y/x 的余数	mod(9,4)	1
	div(y numeric, x numeric)	NUMERIC	y/x 的整数商	div(9,4)	2
圆整函数	round (v numeric,s int)	NUMERIC	圆整为"s"位小数数字	round(42.4382,2)	42.44
	floor(dp or numeric)	和输入相同	不大于参数的最近的整数	floor(−42.8)	−43
方根函数	sqrt(dp or numeric)	和输入相同	平方根	sqrt(2.0)	1.41421356 23731
	cbrt(dp)	dp	立方根	cbrt(27.0)	3
幂函数	exp(dp or numeric)	和输入相同	指数	exp(1.0)	2.71828182 845905
	power(a numeric, b numeric)	NUMERIC	求 a 的 b 次幂	power(9, 3.0)	729
对数函数	ln(dp or numeric)	和输入相同	自然对数	ln(2.0)	0.69314718 0559945
	log(dp or numeric)	和输入相同	以 10 为底的对数(同 log10)	log(100.0)	2
	log(b numeric, x numeric)	NUMERIC	以 b 为底的对数	log(2.0, 64.0)	6.0000000000
随机数函数	random()	dp	范围 0.0≤x<1.0 中的随机值	random()	0.62567246 5722758
	setseed(dp)	VOID	为 random()调用设置种子(值位于−1.0~1.0,包括边界值)	setseed(0.6)	null
三角函数	sin(x)	dp	正弦(弧度角)	sin(1)	0.84147
	sind(x)	dp	正弦(角度)	sind(1)	0.01745
双曲函数	sinh(x)	dp	双曲正弦	sinh(0)	0
	cosh(x)	dp	双曲余弦	cosh(0)	1

这些函数中有许多都有多种不同的形式,区别是参数不同。除非特别指明,任何特定形式的函数都返回和它的参数相同的数据类型。random()函数使用一个简单的线性同余算法。使用相同的参数重新发出 setseed(),后续的 random()调用在当前会话中的结果是可重复的。所有三角函数、双曲函数都有类型为 double precision 的参数和返回类型。每一种

三角函数都有两个变体,一个以弧度度量角,如 cos(x)、sin(x),另一个以角度度量角,如 cosd(x)、sind(x)。不过,使用基于角度的三角函数更好,因为这类方法能避免 sind(30) 等特殊情况下的舍入偏差。该表只给出两个三角函数和两个双曲函数,更多函数参见 KingbaseES SQL 联机帮助。

2.3.2 字符串函数

字符串函数是对字符类型(如 character、character varying 和 text)的数据进行处理的函数,部分常用的字符串函数包括长度函数、串接函数、子串函数、截断函数、大小写转换函数和比较函数,如表 2.15 所示。

使用字符串函数时注意几点:①字符串是从 1 开始给串中的字符位置编号的;②系统自动填充的空格字符问题。固定长度字符串类型(character)的列值,当插入的字符串长度小于定义的列长度,列值字符串最后会以空格字符填充补齐,长度函数在计算字符串长度时会忽略系统自动填充的空白字符,而子串函数或者串接函数不会忽略空白字符。

表 2.15　部分常用字符串函数

分类	函　数	返回类型	描　述	示　例	结果
长度函数	bit_length(string)	int	串中位数	bit_length('jose')	32
	char_length(string) or character_length(string)	int	串中字符数	char_length('jose')	4
	octet_length(string)	int	串中字节数	octet_length('jose')	4
串接函数	concat(str "any" [, str "any" [, ...]])	text	串接所有参数的文本表示	concat('abcde',2,NULL,22)	abcde222
	||	text	串接	'King'||'baseES'	KingbaseES
子串函数	overlay(string placing string from int[for int])	text	替换子串	overlay('Txxxxas' placing 'hom' from 2 for 4)	Thomas
	position(substring in string)	int	定位指定子串	position('om' in 'Thomas')	3
	substring(string [from int] [for int])	text	提取子串	substring('Thomas' from 2 for 3)	hom
	substring(string from pattern)	text	提取匹配 POSIX 正则表达式的子串	substring('Thomas' from '...$')	mas
	substring(string from pattern for escape)	text	提取匹配 SQL 正则表达式的子串	substring('Thomas' from '%#"o_a#"_' for '#')	oma
截断函数	trim([leading | trailing | both] [characters] from string)	text	从"string"的开头、结尾或者两端(both 是默认值)移除只包含 characters(默认是一个空格)中字符的最长字符串	trim(both 'xyz' from 'yxTomxx')	Tom

分类	函　　数	返回类型	描　　述	示　　例	结果
截断函数	trim([leading $ trailing $ both][from] string [,characters])	text	trim()的非标准版本	trim(both from 'xTomxx', 'x')	Tom
大小写转换函数	upper(string)	text	将字符串转换为大写形式	upper('tom')	TOM
	lower(string)	text	将字符串转换为小写形式	lower('TOM')	tom
比较函数	varchar_larger(string1, string2)	varchar	根据系统设置的字符集,输出码值较大的字符串,该功能在 kdb_utils_function 扩展中使用	varchar_larger('a','b')	b
	varchar_smaller(string1, string2)	varchar	根据系统设置的字符集,输出码值较小的字符串,该功能在 kdb_utils_function 扩展中使用	varchar_smaller ('a','b')	a

2.3.3　二进制串函数

　　二进制串函数是处理 bytea 和 BLOB 类型数据的函数,包括长度函数、截断函数、输入输出函数、编解码函数和子串函数,如表 2.16 所示。

表 2.16　二进制串函数

分类	函　　数	返回类型	描述	示　　例	结　　果
长度函数	length(string)	int	二进制串的长度	length ('jo\000se'::bytea)	5
截断函数	btrim（string bytea, bytes bytea）	bytea	删除只由出现在"bytes"中字节组成的最长串	btrim('\000trim\001'::bytea, '\000\001'::bytea)	\x7472696d
	empty_blob()	blob	产生一个新的 blob 对象	select empty_blob()	null
输入输出函数	blob_import（string, string）	bytea	将指定的文件以 blob 大对象的形式导入数据库	SELECT blob_import ('blob_out.data') FROM dual	导出 blob_out.data 到终端
	blob_export（blob, string,string）	int	将 blob 大对象的内容导出到磁盘文件	SELECT blob_export (lob,'blob_out.data') FROM test_blob	导入 test_blob 列到 blob_out.data

分类	函　　数	返回类型	描　述	示　　例	结　　果
编解码函数	decode（string text，format text)	bytea	从"string"的文本表示解码二进制数据	decode('123\000456','escape')	123\000456
	encode（data bytea，format text)	text	将二进制数据编码为一个文本表示	encode（'123\000456'::bytea,'escape')	123\000456
子串函数	get_bit(string,offset)	int	从串中抽取位	get_bit('Th\000omas'::bytea,45)	1
	get_byte(string,offset)	int	从串中抽取字节	get_byte（'Th\000omas'::bytea,4)	109
	set_bit(string,offset,newvalue)	bytea	设置串中的位	set_bit('Th\000omas'::bytea,45，0)	Th\000omAs
	set_byte(string,offset,newvalue)	bytea	设置串中的字节	set_byte('Th\000omas'::bytea,4，64)	Th\000o@as

说明：get_byte()和 set_byte()把一个二进制串中的一个字节计数为字节 0。get_bit()和 set_bit()在每一个字节中从右边起计数位；例如，位 0 是第一个字节的最低有效位，而位 15 是第二个字节的最高有效位。

2.3.4　位串函数

位串函数是对位串类型(如 bit、bit varying)的数据进行操作的函数，包括串接函数、按位操作函数、位移函数(参见表 2.17)，还包括 length、bit_length、octet_length、position、substring、overlay 等 SQL 标准函数，它们除了可以用于字符串之外，也可以用于位串类型数据操作。当使用于一个位串时，这些函数将串的第一(最左)位记为位 0。

表 2.17　位串函数

分类	函数	返回类型	描　述	示　　例	结　　果
串接函数	||	bit	连接	B'10001' || B'011'	10001011
按位操作函数	&	bit	按位与	B'10001' & B'01101'	00001
	|	bit	按位或	B'10001' | B'01101'	11101
	♯	bit	按位异或	B'10001' ♯ B'01101'	11100
	~	bit	按位求反	~ B'10001'	01110
位移函数	<<	bit	按位左移	B'10001' << 3	01000
	>>	bit	按位右移	B'10001' >> 2	00100

2.3.5　时间/日期函数

时间/日期函数是对时间和日期类型(如 Timestamp、Date、Time、Interval)的数据进行处理的函数，可以获取当前系统时间和日期、计算两个时间日期的间隔，或者抽取时间日期的某一部分(如年、月或日等)。使用时间/日期函数时要注意：①时区,一般时间日期函数都有两个格式：带时区(with time zone)和不带时区(without time zone)；②时间日期格式,如日期格式是"年、月、日"还是"日、月、年",时间格式是 24 小时制还是 12 小时制等。常用的日期时间函数如表 2.18 所示。

表 2.18   常用的日期/时间函数

分类	函 数	返回类型	描述	示 例	结 果
系统时间日期函数	current_timestamp()	timestamptz	当前日期和时间	current_timestamp	2022-12-01 17：58：15.929750＋08
	clock_timestamp(),可不带括号	timestamptz	当前日期和时间	clock_timestamp()	2022-12-01 17：59：33.027326＋08
	SYSDATE	date	当前日期	sysdate	2022-12-01 18：00：02.0
	current_date()	date	当前日期	current_date	2022-12-01 00：00：00.0
	current_time()	timetz	当前时间(一天中的时间)	current_time	18：01：07.213860＋08
	SESSIONTIMEZONE	SESSIONTIMEZONE	当前 session 所在的时区	SESSIONTIMEZONE	Asia/Shanghai
Timestamp 函数	age(timestamp,timestamp)	interval	生成使用年、月、日的"符号化"的时间间隔	age(timestamp '2001-04-10', timestamp '1957-06-13')	43 years 9 mons 27 days
	age(timestamp)	interval	在午夜减去 current_date	age(timestamp '1957-06-13')	65 years 5 mons 18 days
日期函数	round(date)	date	四舍五入到 fmt 格式模型指定的单位的日期	round(2022-12-01)	2009.0
	date_part(text,timestamp)	double precision	获得子域(等价于 extract)	date_part('hour', timestamp '2001-02-16 20:38:40')	20
	date_part(text,interval)	double precision	获得子域(等价于 extract)	date_part('month', interval '2 years 3 months')	3
	date_trunc(text,timestamp)	timestamp	截断到指定精度	date_trunc('hour', timestamp '2001-02-16 20:38:40')	2001-02-16 20:00:00
	date_trunc(text,timestamp with timezone, text)	timestamptz	在指定的时区截断到指定的精度	date_trunc('day', timestamptz '2001-02-16 20:38:40＋00', 'Australia/Sydney')	2001-02-16 13：00：00＋00

续表

分类	函　　数	返回类型	描述	示　　例	结　　果
日期函数	date_trunc(text, interval)	interval	截断到指定精度	date_trunc('hour', interval '2 days 3 hours 40 minutes')	2 days 03:00:00
间隔函数	justify_days(interval)	interval	调整间隔,这样 30 天时间周期可以表示为月	justify_days (interval '35 days')	1 mon 5 days
	justify_hours(interval)	interval	调整间隔,这样 24 小时时间周期可以表示为日	justify_hours (interval '27 hours')	1 day 03:00:00
	justify_interval (interval)	interval	使用 justify_days 和 justify_hours 调整间隔,使用额外的符号调整	justify_interval (interval '1 mon-1 hour')	29 days 23:00:00

2.3.6　枚举函数

枚举函数是对枚举类型(ENUM)的数据进行操作的函数,可以获得指定的枚举取值范围、第一个枚举值或者最后一个枚举值等。除了双参数形式的 enum_range 外,枚举函数忽略传递给它们的具体值,它们只关心声明的数据类型。空值或类型的一个特定值可以通过,并得到相同的结果。这些函数更多地被用于一个表列或函数参数,而不是一个硬写的类型名。常用的枚举函数如表 2.19 所示。

表 2.19　常用的枚举函数

分类	函　　数	描　　述	示　　例	结　　果
获取单个枚举值	enum_first(anyenum)	返回枚举类型第一个值	enum_first(null:: GENDERENUM)	1
	enum_last(anyenum)	返回枚举类型最后一个值	enum_last(null:: GENDERENUM)	9
获取枚举值范围	enum_range(anyenum)	将输入枚举类型的所有值作为一个有序的数组返回	enum_range(null:: GENDERENUM)	{1,2,9}
	enum_range(anyenum, anyenum)	以一个数组返回在给定两个枚举值之间的范围	enum_range('1':: GENDERENUM, '9 '::GENDERENUM)	{1,2,9}
			enum_range(NULL,' 2'::GENDERENUM)	{1,2}
			enum_range('2':: GENDERENUM, NULL)	{2,9}

2.3.7 范围函数

范围函数是对范围类型的数据进行处理的函数,可以获取范围类型取值的上界、下界,或者上下界是否包含在范围内,判断范围是否为空等。使用范围函数可以更好地查询、利用范围数据类型的相关信息。常用的范围函数如表 2.20 所示。

表 2.20 常用的范围函数

分类	函 数	描 述	示 例	结果
获取边界值	lower(anyrange)	取范围下界	lower(int4range(1,10))	1
	upper(anyrange)	取范围上界	upper(int4range(1,10))	10
判断边界值	lower_inc(anyrange)	上界是否包含在内	lower_inc(int4range(2,5))	t
	upper_inc(anyrange)	下界是否包含在内	upper_inc(int4range(2,5))	f
判断范围空否	isempty(anyrange)	判断范围是否为空	isempty(int4range(1,10))	f

说明:如果范围为空或者被请求的界是无限的,则 lower() 和 upper() 函数返回空值。

2.3.8 数组函数

数组函数是对数组类型的数据进行操作的函数,可实现获取数组长度和维数等元信息、数组元素更新、定位和检索、输出等功能。常用的数组函数如表 2.21 所示。

表 2.21 常用的数组函数

分类	函 数	描 述	示 例	结果
数组更新函数	array_append()	给数组添加元素	array_append(array[1,2],3)	{1,2,3}
	array_remove()	删除数组元素	array_remove(array[1,2],2)	{1}
	array_replace()	数组元素替换	array_replace(array[1,2,5,4],5,10)	{1,2,10,4}
数组元信息函数	array_ndims()	获取数组维度	array_ndims(array[1,2])	1
	array_length()	获取数组长度	array_length(array[1,2],1)	2
数组定位和检索	array_position()	返回数组中某个数组元素第一次出现的位置	array_position(array['a','b','c','d'],'d')	4
数组输出函数	array_to_string	将数组元素输出到字符串	array_to_string(array[1,2,null,3],',','10')	1,2,10,3

说明:在 array_position 中,每一个数组元素都使用 IS NOT DISTINCT FROM 语义与要搜索的值比较,如果值没有找到则返回 NULL。

2.4 数据类型转换

2.4.1 数据类型转换场景

SQL 表达式里可能混合不同的数据类型,因此,当一个对象的数据移到另一个对象,或两个对象之间的数据进行比较或组合时,数据必须从一个对象的数据类型转换为另一个对象的数据类型;或者将 SQL 查询结果列、返回代码或输出参数中的数据赋给某个程序变量时,必须将这些数据从 KingbaseES 系统数据类型转换为该变量的数据类型。

KingbaseES 的 SQL 解析器只将 SQL 查询的词法元素分解成五个基本种类:整数、非整数数字、字符串、标识符、关键字。因此,有如下四种情况需要进行类型转换。

(1) 函数调用:函数可以有一个或多个参数,由于 KingbaseES 允许函数重载,函数名自身并不唯一地标识将要被调用的函数,解析器必须根据提供的参数类型选择正确的函数。

(2) 操作符:KingbaseES 允许带有前缀和后缀一元(单目)操作符的表达式,也允许二元(两个参数)操作符。像函数一样,操作符也可以被重载,因此操作符的选择也有同样的问题。

(3) 值存储:INSERT 和 UPDATE 语句将表达式的结果存入表中。语句中的表达式类型必须和目标列的类型一致(或者可以被转换为一致)。

(4) UNION、CASE:因为来自 UNION 的每个 SELECT 子查询结果必须合并在一个列集中显示,其结果类型必须能相互匹配并被转换成一个统一数据类型。类似地,一个 CASE 结构的结果表达式必须被转换为一种公共的类型。

2.4.2　类型转换规则

SQL 是一种强类型语言,即每个数据项都有一个相关的数据类型,数据类型决定其行为和允许的用法。KingbaseES 有一个可扩展的类型系统,该系统比其他 SQL 实现更具通用性和灵活性。KingbaseES 中大多数类型转换行为是由通用规则来管理的,这种做法允许使用混合类型表达式,即便是其中包含用户定义的类型。

系统目录存储哪些数据类型之间存在哪种转换(或造型),以及如何执行这些转换的相关信息。用户也可以通过 CREATE CAST 命令增加自定义的类型转换对应关系。所有类型转换规则都是建立在下面几个基本原则上的。

(1) 隐式转换决不能有意外的或不可预见的输出。

(2) 如果一个查询不需要隐式类型转换,则查询不应该在解析器里耗费额外的执行时间,也不会在查询中引入不必要的隐式类型转换调用。

(3) 另外,如果一个查询通常要求为某个函数进行隐式类型转换,而用户定义了一个有正确参数类型的新函数,解析器应该使用新函数并不再做隐式转换来使用旧函数。

数据类型转换分为隐式转换和显式转换。隐式转换由系统自动进行,对用户不可见,KingbaseES 会自动将数据从一种数据类型转换为另一种数据类型。例如,将 char 与 text 进行比较时,在比较之前,char 会被隐式转换为 text。

显式转换通过格式化函数(如 to_char( )、to_number( )、to_date( )、to_timestamp( ))进行转换,或者 CAST(expression AS data_type [(length)])函数进行类型转换,或者通过 ::操作符进行转换。

在大多数情况下,用户不需要明白类型转换机制的细节。但是,由 KingbaseES 进行的隐式类型转换会对查询的结果产生影响。必要时这些结果可以使用显式类型转换来调整。

详细的隐式数据类型转换规则请参见 KingbaseES 联机文档中的类型转换表。常用的数据类型转换函数和操作符如表 2.22 所示。

表 2.22　数据类型转换函数

函　　数	返回类型	描　　述	示　　例	结　　果
to_char(timestamp，text)	text	把时间戳转换成字符串	to_char(timestamp '2001-09-28 01:00', 'HH12:MI:SS')	01:00:00
to_char(interval，text)	text	把间隔转换成字符串	to_char(interval '15h 2m 12s','HH24:MI:SS')	15:02:12
to_char(int，text)	text	把整数转换成字符串	to_char(125,'999')	125
to_char(numeric，text)	text	把数字转换成字符串	to_char (−125.8,'999D99S')	125.80-
to_date(text，text)	date	把字符串转换成日期	to_date('05 Dec 2000', 'DD Mon YYYY')	2000-12-05 00:00:00.0
to_number(text，text)	numeric	把字符串转换成数字	to_number('12,454.8-', '99G999D9S')	−12454.8
to_timestamp(text，text)	timestamp with time zone	把字符串转换成时间戳	to_timestamp ('05 Dec 2000', 'DD Mon YYYY')	2000-12-05 00:00:00+08
CAST（expression AS data_type［（length）］）	data_type	把表达式的结果转换成指定的数据类型	CAST（varchar '123' as text）	123
::data_type	data_type	把表达式的结果转换成指定的数据类型	SELECT 1::int4, 3/2::numeric;	1 1.5000000000000000

第 3 章

KingbaseES 的数据库对象

 3.1 数据库对象概述

KingbaseES 数据库服务器(Database Server),也称数据库服务器实例(Database Server Instance),包含数据库集群(Database Cluster)、表空间(Tablespace)和安全性对象(Security Object)。一个 KingbaseES 数据库集群是一个数据库服务器实例管理的所有数据库的集合,数据库集群相当于一个目录,所有数据库都被存储在其中。安全性对象包括用户(User)和角色(Role),被整个数据库集群共享,但数据不能在数据库之间共享,任何给定客户端连接只能访问在连接中指定的数据库中的数据。表空间是分配给数据库的一个物理文件或者一组物理文件的逻辑名称,是存储数据库对象的空间。一个数据库(Database)中存储模式(Schema)、表(Table)、约束(Constraint)、索引(Index)、视图(View)、序列(Sequence)、触发器(Trigger)等各种数据库对象。各种数据库对象之间的联系如图 3.1 所示。

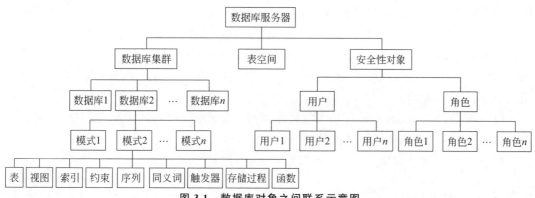

图 3.1 数据库对象之间联系示意图

(1) 数据库(Databse)。数据库本身也是数据库对象,一个数据库集群可以包含多个数据库。一个数据库有多个模式。一个数据库可以被多个用户访问。数据库和用户之间是独立的。用户可以访问数据库中不同模式下的所有对象。

(2) 模式(Schema)。模式是一个命名空间,是数据库对象的集合,用于名字空间隔离和权限控制管理。一个数据库包含一个或多个命名模式,一个模式下有表、视图、索引、约束、触发器、序列、存储过程和函数等数据库对象,不同模式中的数据库对象可以有相同的名称。模式下的数据库对象也称为模式对象，其他数据库对象也称为非模式对象。模式（Schema）也指数据的逻辑结构，即关系模式（Relation Schema）。

（3）表（Tables）。从横向来看，表是行的集合，也称为元组（Tuple）或记录（Record）的集合；从纵向来看，表是列的集合，也称为属性（Attribute）的集合。每一行由多个列组成，每一列有相同的数据类型。

（4）视图（View）。视图是基于 SQL 语句查询结果集的可视化的表，其内容由查询定义。视图可以在基本表的一列或多列上创建，也可以在其他视图的基础上创建视图。视图是一张虚表，并不具有物理结构。但是物化视图（Materialized Views）是一个"实"表，具有物理结构，是一个存储查询结果的数据库对象。

（5）约束（Constraint）。约束是对数据库中的数据进行插入、修改和删除时的限定条件，目的是保证数据的有效性和完整性。约束分为列级约束和表级约束。列级约束是指在定义列的同时定义约束；表级约束是指在定义了所有列之后定义的约束。只涉及一个属性的约束可以定义为列级或表级约束，涉及多个属性的约束只能定义在表级约束。一个约束可以建立在一个表上，也可以建立在多个表上。因此表与约束是多对多的联系。约束可以在定义表时定义，同表一起创建，也可以在创建表之后单独定义和创建。

（6）索引（Index）。索引是对数据库中一列或多列的值进行排序的一种结构，使用索引可以提高数据的检索效率。索引可以建立在基本表或物化视图的一列或多列上。

（7）序列（Sequence）。序列也被称为序列生成器，是按照定义的规则（如给定起始值、步长和终止值）生成连续的序列值的集合，通常用于为表的行生成唯一的标识符。

（8）同义词（Synonym）。同义词是数据库对象的别名。表、视图、物化视图、同义词、序列、存储过程、函数、类型都可以作为同义词引用对象。

（9）触发器（Trigger）。触发器是定义在基本表上，在指定的事件（如插入、修改、删除表中的数据）发生前或发生后，数据库系统将自动执行的特殊的存储过程。一个基本表可以定义多个触发器，一个触发器只能建立在一个基本表上。

（10）存储过程（Stored Procedure）。存储过程是存储在数据库中的一组为了完成特定功能的 SQL 语句集。存储过程一次编译后永久有效，用户通过指定存储过程的名字并给出参数（如果该存储过程带有参数）来执行它。存储过程可以提高 SQL 执行效率、减少网络通信量、提供安全保护等。

（11）函数（Function）。函数分为数据库系统内置函数（参见第 2 章）和用户自定义函数。用户自定义函数类似存储过程，但具有返回函数值。

触发器、存储过程和用户自定义函数通常需要用 PL/SQL 来编写。

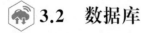 3.2 数据库

3.2.1 创建数据库

创建数据库的基本 SQL 语法如下。

```
CREATE DATABASE name
[ [ WITH ] [ OWNER [=] user_name ]
```

```
[ ENCODING [=] encoding ]
[ TABLESPACE [=] tablespace_name ]
```

该 SQL 命令创建名为 name 的数据库,指定数据库属主 OWNER 为用户 user_name(如果不指定则默认当前用户),指定数据库字符集编码 ENCODING 为 encoding(通常为 UTF8 或 GBK,如不指定则为系统默认或者模板数据库默认的字符集编码),指定该数据库要存储的表空间 TABLESPACE 为 tablespace_name(如不指定,默认为 sys_default 系统表空间)。

例 3.1　为当前用户创建名为 Seamart 的数据库,指定字符集为 UTF8。

```
CREATE DATABASE Seamart ENCODING = 'UTF8';
```

例 3.2　为 Salesadmin 用户在 salesspace 表空间创建 Seamart 数据库。

```
CREATE DATABASE Seamart OWNER = Salesadmin TABLESPACE salesspace;
```

说明:用户 salesadmin 和表空间 salesspace 需要预先建立好。

3.2.2　修改数据库

修改数据库的基本 SQL 语法如下。

```
ALTER DATABASE name
{ RENAME TO newname |
  OWNER TO new_owner |
  SET TABLESPACE new_tablespace |
  SET configuration_parameter { TO | = } { value | DEFAULT } }
```

该 SQL 命令可以给数据库 name 重新命名为 newname,或者改变数据库属主 OWNER 为 new_owner(新用户可以是给定的用户,或者是当前用户 CURRENT_USER,或者是会话用户 SESSION_USER),或者设置数据库的默认表空间为 new_tablespace,或者重新设置数据库的配置参数 configuration_parameter 的值。

例 3.3　重命名用户 salesapp 拥有的数据库 Seamart 为 Lakemart。

```
ALTER DATABASE Seamart RENAME TO Lakemart;
```

说明:只有超级用户或者是拥有 CREATEDB 权限的数据库属主才可以执行该命令。

例 3.4　修改数据库 Seamart 的属主改为 salesManager。

```
ALTER DATABASE Seamart OWNER TO salesManager;
```

例 3.5　设置数据库 Seamart 的默认表空间为 salesspace。

```
ALTER DATABASE Seamart SET TABLESPACE salesspace;
```

说明:①不能在事务块内执行修改数据库默认表空间的命令;②修改数据库默认表空

间会在物理上将位于数据库原默认表空间中的所有表和索引移动到新的表空间中,该数据库在非默认表空间中的表和索引不受影响;③新的默认表空间对于这个数据库必须是空的,并且不能有用户连接到该数据库。

例 3.6 设置数据库 Seamart 配置变量 enable_indexscan 为禁用索引扫描。

```
ALTER DATABASE Seamart SET enable_indexscan TO off;
```

说明:数据库配置变量的参数值对数据库性能影响很大,一般不重新设置,如有必要,一般由经验丰富的数据库管理员进行配置。

3.2.3 删除数据库

删除数据库的基本 SQL 语法如下。

```
DROP DATABASE [ IF EXISTS ] name
```

该命令删除数据库 name,使用 IF EXISTS 则当该数据库 name 不存在时不会抛出一个错误,而只是给出一个提示。执行删除数据库命令时会删除数据库的系统目录项并且删除包含数据的文件目录,一旦执行就不能被撤销,因此使用该命令时要特别小心,确保不会删除有用的数据库。

例 3.7 删除 Lakemart 数据库。

```
DROP DATABASE IF EXISTS Lakemart;
```

说明:①该命令只能由数据库拥有者执行;②该命令不能在一个事务块内执行;③该命令不能在有用户已经连接到要删除的数据库时执行。

3.2.4 数据库字符集编码

KingbaseES 的本地化支持的最主要方面是数据库字符集编码设置问题。如果字符集编码设置不当,将会出现数据编码解码错误,导致乱码。数据库编程设计的字符集编码问题涉及三个方面:数据库服务器字符集编码、数据库客户端字符集编码、本地操作系统环境字符集编码。数据库客户端和数据库服务器端进行双向通信:一方面,用户通过本地操作系统环境终端输入字符信息,解码到数据库客户端,再解码到数据库服务器端;另一方面,数据库服务器执行查询输出数据,解码到数据库客户端,再解码到本地操作系统环境终端输出字符信息。如果本地操作系统环境字符集编码和数据库客户端编码不一致,就会出现解码错误,导致数据库客户端显示信息出现乱码。

KingbaseES 默认的字符集是在使用 initdb 初始化数据库集簇时选择的,在创建一个数据库时可以重载它。因此,一个 KingbaseES 实例下的多个数据库可以使用不同的字符集。数据库字符集配置有如下几种方式。

1. 初始化数据库时指定数据库集簇默认的字符集

例 3.8 初始化数据库时指定默认的字符集为 GBK。

在命令行窗口中,切换到 KingbaseES 数据库系统安装目录中的服务器可执行文件子目录,例如,D:\ProgramFiles\Kingbase\ES\V8\KESRealPro\V008R006C006B0021\
Server\bin 下,执行如下命令。

```
initdb -E utf8
```

说明:若用长选项字符串,可用--encoding 代替-E。若没有给出-E 或者--encoding 选
项,initdb 会基于操作系统指定的或者默认的区域判断要使用的合适编码。

2. 在创建或修改数据库时指定字符集

例 3.9　创建数据库 SeamartTest,设置字符集为默认的字符集。

```
CREATE DATABASE SeamartTest ENCODING default;
```

说明:创建数据库 Seamartt,指定字符集为默认的字符集,即模板数据库的字符集。

例 3.10　创建数据库 Seamarttt,设置字符集为 utf8。

```
CREATE DATABASE Seamarttt ENCODING utf8;
```

说明:①创建数据库 Seamarttt,指定字符集为 utf8,实际上,utf8 为目前最常用的数据
库字符集;②使用 KingbaseES 的图形数据库管理工具 KStudio 创建数据库时,可选的字符
集主要为 utf8、GB18030(国家标准中文字符集)、GBK(扩展国家标准中文字符集)、ASCII
等四种字符集;③数据库在创建时一旦选定字符集,创建之后再不能修改字符集。

3. 查看数据库的字符集

例 3.11　查看数据库 Seamart 的字符集。

```
SELECT oid,datname,encoding
FROM sys_database WHERE datname LIKE 'seamart%';
```

运行结果如下。

```
  oid  |  datname   | encoding
-------+------------+------------
 16586 | seamart    |        6
 32868 | seamarttest|       38
 32869 | seamarttt  |        6
(3 rows)
```

说明:①该 SQL 命令通过系统视图 sys_database 查看指定数据库的字符集 Encoding;
②所显示的 encoding 是字符集在 KingbaseES 系统中的编号。

例 3.12　查看数据库服务器的字符集。

```
SHOW server_encoding;
```

运行结果如下。

```
 server_encoding
-----------------
 UTF8
(1 row)
```

说明：该服务器端字符集编码参数可以被显示但不能被设置,因为该设置是在数据库创建时决定的。

例 3.13   查看数据库客户端的字符集。

```
SHOW client_encoding;
```

运行结果如下。

```
 client_encoding
-----------------
 GBK
(1 row)
```

说明：①客户端和服务器端字符集不一样,就会存在字符集互相转换的问题；②数据库客户端字符集是可以通过 SET 命令修改的。

例 3.14   修改数据库客户端的字符集。

```
SET client_encoding = 'utf8';
SHOW client_encoding;
```

运行结果如下。

```
 client_encoding
-----------------
 UTF8
(1 row)
```

例 3.15   修改数据库客户端的字符集,与操作系统不一致导致乱码。

```
SET client_encoding = 'utf8';
SELECT * FROM t_null;
```

运行结果如下。

```
閿樿誤: 鍏崇郴 "t_null" 涓嶅瓨鍦?LINE 1: SELECT * FROM t_null;
```

说明：t_null 是一个不存在的表,该命令执行出错,提示信息出现乱码。因为 Windows 中文版用的是 GB2312/GBK(在 Windows 命令行窗口中用 chcp 命令查看本地区域为 936 简体中文),在数据库客户端字符集设置为 utf8 之后,与 GB2312/GBK 字符集不能自动转换,因此数据库提示信息出现乱码。

例 3.16   修改数据库客户端的字符集,与操作系统一致则不会出现乱码。

```
SET client_encoding = 'gbk';
SELECT * FROM t_null;
```

运行结果如下。

```
错误：  关系 "t_null" 不存在
LINE 1: SELECT * FROM t_null;
```

说明：数据库客户端字符集与 Windows 中文版字符集一致，提示信息可以正常显示。

例 3.17　修改指定用户连接数据库的客户端字符集。

```
ALTER USER Wang SET client_encoding='utf8';
SELECT usename, useconfig FROM sys_shadow WHERE usename='wang';
```

运行结果如下。

```
usename |        useconfig
------ +------------------------
 wang   | {client_encoding=ut8}
(1 row)
```

说明：以 Wang 用户连接数据库时客户端的字符集就是 UTF8。

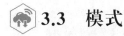

3.3　模式

3.3.1　模式概述

模式是一个命名空间，是数据库对象的集合，用于名字空间隔离和权限控制管理。一个数据库包含一个或多个命名模式，一个模式下有表、视图、索引、约束、触发器、序列、存储过程和函数等数据库对象，不同的模式中的数据库对象可以有相同的名称。模式下的数据库对象也称为模式对象，其他数据库对象也称为非模式对象。模式类似于操作系统层的目录，但是模式不能嵌套。

模式中的数据库对象可以通过用模式名作为前缀"限定"命名对象的名称来访问它们，或者通过把要求的模式包括在搜索路径中来访问命名对象。一个指定非限定对象名的CREATE 命令在当前模式（即搜索路径中的第一个模式，由函数 current_schema()决定）中创建对象。只要用户拥有足够的权限，他就可以访问他所连接的数据库中所有模式及模式内的数据库对象。

KingbaseES 创建数据库时，会自动创建 3 个模式：public、sys 和 sysaudit。public 模式为公共模式，如果创建表等模式对象不指定模式名，通常默认在 public 模式中创建；sys 模式存储 KingbaseES 数据库的系统表和系统视图等系统数据库对象；sysaudit 模式存储审计相关的数据库模式对象。

使用模式的好处在于：

（1）允许多个用户使用一个数据库并且不会互相干扰。

（2）将数据库对象组织成逻辑组以便更容易管理。

（3）第三方应用的对象可以放在独立的模式中，这样它们就不会与其他对象的名称发生冲突。

3.3.2 模式的创建、修改和删除

创建模式的 SQL 基本语法为：

```
CREATE SCHEMA [[IF NOT EXISTS] schema_name]
  [ AUTHORIZATION user_name]
  [ schema_element [ … ] ]
```

该命令创建给定 schema_name 的模式（如不给定模式名，则默认为模式名为当前用户名），创建模式时可以指定模式所属的用户 user_name（或 CURRENT_USER 或 SESSION_USER），也可以按照 schema_element 给定的 CREATE 子命令在创建模式时创建模式下的对象。如不使用 AUTHORIZATION 子句，被创建的模式及同时创建的模式对象都会由当前用户拥有。

例 3.18 为当前用户创建 Sales 模式。

```
CREATE SCHEMA Sales;
```

例 3.19 为 Joe 用户创建 Joe 模式。

```
CREATE SCHEMA AUTHORIZATION Joe;
```

说明：省略模式名，则系统会创建跟用户同名的模式。

例 3.20 如果不存在 Sales 模式，则为 Joe 用户创建 Sales 模式。

```
CREATE SCHEMA IF NOT EXISTS Sales AUTHORIZATION Joe;
```

说明：使用 IF NOT EXISTS 选项，则不能使用"schema_element"子命令同时创建模式对象。

例 3.21 创建 Sales 模式，同时创建 Goods 表和 V_Goods 视图。

```
CREATE SCHEMA Sales
CREATE TABLE Goods(goodid INTEGER, goodname VARCHAR(128), price MONEY)
CREATE VIEW V_Goods AS
SELECT goodid, goodname FROM Goods;
```

说明：①该命令相当于把创建模式、创建表和创建视图三个命令合并成一个 SQL 命令执行，若分开执行，则 Goods 表和 V_Goods 视图通常要用 Sales 模式名加以限定，以确保创建的表和视图存储在 Sales 模式中；②当前，只有 CREATE TABLE、CREATE VIEW、CREATE INDEX、CREATE SEQUENCE、CREATE TRIGGER 以及 GRANT 子句可以出现在 CREATE SCHEMA 中，其他类型的对象可以在模式被创建之后用单独的命令创建。

修改模式的 SQL 基本语法为:

```
ALTER SCHEMA name
RENAME TO new_name |
 OWNER TO  new_owner
```

该命令可以修改模式名 name 为新的模式名 new_name,或者更改模式的属主为 new_owner(或者是 CURRENT_USER,或是 SESSION_USER)。

例 3.22　将模式 Joe 的属主改为 Jeffery,然后以用户 Jeffery 登录连接数据库,创建 Joe 模式下的 Goods 表。

```
ALTER SCHEMA Joe OWNER TO Jeffery;
CREATE TABLE Joe.Goods(goodid INTEGER, goodname VARCHAR(128), price MONEY);
```

删除模式的 SQL 基本语法为:

```
DROP SCHEMA [ IF EXISTS ] name [, …] [ CASCADE | RESTRICT ]
```

该命令从当前数据库中删除一个或者多个模式。包含 CASCADE 选项则自动删除包含在该模式中的对象(表、函数等),然后删除所有依赖于那些对象的对象;包含 RESTRICT 选项则如果该模式含有任何对象,则拒绝删除它。RESTRICT 是默认选项。

例 3.23　从数据库中移除模式 Sales 及其中所包含的对象。

```
DROP SCHEMA Sales CASCADE;
```

说明:注意即使拥有者不拥有该模式中的某些对象,也能删除该模式(以及其所有的模式对象)。

3.3.3　模式的使用

数据库对象在模式中具有唯一的名称,在不同的模式中可以有相同的名称。创建或者访问模式中的数据库对象,可以使用"模式名.数据库对象名"的方式来限定数据库对象名,或者使用 SET SEARCH_PATH 命令设置模式搜索路径,把需要搜索的模式名放在最开始。如果不限定数据库对象名的模式名,数据库系统按照模式搜索路径查找模式及其对象。

例 3.24　使用 Sales 模式名来访问数据库对象 Goods。

```
CREATE TABLE Sales.Goods
(goodid INTEGER,
goodname VARCHAR(128),
price MONEY);
```

说明:如果在 Goods 表名前不指定所属模式的话,通常就会被自动归入默认的 public 模式,或者当前模式。

KingbaseES 默认设置当前会话的搜索路径为" $ user, public",即首先搜索与当前用户同名的模式,如果不存在,则搜索 public 模式。

例 3.25 设置 Sales 模式为当前搜索模式。

```
SHOW SEARCH_PATH;
SET SEARCH_PATH TO Sales, public;
SHOW SEARCH_PATH;
```

运行结果如下。

```
 search_path
---------------
 sales, public
(1 row)
```

说明：①设置搜索路径之前和之后建议都使用 SHOW SEARCH_PATH 命令查看确认，以免设置错误；②SET SEARCH_PATH 的更改不会对当前连接有效，需要重新连接才能生效。

组织模式的一种常用方法是按用户组织模式，设置模式名与用户名相同，对于服务于多个客户机的应用程序尤其方便，这些客户机的数据必须单独保存在自己的模式中。这样做是为了利用 KingbaseES 的系统配置文件 kingbase.conf 中设置的默认搜索路径为"$ user，public"。也可以通过 ALTER DATABASE 命令修改数据库的默认搜索路径。

例 3.26 设置数据库 Seamart 的默认搜索路径为 Sales，public。

```
ALTER DATABASE Seamart SET search_path=Sales, public;
SHOW search_path;
```

说明：ALTER DATABASE 命令需要重新启动数据库系统该设置才生效。

在不同的数据库中使用模式要考虑模式的可移植性。在 SQL 标准中，同一个模式中的对象不能被不同用户所拥有，在 SQL 标准中也没有 public 模式的概念。为了最大限度地与标准一致，尽量不要使用（甚至是删除）public 模式。不同的数据库管理系统实现模式不尽相同。在 KingbaseES 中，认为数据库对象的限定名称实际上是由 schema_name."table_name"组成的。应尽量为每一个用户创建一个模式。而在那些仅实现了标准中基本模式支持的数据库中，模式和用户的概念是等同的；某些数据库系统也可能根本没有实现模式或提供允许跨数据库访问的名字空间。

3.4 表空间

3.4.1 表空间概述

表空间是 KingbaseES 最大的逻辑存储单位，是要存储数据库对象的物理文件目录的逻辑名称。在创建数据库、表、索引等数据库对象时，可以指定数据库对象的表空间。如果不指定则使用 KingbaseES 的默认表空间，初始化数据库目录时会自动创建 sys_default、sys_global 和 sysaudit 三个默认表空间。

sys_global 表空间用来保存 KingbaseES 的系统表。sys_default 表空间是 KingbaseES

默认的模板数据库 template0 和 template1 的默认表空间,创建数据库时,除非特别指定了使用其他模板数据库或者是指定新建数据库的表空间,KingbaseES 将默认使用 template1 的表空间 sys_default。sysaudit 表空间用来存放安全审计相关的数据。

用户可以创建自定义表空间。使用自定义表空间有以下两个典型的场景。

(1) 通过创建表空间解决已有表空间磁盘不足并无法逻辑扩展的问题。

(2) 使用机械式硬盘时,将索引、预写式日志(WAL)、数据文件分配在磁盘转速性能不同的磁盘上,使硬件利用率和性能最大化。但是,目前固态存储已经很普遍,这种文件布局方式可能反倒会增加维护成本。

3.4.2 表空间的创建、修改和删除

创建表空间的 SQL 基本语法是:

```
CREATE TABLESPACE tablespace_name
[ OWNER { new_owner | CURRENT_USER | SESSION_USER } ]
LOCATION 'directory'
[ ONLINE | OFFLINE ] [ WITH ( tablespace_option = value [, … ] )
```

该命令为 new_owner 属主创建表空间 tablespace_name(该名称不能以"sys_"开头),对应的物理文件目录为 directory(该目录必须用一个绝对路径指定),创建时可以设置表空间参数 tablespace_option,包括 seq_page_cost、random_page_cost 和 effective_io_concurrency 等。

例 3.27 在 D:\kingbaseES\mytblspc 目录下创建表空间 myspc。

```
CREATE TABLESPACE myspc LOCATION 'D:\kingbaseES\ mytblspc'
```

说明:①该目录如果已经存在则应该为空并且必须由 KingbaseES 系统用户拥有,否则 KingbaseES 会创建该目录;②只有超级用户才能创建表空间,但是它们能把表空间的拥有权赋予给非超级用户;③CREATE TABLESPACE 是 KingbaseES 扩展功能,兼容了 Oracle 语法,包括在表空间创建过程中指定 ONLINE/OFFLINE。

修改表空间的 SQL 基本语法是:

```
ALTER TABLESPACE name
{RENAME TO new_name |
 OWNER TO { new_owner | CURRENT_USER | SESSION_USER } |
SET ( tablespace_option = value [, … ] ) RESET ( tablespace_option [, … ] ) |
{ ONLINE | OFFLINE | READ WRITE | READ ONLY } }
```

该命令修改表空间 name 的名称为新的名称 new_name,修改该表空间的属主为 new_owner,修改该表空间的参数 tablespace_option 为 value,重新设置该表空间参数 tablespace_option。

例 3.28 将表空间 myspc 的拥有者改为 Joe。

```
ALTER TABLESAPCE myspc OWNER to Joe;
```

例 3.29 将表空间 myspc 更名为 Joe_spc。

```
ALTER TABLESPACE myspc RENAME TO Joe_spc;
```

例 3.30 将表空间 myspc 更改为只读模式，再将表空间更改为默认（可读可写模式）。

```
 ALTER TABLESPACE Joe_spc SET (READONLY_MODE = TRUE);
ALTER TABLESPACE Joe_spc RESET (READONLY_MODE);
```

运行结果如下。

```
警告： tablespace mode switch from ONLINE READWRITE to ONLINE READONLY!
ALTER TABLESPACE
警告： tablespace mode switch from ONLINE READONLY to ONLINE READWRITE!
ALTER TABLESPACE
```

删除表空间的 SQL 基本语法是：

```
DROP TABLESPACE [ IF EXISTS ] name
   [ [ INCLUDING CONTTENTS ]
     [ { AND | KEEP } DATAFILES ]
     [ CASECADE CONSTRAINTS ] ]
```

该命令从系统中移除一个表空间。该命令是一个 KingbaseES 扩展功能，目前，KingbaseES 未实现 INCLUDING CONTENTS、AND、KEEP、DATAFILES 和 CASECADE CONSTRAINTS 等功能，只是为了与 Oracle 进行语法兼容。

例 3.31 从系统中移除表空间 myspc。

```
DROP TABLESPACE myspc;
```

说明：①一个表空间只能被其拥有者或超级用户删除；②一个表空间必须没有任何数据库对象才能被删除。

3.4.3 表空间的使用

当创建新的数据库、表或索引等数据库对象时，可以指定其所属的表空间。由于表空间定义了存储的位置，在创建数据库时，会在当前或指定的表空间对应的目录中创建一个以数据库的对象 ID 命名的目录，该数据库的所有对象将保存在这个目录中。

例 3.32 从 sys_database 系统表查询数据库 Seamart 的对象 ID。

```
SELECT oid, datname FROM sys_database WHERE datname ='Seamart';
```

查询结果如下。

```
 oid   | datname
-----+----------
 40961 | Seamart
(1 row)
```

例 3.33 创建 Goods 表并为其指定 myspc 表空间。

```
CREATE TABLE Goods(goodid INTEGER, goodname VARCHAR(128), price MONEY)
 TABLESPACE myspc;
```

例 3.34 将数据库 mydb 中的所有对象移动到 myspc。

```
ALTER DATABASE mydb SET TABLESPACE myspc;
```

说明参见示例 3.5。

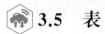

3.5 表

表由行和列组成,是数据库中存储数据的对象,也是最基本、最重要、最常用的数据库对象。从横向来看,表是行的集合,也称为元组(Tuple)或记录(Record)的集合;从纵向来看,表是列的集合,也称为属性(Attribute)的集合。每一行由多个列组成,每一列具有相同的数据类型。

3.5.1 创建表

创建表有三种方式,一是使用 CREATE TABLE 创建一个新表;二是使用 CREATE TABLE LIKE 复制旧表从而创建一个新表;三是使用 CREATE TABLE AS 从给定的 SQL 查询结果创建一个新表。

1. 使用 CREATE TABLE 创建一个新表

创建表的 SQL 基本语法是:

```
CREATE [[ GLOBAL | LOCAL ] TEMP] [UNLOGGED ] TABLE  table_name
(column_name data_type [ column_ constraint] [, … ]
[, table_constraint ] )
```

该命令创建表名为 table_name 的基本表或者临时表(指定了 TEMP 选项),并按照事先设计好的列(或称属性)及其数据类型 data_type 和完整性约束 column_constraint,以及表级完整性约束 table_constraint 来创建表。基本表是永久存储数据的表,而本地临时表(指定了 LOCAL TEMP 选项)和全局临时表(指定了 GLOBAL TEMP 选项)的数据会在事务结束或者数据库会话连接退出之后删除,临时表不记录日志。

例 3.35 创建商品类别表 Categories。

```
CREATE TABLE Categories  (                        /*商品分类*/
catgid INTEGER PRIMARY KEY,                        /*分类编码 category id*/
stdcode CHAR(14),                                 /*国家标准编码*/
catgname VARCHAR(128),                            /*分类名称*/
parentid INTEGER REFERENCES Categories(catgid),  /*父类编码*/
currlevel INTEGER                                /*当前层级 current level*/  );
```

说明：①创建表最重要的问题是要为每一列设计并选择合适的数据类型，切忌不管什么列都选择字符类型；②创建表时，应该同时定义并创建列级或者表级完整性约束，这样可以把住数据入口关，避免垃圾数据、不一致或者不正确的数据插入表中；③每个表必须定义一个主码，如果主码只由一个列构成，如 catgid 为主码，PRIMARY KEY 就直接写在该列后作为列级完整性约束；④该表的 parentid 列是一个外码，引用该表本身，使得该表可以存储商品类别这种具有层次结构的数据。

例 3.36　创建一个不记日志的商品类别表 Categories。

```
CREATE UNLOGGED TABLE Categories  (              /* 商品分类 */
catgid INTEGER PRIMARY KEY,                      /* 分类编码 category id */
stdcode CHAR(14),                               /* 国家标准编码 */
catgname VARCHAR(128),                          /* 分类名称 */
parentid INTEGER REFERENCES Categories(catgid), /* 父类编码 */
currlevel INTEGER                               /* 当前层级 current level */  );
```

说明：①因为商品类别数据一般比较固定，更新操作比较少，为了提高性能，可以指定UNLOGGED 选项，把该表创建为一个不受日志记录的表，被写入到不做日志的表中的数据不会被写到预写式日志中，这让它们比普通表快很多。②但不记日志的表在崩溃时是不安全的：一个不做日志的表在一次崩溃或非干净关闭之后会被自动地截断；一个不做日志的表中的内容也不会被复制到后备服务器中；在一个不做日志的表上创建的任何索引也会自动地不被日志记录。

例 3.37　创建商品表 Goods。

```
CREATE TABLE Goods (                            /* 商品 */
goodid char(12) PRIMARY KEY,                    /* 商品编号 */
goodname VARCHAR(128),                          /* 商品名称 */
mfrs VARCHAR(256),                              /* 生产厂家 */
brand VARCHAR(20),                              /* 商品品牌 */
model VARCHAR(50),                              /* 商品型号 */
catgid INTEGER REFERENCES Categories(catgid),   /* 商品分类编号 */
price MONEY,                                    /* 商品定价 */
dop DATE,                                       /* 生产日期 date of production */
doe DATE,                                       /* 失效日期 date of expiration */
shelflife INTERVAL                              /* 保质期 */  );
```

说明：①遵循先定义后引用的原则，该表引用了商品类别表 Categories，必须先创建Categories 表，后创建 Goods 表；②将来插入数据时，也需要先插入 Categories 表的类别数据，然后在 Goods 中才能插入相应类别的商品数据。

例 3.38　创建店铺表 Shopstores。

```
CREATE TABLE Shopstores (                       /* 店铺 */
shopid char(6) PRIMARY KEY,                     /* 店铺编号 */
shopname VARCHAR(128),                          /* 店铺名称 */
shopurl VARCHAR(256),                           /* 店铺网址 */
custgrading NUMERIC(5,2),                       /* 用户评分 custgrading, 0~10.00 分 */
```

```
delygrading NUMERIC(5,2),                    /*物流评分 delivery grading*/
servgrading NUMERIC(5,2),                    /*服务评分 service grading*/
comprgrading NUMERIC(5,2)                     /*综合评分 comprehensive grading*/);
```

例 3.39　创建供应表 Supply。

```
CREATE TABLE Supply(                          /*店铺商品供应*/
shopid char(6) REFERENCES Shopstores(shopid), /*店铺编号*/
goodid char(12) REFERENCES Goods(goodid),     /*商品编号*/
totlwhamt INTEGER,                            /*库存总数量 total warehouse amount*/
price MONEY,                                  /*商品定价,冗余信息,price = Goods.price*/
discount NUMERIC(5,2),                        /*折扣*/
status BOOLEAN,                               /*商品状态:TRUE 上架,FALSE 下架*/
url   VARCHAR(512),                           /*商品网址*/
homepage  XML,                                /*商品网页转换而来的 XML 数据,方便搜索*/
PRIMARY KEY(shopid,goodid) );
```

例 3.40　创建一个具有不可见列的 Customers 顾客表。

```
CREATE TABLE Customers (                      /*顾客*/
custid INTEGER PRIMARY KEY,                   /*顾客编号*/
custname VARCHAR(20),                         /*姓名*/
gender CHAR(2)  CHECK (gender IN ('男','女')),
dob DATE,                                     /*生日 date of birth*/
email VARCHAR(128),                           /*电子邮件*/
ipaddress VARCHAR(128),                       /*用户常用的 IP 地址*/
mobile CHAR(11),                              /*手机号码*/
address VARCHAR(128),                         /*详细地址*/
mi INT8RANGE INVISIBLE,                       /*月收入,monthly income*/
ebg CHAR(4) CHECK (ebg IN ('小学','初中','高中','中专','大专','本科','硕士',
'博士','其他')),                               /*教育背景*/
prof CHAR(50)                                 /*所在行业 profession*/  );
```

说明：①如某应用程序中使用 select * from customers 查询并处理数据,后来修改该表结构增加了 mi 列,这会使应用程序出现异常,因此,为了使应用程序正常运行,创建表或者增加列时可以将 mi 设置为不可见列。待开发人员更改应用程序以处理第四列后,再使该列可见。②不可见列是用户指定的、仅在按名称显式指定列时才可见的列。可以在不影响现有应用程序的情况下向表中添加不可见列,并在必要时执行 ALTER TABLE Sales. Customers ALTER COLUMN mi VISIBLE 命令使该列可见。通常,不可见列有助于迁移和发展联机应用程序。

2. 使用 CREATE TABLE LIKE 复制旧表创建新表

可以使用 LIKE 通过复制方式创建一个包含某个已存在表(或者是视图、外部表等)的所有列定义的表。新表和原始表在创建完成之后是完全分离的。对原始表的更改将不会被应用到新表,并且不可能在原始表的扫描中包括新表的数据,其 SQL 语法如下。

```
CREATE   TABLE table_name(
```

```
[column_name data_type]
 LIKE source_table [ like_option … ])
```

该命令将通过从原始表 source_table 自动地复制所有的列名、数据类型以及它们的非空约束的方式创建新表 table_name。还可以通过 like_option 指定所要复制的原始表的附加属性,如列、约束和索引的注释、默认值等。如果指定新表中的列名称 column_name 和数据类型 data_type,则该列名和约束须具有与原始表不同的名称,否则会抛出错误。like_option 可以是 { INCLUDING | EXCLUDING } { COMMENTS | CONSTRAINTS | DEFAULTS | IDENTITY | INDEXES | ALL }等。

例 3.41 根据 Goods 表创建一个新的 Goodshistory 商品历史表。

```
CREATE TABLE Goodshistory (
archiveddate DATE,                                    /* 归档日期 */
LIKE Goods  EXCLUDING CONSTRAINTS);
```

说明:创建的新表除了包含 Goods 所有列外,又增加了一个新列 archiveddate,因为是归档历史表,该命令通过 EXCLUDING 选项排除原表的完整性约束。

3. 使用 CREATE TABLE AS 从查询结果创建新表

使用查询结果创建新表的 SQL 语法如下。

```
CREATE TABLE table_name [ ( column_name [, …] ) ]
      AS query [WITH [NO] DATA]
```

该命令使用 query 查询结果创建新表 table_name,可以通过 column_name 显式地给出新的列名,否则新表的列使用与 SELECT 输出列相关的名称和数据类型,默认情况下(WITH DATA)新表不但复制查询结果的结构,还要复制查询结果的数据,如果指定 WITH NO DATA 选项,则只复制结构不复制数据。

CREATE TABLE AS 看起来与创建一个视图(CREATE VIEW AS)有些相似,但是实际上非常不同:前者会创建一个新表并且只执行该查询一次,并将查询结果存储到新表中,该新表将不会跟踪其查询源表的后续变化。相反,一个视图会跟踪查询源表的后续变化,只要视图被查询,其定义对应的 SELECT 语句就会被重新执行。

CREATE TABLE AS 命令在功能上类似于 SELECT INTO 创建新表,但是前者更好,因为不太可能被 SELECT INTO 语法的其他使用混淆。而且,它提供了比 SELECT INTO 命令更强的功能,一般建议优先使用 CREATE TABLE AS。

例 3.42 创建 Customers 表中女性顾客组成的新表 Customers_female。

```
CREATE TABLE Customers_female AS
SELECT * FROM customers WHERE gender =  '女';
```

例 3.43 完全复制 Customers 表创建一个新的顾客表 Newcustomers。

```
CREATE TABLE Newcustomers AS TABLE Customers;
```

说明：该命令中 TABLE Customers 等效于 SELECT ＊ FROM Customers。

3.5.2　修改表

ALTER TABLE 修改表的 SQL 命令语法类似 CREATE TABLE 命令，该命令可以改变表结构，包括增加或删除列、增加修改或删除约束、修改默认值、修改列数据类型、重命名列、重命名表等。

1. 增加、修改或删除列

增加、修改或删除列的 SQL 基本语法是：

```
ALTER TABLE table_name
ADD [ COLUMN ] ( column_name data_type [column_constraint [ … ] ] [, … ] ) |
DROP [ COLUMN ] column_name [ RESTRICT | CASCADE ] |
ALTER [ COLUMN ] column_name [ SET DATA ] TYPE data_type
```

该命令可以增加一个新列（包括列名 column_name、数据类型 data_type 和列级完整性约束 column_constraint）、删除列 column_name，或者修改列 column_name。

例 3.44　在 Goods 表中增加 instmanual 列和 ins_time 列。

```
ALTER TABLE Goods ADD COLUMN instmanual text, ADD ins_time date;
```

说明：①该命令在表中可以一次增加一列或多列；②增加列的定义方式与 CREATE TABLE 创建表时列的定义是一样的。

例 3.45　从 Goods 表中删除 instmanual 列。

```
ALTER TABLE Goods DROP COLUMN instmanual RESTRICT;
```

说明：①从表中删除一列时，涉及该列的索引和表约束也将会被自动删除；②如果在该表之外有任何对象（例如外码引用或者视图）依赖于该列，使用 RESTRICT 选项就不能删除该列，需要使用 CASCADE 选项。

例 3.46　从 Categories 表中级联删除商品分类编码 catgid 列。

```
ALTER TABLE Categories DROP COLUMN catgid CASCADE;
```

说明：①删除列时默认使用 RESTRICT 选项，因在表 Categories 上 parentid 的外码约束 parentid_fkey 依赖 Categories 的列 catgid，不能删除 catgid 列；②使用 CASCADE 选项可以删除该列以及所有依赖该列的数据库对象。

例 3.47　将 Goods 表中 goodid 列的数据类型由 CHAR(9)转换为 CHAR(12)。

```
ALTER TABLE Goods ALTER COLUMN Goodid TYPE CHAR(12);
```

说明：①原来列上如果有数据，系统将按默认的隐式类型转换规则进行数据转换，如果不能转换将出错；②如果使用 USING 子句显式指定如何从旧的列值计算新列值，就按该转换规则转换数据；③通常需要避免修改主码、外码等列的数据类型，因为它们一般有其他对象依赖这些列。

2. 增加、修改或删除约束

增加、修改或删除约束的基本语法是：

```
ALTER TABLE table_name
ADD [CONSTRAINT constraint_name] table_constraint |
DROP CONSTRAINT constraint_name [RESTRICT|CASCADE]
ALTER CONSTRAINT constraint_name [ [NOT] DEFERRABLE ] [ INITIALLY [ DEFERRED |
IMMEDIATE ]
```

该命令在表 table_name 中增加一个名为 constraint_name 的新约束 table_constraint，或者修改一个已存在约束的属性（当前只能修改外码约束），或者删除一个已存在的约束。修改约束时，通过约束名只能修改约束的状态，其中，DEFERRABLE 表示约束可以延迟，INITIALLY IMMEDIATE 会在每个语句之后检查约束，INITIALLY DEFERRED 会在每个事务结束时检查；通过列可以设置或删除默认值（DEFAULT expression）、设置或删除非空（NOT NULL）等约束。

例 3.48 在 Goods 表中增加价格（price）大于零的约束。

```
ALTER TABLE Goods ADD CONSTRAINT ck_price CHECK( price::numeric(5,2) >0);
```

说明：①给增加的约束命名，方便将来对约束进行修改、删除或者禁用等处理；②如果 price 列已经有数据，则所有数据必须满足该完整性约束，该约束才能建立，否则该约束就不能成功建立。

例 3.49 给 Goods 表的 goodname 列添加唯一约束。

```
ALTER TABLE Goods ADD CONSTRAINT uq_goodname UNIQUE(goodname);
ALTER TABLE Goods DROP CONSTRAINT uq_goodname;
```

说明：因为一个表只能有一个主码，所以如果有其他候选码，可以在其上建立 UNIQUE 约束。

例 3.50 修改 Goods 表中价格（price）列的 CHECK 约束状态。

```
ALTER TABLE Goods ALTER CONSTRAINT ck_price  DEFERRABLE  INITIALLY DEFERRED;
```

说明：该命令修改 ck_price 约束为可延迟检查的约束（DEFERRABLE），使约束延迟检查到事务结束。当批量向表中增加数据时，这种约束推迟检查将可以提高数据加载效率。

3. 修改表、列或者约束名称

修改表、列或者约束名称的基本语法如下。

```
ALTER TABLE  name
{ RENAME TO new_name |
 RENAME [ COLUMN ] column_name TO new_column_name |
 RENAME CONSTRAINT constraint_name TO new_constraint_name } [ , ]
```

该命令可以修改表名 name 为新表名 new_name,或者修改表 name 的列 column_name 为新列名 new_column_name,或者把约束的名称修改为新名称。

例 3.51　将 Goodshistory 表名修改为 Goodsarchive。

```
ALTER TABLE Goodshistory  RENAME TO Goodarchive;
```

说明:当修改表名或者列名时,可能影响其他已经使用该表名或列名的应用程序,或者依赖对象,因此修改时要小心谨慎。

4. 将表移动到另一个模式

例 3.52　将 Goods 表移动到 myschema 模式中。

```
ALTER TABLE Goods SET SCHEMA myschema;
```

说明:①要先建立 myschema 模式;②表拥有的索引、约束和序列也会被移动到新模式中。

5. 将表移动到另外一个表空间

例 3.53　将 Goods 表移动到表空间 myspc 中。

```
ALTER TABLE Goods SET TABLESPACE myspc;
```

说明:把表 Goods 的表空间更改为指定的表空间 myspc,并且把该表相关联的数据文件移动到新的表空间中。表上的索引(如果有)不会被移动。

3.5.3　删除表

删除表的 SQL 基本语法如下。

```
DROP TABLE name [, …] [ CASCADE | RESTRICT ]
```

该命令删除表 name,会把表结构及其数据都删除掉。因此使用该命令时要小心谨慎,一旦删除有用数据,很难恢复,将导致严重损失。如果清空一个表中的数据而不是销毁该表,则可以使用 DELETE 或者 TRUNCATE 命令。只有表拥有者、模式拥有者和超级用户能删除一个表。该命令总是移除要删除表的任何索引、规则、触发器和约束。

如果要删除的表被视图或者另一个表的外码约束所引用,必须指定 CASCADE 选项,才能删除该表,同时也将会删除依赖的视图,但对于外码该命令将只移除外码约束,而完全不会移除其他表。

例 3.54　删除 Goodshistory 商品归档表。

```
DROP TABLE Goodshistory RESTRICT;
```

说明:不要删除有用的表,如确需删除表,通常建议使用 RESTRICT 选项,以便发现有哪些数据库对象依赖该表,然后有针对性地处理或者评估删除是否有风险,如果没有数据库对象依赖该表,则可以直接删除。

3.5.4 默认值

表中的列可以被分配一个默认值,通常如果没有显式指定列的默认值,则默认值是空值,空值是一种特殊的列默认值。当增加一个新行且没有为某些列指定值时,这些列将会被它们相应的默认值填充。一个数据操纵命令也可以显式地要求一个列被置为它的默认值。列的默认值也相当于是列的一种完整性约束,为列设置合适的默认值,可以提高数据有效性和数据录入效率。

设置列的默认值有两种方式:一是创建表时直接在列的定义中设置默认值;二是使用 ALTER TABLE ALTER COLUMN 命令设置。

创建表时设置列默认值的基本语法如下。

```
CREATE TABLE table_name (
{column_name data_type DEFAULT default_expr} [,…]);
```

使用 ALTER TABLE 语句设置列默认值的基本语法如下。

```
ALTER TABLE table_name
ALTER [ COLUMN ] column_name {SET DEFAULT expression|DROP DEFAULT | { SET | DROP }
NOT NULL
```

上述两种 SQL 命令方式中的 DEFAULT default_expr 子句为出现在其定义中的列赋予一个默认数据。该值是可以使用变量的表达式,但不允许用子查询以及对其他列进行交叉引用,并且默认值表达式的数据类型必须与该列的数据类型相匹配。

例 3.55 设置 Goods 表价格列(price)和生产日期列(dop)的默认值,以及 goodname 的 NOT NULL 约束。

```
ALTER TABLE Goods
ALTER price SET DEFAULT 0.0,
   ALTER dop  SET DEFAULT CURRENT_TIMESTAMP,
   ALTER goodname SET NOT NULL;
```

说明:当设置列为 NOT NULL 时,如果该列已经有空值存在,则因为违反完整性约束导致该设置不会成功。

例 3.56 使用序列为表 Goods 的整型主码 goodid 设置默认值。

```
CREATE SEQUENCE Goods_goodid_seq START WITH 1;
CREATE TABLE Goods (
    goodid INTEGER DEFAULT NEXTVAL('Goods_goodid_seq'),
goodname VARCHAR(128),                     /*商品名称*/
mfrs VARCHAR(256),                         /*生产厂家*/
brand VARCHAR(20),                         /*商品品牌*/
model VARCHAR(50),                         /*商品型号*/
catgid INTEGER REFERENCES Categories(catgid), /*商品分类编码*/
```

```
price MONEY,                              /*商品定价*/
dop DATE,                                 /*生产日期 date of production*/
doe DATE,                                 /*失效日期 date of expiration*/
shelflife INTERVAL                        /*保质期*/
);
ALTER TABLE Goods
    ALTER COLUMN goodid SET DEFAULT NEXTVAL('Goods_goodid_seq');
```

说明：①上述命令给出了两种设置 goodid 列默认值的 SQL 命令，通常建议尽量在创建表时给定列的默认值；②用序列值为整型主码列设置默认值，是序列和默认值相结合的最常见用法。

3.5.5　生成列

生成列是一个特殊的列，是从其他列计算而来。因此，它对于列就像视图对于表一样。生成列在写入（插入或更新）时计算，并像普通列一样占用存储空间。生成列的作用主要是为一些冗余信息列计算存储值，查询时可以直接查询冗余信息列的值而不用再计算了，这样将极大提高查询效率。这也是以空间换时间的一种典型例子。

创建表时定义生成列的 SQL 基本语法如下。

```
CREATE  TABLE  table_name (
{column_name data_type GENERATED ALWAYS AS ( generation_expr ) STORED}
[,…] );
```

该 SQL 命令中的 GENERATED ALWAYS AS 子句将列创建为函数索引，生成表达式 generation_expr 可以引用表中的其他列，但不能引用其他函数索引。也可以用 ALTER TABLE ADD COLULMN 方式为表增加一个生成列，其 SQL 语法与此类似。

因为生成列是一种特殊的列，因此定义和使用生成列有许多限制：例如，生成列不能直接写入，也不能为生成列指定值；所使用的任何函数和操作符都必须是不可变的，不能使用子查询或以任何方式引用当前行以外的任何内容；不允许引用其他表；不能引用另一个生成的列；除了 tableoid，不能引用系统列。

生成列不能具有列默认值或标识定义。生成的列在行发生更改时更新，并且不能被覆盖。生成的列不能是分区键的一部分。生成的列独立于其底层基本列访问权限。因此，可以使特定的角色从生成列读取数据，但不能从底层的基本列读取数据。

在触发器运行之后更新生成的列。因此，在触发器之前对表中的基本列所做的更改将反映在生成的列中。但在触发器之前，不允许访问表中的生成列。

例 3.57　为表 Shopstores 设置综合评分（comprgrading）生成列，其值是用户评分（custgrading）、物流评分（delygrading）和服务评分（servgrading）的平均值。

```
CREATE TABLE Shopstores(
  shopid INTEGER,
  custgrading NUMERIC(5,2),
```

```
delygrading NUMERIC(5,2),
servgrading NUMERIC(5,2),
comprgrading NUMERIC(5,2)GENERATED ALWAYS AS
((custgrading+delygrading+servgrading)/3) STORED  );
```

说明：生成列与 SELECT 查询中输出目标列中的计算列不同，计算列是查询执行时在查询结果中生成的临时列，并不存储在数据库中，而生成列是插入或修改数据时计算，并且要存储在数据库中。

3.5.6　临时表

临时表分为全局临时表（Global Temporary Table）和局部临时表（Local Temporary Table）。全局临时表的表定义是持久的，而表数据是临时的。全局临时表创建在用户指定的模式下。删除全局临时表时，所有会话都不能持有该全部临时表的数据。可以为全局临时表创建索引，这些索引也是临时的。全局临时表不支持外码约束，也不支持其他表引用全局临时表作为外码约束。局部临时表的表定义和表数据都是临时的，在数据库连接会话退出后被删除。只能在临时模式下创建局部临时表，用户不可以指定其所属模式。删除局部临时表，不受其他会话影响。

临时表的主要作用是用于存放会话或事务的私有数据。临时表包括事务临时表和会话临时表两种类型，其中，事务临时表是指数据在当前事务内有效的临时表，会话临时表是指数据在当前会话内有效的临时表。局部临时表和全局临时表在各个会话之间数据彼此不影响；数据都存在临时表空间中；临时表都不记录日志。

使用 CREATE TEMPORARY TABLE 命令建立临时表的基本语法为：

```
CREATE [ [ GLOBAL | LOCAL ] { TEMPORARY | TEMP } ] TABLE table_name ( [
    { column_name data_type },  … ])
[ ON COMMIT { PRESERVE ROWS | DELETE ROWS | DROP } ]
```

使用该命令时选择 TEMP 选项就会创建临时表。临时表在一个事务块结束时的行为由 ON COMMIT 控制。

（1）PRESERVE ROWS 表示在事务结束时不采取特殊的动作。这是局部临时表采用的默认行为。

（2）DELETE ROWS 表示在每一个事务块结束时将删除临时表中的所有行。实质上，在每一次提交时会完成一次自动的 TRUNCATE。在分区表上使用时，不会将其级联到其分区。这是全局临时表的默认行为。

（3）DROP：在当前事务块结束时将删除临时表。在分区表上使用时，此操作将删除其分区，在具有继承子级的表上使用时，将删除依赖子级。仅适用于局部临时表。为兼容 Oracle，全局临时表不支持 ON COMMIT DROP 选项。

例 3.58　创建一个购物车 ShoppingCart 临时表。

```
CREATE LOCAL TEMP TABLE  Shoppingcart (              /*订单明细*/
```

```
custid INTEGER ,                    /*顾客编号*/
cartid char(12) PRIMARY KEY,        /*购车编号*/
shopid char(6) ,                    /*店铺编号*/
goodid char(14) ,                   /*商品编号*/
saleprice MONEY,            /*销售价格, saleprice = Goods.price * Supply.discount */
saleamt INTEGER)                    /*购物数量*/
ON COMMIT DELETE ROWS;
```

说明：①每个顾客选定商品开始购物时,购物系统自动为顾客创建一个本地临时购物车表,将选定商品先放入购物车中,当用户开始结算时,将按照购物车生成结算订单(Orders),同时清空购物车,以备再次购物时使用;②当用户退出连接时,购物车临时表将被删除;③若考虑到互联网大量用户购物时创建临时表太多影响性能,也可以把购物车创建为全局临时表(使用 GLOBAL 选项),用户中断数据库连接时,购物车临时表依然保存,但是数据将被删除;④临时表不可以建立外码约束。

例 3.59　验证购物车临时表的数据在事务内是否有效。

```
BEGIN TRANSACTION;                              /*事务的开始*/
INSERT INTO Shoppingcart VALUES(1,'10000000','104142','12560557',115.63,1);
INSERT INTO Shoppingcart VALUES(1,'10000001','219442','7532692',23.92,2);
SELECT * FROM Shoppingcart;
COMMIT;
```

在事务执行中：

```
 custid  |  cartid   | shopid |   goodid    | saleprice | saleamt
-------- +---------- +------ +------------ +--------- +----------
     1  | 10000000  | 104142 | 12560557    |  $115.63  |     1
     1  | 10000001  | 219442 | 7532692     |   $23.92  |     2
(2 row)
```

验证事务临时表在事务结束后的状态：

```
SELECT * FROM Shoppingcart;
 custid | cartid | shopid | goodid | saleprice | saleamt
------ +------ +------ +------ +--------- +----------
(0 row)
```

查询结果将为空,即事务提交后,该表的定义还在,但是数据丢失,因为事务结束之后会自动清除数据。

3.5.7　继承表

继承表(也称为子表 child table)是通过继承已存在的若干表(也称为父表 parent table)中的所有列的方式来建立一个新表。若父表进行了修改,子表也会随之修改。子表可以自定义独立于父表的列。

继承表的主要作用是可以使用面向对象的方法来设计数据库模式,父表相当于父类,子表相当于子类,从而使得父表和子表之间构成一个类似父类和子类之间的持久的类层次结构,对于父表的模式修改通常也会传播到子表,并且默认情况下子表的数据会被包括在对父表的扫描中。

1. 创建继承表

创建继承表的 SQL 基本语法为:

```
CREATE TABLE table_name
(column_name data_type [ column_ constraint] [, … ] )
 [ INHERITS ( parent_table [, … ] ) ]
```

该命令创建的继承表 table_name,将创建自己的列 column_name,同时将继承父表 parent_table 上的所有列及其 CHECK 约束和非空约束(除非显式地指定 NO INHERIT 子句),其他类型的约束(唯一、主码和外码约束)则不会被继承。

当任何一个子表存在时,其父表不能被删除。当子表的列或者检查约束继承于父表时,它们也不能被删除或修改。如果希望删除一个表和它的所有后代,最简单的方法就是使用 DROP TABLE CASCADE 删除父表。

一个已经被创建的表也可以使用 ALTER TABLE 的 INHERIT 子句增加一个新的父亲关系,前提是子表必须已经包括和父表相同名称和数据类型的列,另外,子表还必须包括和父表相同的 CHECK 约束及其约束表达式。相似地,一个继承链接也可以使用 ALTER TABLE 的 NO INHERIT 子句从一个子表中移除。动态增加和移除继承链接可以用于实现表划分。

例 3.60 创建商品表 Goods 的继承表 GoodsExt。

```
CREATE TABLE GoodsExt(
color   CHAR(20),
weight FLOAT,
length FLOAT,
width FLOAT,
height FLOAT ) INHERITS(Goods);
```

说明:继承表 GoodsExt 在继承 Goods 表的所有列的基础上,又增加了独立于父表之外的颜色(color)、长(length)、宽(width)和高(height)等商品扩展属性,这些扩展属性并不是所有商品都需要的属性。

可以在 KSQL 命令行工具中使用"\d table_name"命令,或者使用如下命令查询,系统表或视图来查看 GoodsExt 表结构。

```
SELECT ordinal_position, column_name, data_type
FROM information_schema.Columns
WHERE TABLE_NAME = 'goodsext' ORDER BY ordinal_position;
```

查询结果如下。

```
 ordinal_position |      column_name      |          data_type
------------------+-----------------------+-----------------------------------
        1         | goodid                | bpchar
        2         | goodname              | varchar
        3         | mfrs                  | varchar
        4         | brand                 | varchar
        5         | model                 | varchar
        6         | grossweight           | real
        7         | poo                   | varchar
        8         | catgid                | integer
        9         | price                 | money
       10         | dop                   | timestamp without time zone
       11         | doe                   | timestamp without time zone
       12         | shelflife             | interval
       13         | features              | json
       14         | size                  | polygon
       15         | instmanual            | text
       16         | english_instmanual    | tsvector
       17         | tsquery_instmanual    | tsquery
       18         | color                 | bpchar
       19         | weight                | double precision
       20         | length                | double precision
       21         | width                 | double precision
       22         | height                | double precision
(22 rows)
```

说明：可以看到第 1～17 行的属性为从 Goods 表继承过来的属性，18～22 行的属性是 GoodsExt 表独立构建的属性。

2. 更新继承表

例 3.61　在父表 Goods 和继承表 GoodsExt 中分别插入数据。

```
INSERT INTO Goods VALUES('12560557','TensorFlow 知识图谱实战','清华大学出版社','
SIS97915342', 1,116.80);
INSERT INTO GoodsExt VALUES ('68327953786','猫咪羊奶粉','麦德氏','羊奶',359,49.80);
```

查询父表记录，两条记录都包含在父表中。

```
SELECT goodid,goodname FROM Goods
```

查询结果如下。

```
     goodid       |                     goodname
------------------+--------------------------------------------------+
 12560557         | TensorFlow 知识图谱实战
 68327953786      | 猫咪羊奶粉
(2 row)
```

如果只想查询父表的数据，需在父表名称前加上关键字 ONLY，例如：

```
SELECT * FROM ONLY Goods
```

查询结果如下。

```
    goodid       |                    goodname
----------------+--------------------------------------------------+
 12560557       | TensorFlow知识图谱实战
 (1 row)
```

说明：同样地，对于父表执行 UPDATE、DELETE、SELECT 操作，如果父表名称前有 ONLY，将只对父表进行操作；如没有 ONLY，将对父表和所有子表进行 DML 操作。

3. 继承表上的主外码约束和唯一约束

例 3.62　创建供应表 Supply，goodid 引用 Goods 表。

```
CREATE TABLE Supply(                              /* 店铺商品供应 */
shopid char(6) REFERENCES Shopstores(shopid),    /* 店铺编号 */
goodid char(12) REFERENCES Goods(goodid),        /* 商品编号 */  …);
```

说明：供应表 Supply 的 goodid 列 REFERENCES Goods(goodid)，将只允许该表中包含父表 Goods 的商品编号，不允许包含子表 GoodsExt 的商品编号。如果需要包含子表 GoodsExt 的商品编号，就应该直接引用子表 GoodsExt。

如果声明 Goods.goodid 为 UNIQUE 或者 PARIMARY KEY，将不会阻止 GoodsExt 表中拥有和 Goods 中商品编号相同的行。而且这些重复的行会默认显示在 Goods 的查询中。事实上，GoodsExt 在默认情况下是根本不能拥有唯一约束的，并且能够包含多个同名的行。可以为 GoodsExt 增加一个唯一约束，但这无法阻止相对于 Goods 的重复。

为 GoodsExt 增加一个唯一约束。

```
ALTER TABLE GoodsExt ADD CONSTRAINT uq_goodid UNIQUE (goodid);
```

向父表 Goods 插入存在于子表 GoodsExt 的商品编号：

```
INSERT INTO Goods VALUES('68327953786','猫咪羊奶粉','麦德氏','羊奶',359,49.80);
```

这时如果用 SELECT goodid,goodname FROM Goods 查询父表会显示同时存在商品编号为'68327953786'的两条记录。

```
    goodid       |                    goodname
----------------+--------------------------------------------------+
 12560557       | TensorFlow知识图谱实战
 68327953786    | 猫咪羊奶粉
 68327953786    | 猫咪羊奶粉
 (3 rows)
```

相似地，如果指定 Goods.goodid REFERENCES 某个其他表，该约束不会自动地传播到子表 GoodsExt 的 goodid。在此种情况下，可以在子表 GoodsExt 的 goodid 上手工创建一个与父表 Goods 相同的 REFERENCES 约束。

4. 级联删除父表

例 **3.63**　删除父表 Goods。

```
DROP TABLE Goods;
```

执行结果显示如下。

```
错误：  无法删除表 goods 因为有其他对象依赖它
描述：  表 goodsExt 依赖于 表 goods
提示：  使用 DROP .. CASCADE 把倚赖对象一并删除.
DROP TABLE goods CASCADE;
注意：  递归删除 表 goodsExt
```

说明：删除表，特别是级联删除表时一定要小心谨慎，一旦误删有用的表就难以恢复，可能导致严重损失。执行此实验之前，建议复制表 Goods 或者备份数据库，以便删除之后恢复。

3.5.8　分区表

分区表是按照指定的分区方法和分区键值将逻辑上的一个大表分成一些小的物理上的片段，称为分区或子表，被划分的表被称作分区表。分区表本身是空的，插入到分区表中的数据将根据分区键中的列或表达式的值路由到分区子表中去，如果没有现有的分区与新行中的值匹配，则会报告错误。KingbaseES 当前支持的分区方法是范围、列表以及哈希。

范围划分：分区表将根据一个关键列或一组列划分为若干个"范围"，一个范围对应一个分区，各分区的范围没有重叠。例如，根据日期或者特定业务对象的标识符划分范围。

列表划分：通过显式地列出每一个分区中出现的键值来划分分区表。

哈希分区：通过为每个分区指定模数和余数来对表进行分区。每个分区所持有的行都满足：分区键的值除以为其指定的模数将产生为其指定的余数。

1. 使用声明式分区

首先创建分区表作为父表，然后基于父表创建分区子表。创建分区表的 SQL 基本语法如下。

```
CREATE TABLE parent_name
( column_name data_type [ column_constraint [ … ]  [, … ] )
[ PARTITION BY { RANGE | LIST | HASH } ( { column_name | ( expression ) }
[ opclass ] [,…] ) [ partition_extented_spec ] ]
```

该命令创建分区表 parent_name，含有若干列 column_name，通过 PARTITION BY 指定分区方法为范围 RANGE、列表 LIST 或者是哈希 HASH 方法，分区键值为 column_name 或者是 expression 表达式。

创建分区子表的 SQL 基本语法为：

```
CREATE TABLE subtable_name PARTITION OF parent_table
( column_name [ column_constraint [ … ] ] [, … ] )
 { FOR VALUES partition_bound_spec | DEFAULT }
```

该命令基于分区父表 parent_table 创建分区子表 subtable_name,通过 partition_bound_spec 指定对应于父表的分区方法和分区键,并且不能与父表任何现有分区重叠。partition_bound_spec 是任意无变量表达式(不允许使用子查询、窗口函数、聚合函数和集合返回函数),其数据类型必须与相应分区键列的数据类型匹配,且其表达式在表创建时只计算一次,因此它甚至可以包含诸如 CURRENT_TIMESTAMP 等可变表达式。partition_bound_spec 具体设置如下。

(1) 列表分区:

```
IN ( partition_bound_expr [, … ] )
```

(2) 范围分区:

```
FROM ( { partition_bound_expr | MINVALUE | MAXVALUE } [, … ] )  TO  ( { partition_
bound_expr | MINVALUE | MAXVALUE } [, … ] )
```

(3) HASH 分区:

```
WITH ( MODULUS numeric_literal, REMAINDER numeric_literal )
```

例 3.64 在行政区划地址表 Adminaddrs 上创建列表分区表。

```
CREATE TABLE Adminaddrs(
addrid VARCHAR(12) NOT NULL,
addrname VARCHAR(40) NOT NULL,
currlevel INTEGER
) PARTITION BY LIST (currlevel);
CREATE TABLE Adminaddrs_0 PARTITION OF Adminaddrs  FOR VALUES in (0);
CREATE TABLE Adminaddrs_1 PARTITION OF Adminaddrs  FOR VALUES in (1);
CREATE TABLE Adminaddrs_2 PARTITION OF Adminaddrs  FOR VALUES in (2);
CREATE TABLE Adminaddrs_3 PARTITION OF Adminaddrs  FOR VALUES in (3);
CREATE TABLE Adminaddrs_4 PARTITION OF Adminaddrs  FOR VALUES in (4);
CREATE TABLE Adminaddrs_5 PARTITION OF Adminaddrs  FOR VALUES in (5);
```

说明:行政区划地址分为国家、省、市、区县、乡镇街道 5 级,因此按照 currlevel 列可以分为相应的 6 个分区子表。

例 3.65 根据订单提交时间在 Orders 表上创建范围分区表。

```
CREATE TABLE OrdersExt(
ordid INTEGER ,
submtime TIMESTAMP WITH TIME ZONE,
trackno INTEGER)
PARTITION BY RANGE(submtime);
```

```
CREATE TABLE Orders_202201 PARTITION OF OrdersExt
  FOR VALUES FROM('2022-01-01') TO ('2022-02-01');
CREATE TABLE Orders_202202 PARTITION OF OrdersExt
  FOR VALUES FROM('2022-02-01') TO ('2022-03-01');
CREATE TABLE Orders_202203 PARTITION OF OrdersExt
  FOR VALUES FROM('2022-03-01') TO ('2022-04-01');
CREATE TABLE Orders_202204 PARTITION OF OrdersExt
  FOR VALUES FROM('2022-04-01') TO ('2022-05-01');
CREATE TABLE Orders_202205 PARTITION OF OrdersExt
  FOR VALUES FROM('2022-05-01') TO ('2022-06-01');
CREATE INDEX idx_submtime ON OrdersExt(submtime);
```

说明：①该分区方法实际上相当于每个月为订单父表 Orders 创建一个分区子表，对于互联网购物网站来说，可能每个月的订单数量都非常多，按月划分和存储订单，将能够有效提高订单处理速度；②为了简单起见，Orders 表省略其他许多字段，更多信息参见第 1 章中关于 Seamart 数据模式的介绍。③在父表 Orders 的键值 submtime 上创建一个索引，系统将会自动为每个分区子表创建一个索引。

例 3.66　往分区表 Orders 中插入数据，观察数据实际上存储在哪里。

```
INSERT INTO OrdersExt(ordid,submtime,trackno)
SELECT round(100000000 * random()),generate_series('2022-02-01'::date,'2022-
03-01'::date,'1 minute'),round(1000 * random());
```

查看表数据行数：

```
SELECT (SELECT count ( * ) FROM OrdersExt) AS count1, (SELECT count ( * ) FROM ONLY
OrdersExt) AS count2;
```

查询结果如下。

```
count1  | count2
------ +--------
 40321  |    0
(1 row)
```

说明：从以上结果可以看出，父表 OrdersExt 没有存储任何数据，数据存储在分区中，通过分区大小也可以证明这一点。

```
seamart=# \dt+ Orders * ;
```

查询结果如下。

```
Schema  |    Name      |     Type      | Owner  |   Size   | Description
------ +-----------+---------------+------+---------+-----------
 public | orders_202201| table         | system | 0 bytes  |
 public | orders_202202| table         | system | 2096 kB  |
 public | orders_202203| table         | system | 8192 bytes |
```

```
 public | orders_202204 | table           | system | 0 bytes |
 public | orders_202205 | table           | system | 0 bytes |
 public | ordersext     | partitioned table| system | 0 bytes |
(6 rows)
```

说明：父表 OrdersExt 没有存储任何数据，字节数为 0，而第二个分区和第三个分区字节数不为 0，存储了数据。

例 3.67　在当前模式下创建 Customers 表及其哈希分区表。

```
CREATE TABLE CustomersExt(
custid INTEGER,
custname VARCHAR(20),
gender CHAR(2)
)  PARTITION BY HASH (custid);
CREATE TABLE Customers_p1 PARTITION OF CustomersExt
        FOR VALUES WITH (MODULUS 4, REMAINDER 0);
CREATE TABLE Customers_p2 PARTITION OF CustomersExt
        FOR VALUES WITH (MODULUS 4, REMAINDER 1);
CREATE TABLE Customers_p3 PARTITION OF CustomersExt
        FOR VALUES WITH (MODULUS 4, REMAINDER 2);
CREATE TABLE Customers_p4 PARTITION OF CustomersExt
        FOR VALUES WITH (MODULUS 4, REMAINDER 3);
```

例 3.68　往分区表 CustomersExt 中插入数据，观察数据实际上存储在哪里。

```
INSERT INTO CustomersExt(custid,custname,gender)
             SELECT custid,custname,gender
             FROM Sales.Customers;
```

2. 使用继承实现分区

创建继承表的 SQL 基本语法和应用方法参见 3.5.7 节。

例 3.69　创建 OrdersExt 表，并按照订单提交时间对 OrdersExt 创建分区表。

```
CREATE TABLE OrdersExt(
ordid INTEGER ,                                 /*订单号*/
submtime TIMESTAMP WITH TIME ZONE,              /*提交时间*/
trackno TIMESTAMP WITH TIME ZONE               /*快递单号*/ );
CREATE TABLE Orders_history(CHECK(submtime < '2022-01-01')) INHERITS
(OrdersExt);
CREATE TABLE Orders_202201(CHECK(submtime >= '2022-01-01' and submtime < '2022
-02-01')) INHERITS(OrdersExt);
CREATE TABLE Orders_202202(CHECK(submtime >= '2022-02-01' and submtime < '2022
-03-01')) INHERITS(OrdersExt);
CREATE TABLE Orders_202203(CHECK(submtime >= '2022-03-01' and submtime < '2022
-04-01')) INHERITS(OrdersExt);
CREATE TABLE Orders_202204(CHECK(submtime >= '2022-04-01' and submtime < '2022
-05-01')) INHERITS(OrdersExt);
```

```
CREATE TABLE Orders_202205(CHECK(submtime >= '2022-05-01' and submtime < '2022
-06-01')) INHERITS(OrdersExt);
/*对于每个子表,可以在其键列上创建一个索引*/
CREATE INDEX Orders_history_submtime on Orders_history(submtime);
CREATE INDEX Orders_202201_submtime on Orders_202201(submtime);
CREATE INDEX Orders_202202_submtime on Orders_202202(submtime);
CREATE INDEX Orders_202203_submtime on Orders_202203(submtime);
CREATE INDEX Orders_202204_submtime on Orders_202204(submtime);
CREATE INDEX Orders_202205_submtime on Orders_202205(submtime);
```

说明：该分区方法类似声明式创建分区表,但是与分区表有本质不同：声明式分区表是空的,其数据都会分配到相应的子表中去,查询分区表就可以查询到所有子分区表中的数据；而继承式分区表,其父表是实实在在的基本表,可以存储不同于子表的数据。另外,声明式分区的各个子表,可以通过分区表统一索引,统一查询,而对继承式分区的子表需要单独索引,单独查询。

3.6　约束

3.6.1　约束概述

数据库的完整性(Integrity)是指数据的正确性和相容性。数据的正确性是指数据符合现实世界语义、反映当前实际状况；数据的相容性是指数据库同一对象在不同关系表中的数据是一致的、符合逻辑的。数据库的完整性分为三类：实体完整性(每个实体必须有一个唯一标识该实体的属性或属性组)、参照完整性(一个实体的某个属性值参照另一个实体相应的属性值)、用户自定义完整性(某一具体应用要求数据必须满足的语义要求)。例如,顾客的编号必须唯一,这是实体完整性；顾客的性别取值范围是('男','女'),教育程度的取值范围是(小学,初中,高中,中专,大专,本科,硕士,博士,其他),这是用户自定义的完整性；商品供应表中的商品编号只能来自商品表中的商品,这是参照完整性。

数据库完整性约束是数据库管理系统提供的一种保证数据库完整性的机制,该机制包括三部分：定义完整性约束的机制、检查完整性约束的机制和违约处理机制。数据库完整性约束主要包括主码(Primary key)、唯一(Unique)、外码(Foreign key)、非空(Not NULL)、检查(Check)等约束类型。其中,主码和唯一约束可以保证实体完整性,外码保证参照完整性约束,非空和检查约束保证用户自定义完整性约束。

定义完整性约束机制的方式有两种,一是在使用 CREATE TALBE 命令创建表时定义完整性约束,二是在创建表之后使用 ALTER TABLE 命令增加、修改或者删除约束。完整性约束检查机制只在对数据库进行插入(Insert)、修改(Update)和删除(Delete)数据等更新操作,数据库状态要发生改变时才启动,检查是否有违反完整性约束的情况发生；如果没有违约情况发生,更新操作就能成功执行；如果有违约情况发生,数据库管理系统就将启动违约处理机制。违约处理机制包括设为拒绝(Refuse)、设为空值(SET NULL)、级联修改(CASCADE UPDATE)、级联删除(CASCADE DELETE)四种违约处理方式,其中,拒绝是最基本的违约处理方式,其他三种是发生违反外码约束时可能采取的违约处理方式。

3.6.2 主码约束

主码约束是可以唯一标识一行的单列或者多列的组合。主码约束列的值都是唯一的并且非空。主码约束既可以在列级定义，也可以在表级定义，但当约束涉及多个属性时，必须在表级定义。一个表最多只能有一个主码。主码约束是拒绝空值（null）的唯一约束。插入或者修改主码时需要检查主码约束，删除主码不会违反主码约束，但可能导致违反外码约束的情况发生。

主码约束的 SQL 命令子句基本语法是：

```
[CONSTRAINT constraint _name] PRIMARY KEY ( column_name [, … ] )
```

该 SQL 命令子句不能单独使用，创建表或者修改表结构时作为列定义的一部分或作为表级约束。该命令定义约束名为 constraint_name 的主码，该主码由单列或者多列 column_name 组成。若省略完整性约束名 constraint_name，系统则会自动为该约束生成一个约束名称。为了方便以后对约束进行修改、删除、延迟（DEFERRED）、禁用（DISABLE）或者打开（ENABLE）等操作，建议给每个约束命名。

KingbaseES 会自动为定义为主码的列或列的组合生成非空的唯一约束，并建立唯一索引，以确保插入新的记录时，可以按照唯一索引快速检索要插入的 goodid 是否已经存在表中，只有不存在时，才能插入该记录。

例 3.70 创建简化的商品表、店铺表和供应表及其主码。

```
CREATE TABLE Goods (
goodid CHAR(12) CONSTRAINT pk_goods PRIMARY KEY,
 goodname VARCHAR(128),
price MONEY );
CREATE TABLE Shopstores(
shopid CHAR(6) CONSTRAINT pk_shopstores PRIMARY KEY,
shopname VARCHAR(128) );
CREATE TABLE Supply(
shopid CHAR(6),
goodid CHAR(12),
price MONEY,
CONSTRAINT pk_supply PRIMARY KEY(shopid,goodid) );
```

说明：①该命令创建 Goods 表，同时建立名为 pk_goods 的主码，该主码定义直接写在 goodid 列的定义后面，为列级完整性约束；②该约束也可以作为表级约束，写在最后一列 price 定义的后面，增加一行 PRIMARY KEY(goodid)，表级完整性约束必须写明所包含的列；③Supply 表的主码 pk_supply 包含两列，只能定义为表级完整性约束；④如果分别在 shopid 和 goodid 后面写上 PRIMARY KEY，则会导致该表定义两个主码而产生错误。

如果在 Goods 表上执行 INSERT 或 UPDATE 操作，并且在 goodid 列上提供了重复数据信息或是没有提供数据信息，则会报错。

例 3.71 往 Goods 表中插入主码重复的记录并观察运行结果。

```
INSERT INTO Goods VALUES('10000000','雨伞',50.00);
INSERT INTO Goods VALUES('10000000','防晒霜',50.00);
```

运行结果为：

> 错误：　重复键违反唯一约束"goods_pkey"
> 描述：　键值"(goodid)=('10000000')"已经存在

例 3.72　往 Goods 表中插入主码为空的记录并观察运行结果。

```
INSERT INTO Goods VALUES(NULL,'防晒霜',50);
```

运行结果为：

> 错误：　在字段 "goodid" 中空值违反了非空约束
> 描述：　失败，行包含(null, 防晒霜, $50.00).

3.6.3　外码约束

外码约束指定 A 表中的一列(或一组列)中的值必须引用另一个 B 表中的某行的主码值或者非可延迟唯一约束列(或列组)的值(通常为主码值)，则 A 表该列或该组列要定义为外码，其中，A 表称为参照表(或引用表)，B 表称为被参照表(或被引用表)。外码约束定义了两个表之间的数据完整性约束。

外码约束的 SQL 命令子句基本语法是：

```
[CONSTRAINT constraint _name] FOREIGN KEY  ( column_name [, … ] )
  REFERENCES reftable_name ( refcolumn_name [, … ] )
 [ ON DELETE  {NO ACTION|RESTRICT|CASCADE|SET NULL|SET DEFAULT} ]
 [ ON UPDATE {NO ACTION|RESTRICT|CASCADE|SET NULL|SET DEFAULT} ];
```

该命令定义名为 constraint_name 的外码，该外码由单列或者多列 column_name 组成，该外码参照表 reftable_name 的主码对应的单列或者多列 refcolumn_name。外码对应的列与被参照表 reftable_name 中的主码对应的列可以名称不同，但是数据类型必须一致，通常为了方便起见，它们应该取一样的名称。

对参照表插入记录或者修改外码的值，在被参照表中找不到对应的主码值，就会违反外码约束，对参照表删除记录不会违反外码约束。对被参照表删除记录或者修改主码的值，使得参照表中原来引用该主码对应值的记录不能再正确引用回来，就会违反外码约束。因此，外码约束 SQL 命令中的 ON DELETE 和 ON UPDATE 子句指定在删除和修改数据违反外码约束时要采取的违约处理机制：NO ACTION(不采取行动，但抛出错误，更新语句不执行，该检查允许延迟到事务结束前)，RESTRICT(限制，抛出错误，更新语句不执行，该检查不允许延迟)，CASCADE(级联删除或修改参照表中相关记录)，SET NULL(设置参照表中相应外码为空值)，SET DEFAULT(设置参照表中相应外码为默认值)。

例 3.73　修改供应表，为 shopid 和 goodid 两列增加外码约束。

```
ALTER TABLE Supply
 ADD  CONSTRAINT fk_shopid FOREIGN KEY(shopid)
 REFERENCES Shopstores(shopid)  ON DELETE RESTRICT ON UPDATE CASCADE,
```

```
ADD CONSTRAINT fk_goodid  FOREIGN KEY(goodid)
REFERENCES Goods(goodid)   ON DELETE RESTRICT ON UPDATE CASCADE;
```

说明：①一个表可以有多个外码，例如，该表有两个外码 shopid 和 goodid，每个外码只包含一列，定义为列级完整性约束。②主码不能取空值，外码通常可以取空值，但是如果外码对应列又被主码包含，则该外码为主属性，不能取空值。例如，外码 shopid 和 goodid 合起来又作为该表的主码，则 shopid 和 goodid 不能取空值。③ON DELETE 指定违约处理为限制，即如有 Supply 的外码引用，对应被参照表 Shopstores 或 Goods 的主码所在记录不能删除，ON UPDATE 指定违约处理为级联修改，即如果修改被参照表 Shopstores 或 Goods 对应被引用记录的主码，就级联修改参照表 Supply 中对应记录的外码。

例 3.74 向 Goods、Shopstores 和 Supply 表中插入数据，观察是否违反完整性约束。

```
INSERT INTO Goods VALUES('12560557','TensorFlow知识图谱实战', '116.80');
INSERT INTO Goods VALUES('68327953786' ,'猫用奶粉', '49.80');
INSERT INTO Goods VALUES('100232901206','猫零食', '98.00');
INSERT INTO Shopstores VALUES('104142','清华大学出版社');
INSERT INTO Shopstores VALUES('781872','宠物生活专营店');
INSERT INTO Supply VALUES('104142','12560557','116.80');
INSERT INTO Supply VALUES('781872','68327953786','49.80');
INSERT INTO Supply VALUES('781872','100232901206','98.00');
INSERT INTO Supply(shopid,goodid,price) VALUES('10000','1000000',100.00);
UPDATE Supply SET shopid = '10000' WHERE goodid = '12560557' ;
```

运行结果如下。

```
错误： 插入或更新表 "supply" 违反外码约束 "fk_supply "
描述： 键值对(shopid)=(10000)没有在表"shopstores"中出现.
```

说明：①该示例的最后一个 INSERT 语句和 UPDATE 语句执行失败，因为在 shopid 列上提供了不存在的店铺号'10000'，从而显示上述错误信息；②如果在 UPDATE 的 WHERE 子句的查询条件中出现不存在的商品编号，则 UPDATE 语句执行并不会出错，只是找不到要修改的记录罢了。

例 3.75 修改 Goods 某个商品编号，观察 Supply 相应记录是否级联修改。

```
UPDATE Goods SET Goodid = '12560558' WHERE goodid = '12560557';
SELECT * FROM Supply;
```

结果如下。

```
 shopid |   goodid    | price
--------+-------------+---------
 781872 | 68327953786 | $49.80
 781872 | 100232901206 | $98.00
 104142 | 12560558    | $116.80
(3 row)
```

例 3.76　删除 Goods 某个商品编号对应记录,观察 Supply 相应记录是否删除。

```
DELETE FROM Goods
WHERE goodid = '12560558';
```

结果如下。

错误:　在 "goods" 上的更新或删除操作违反了在 "supply" 上的外码约束 "fk_goodid"
描述:　键值对 (goodid)＝(12560558　　) 仍然是从表 "supply" 引用的.

3.6.4　非空约束

非空约束是指定某列不允许取空值。非空约束只能在列级定义,不能在表级定义。通常存在三种情况列不允许为空:主码不允许为空,包含在主码中的外码不允许为空,设有非空约束的列不允许为空。插入或者修改数据时需要检查唯一性约束,删除数据不会违反非空约束从而不用检查。

非空约束的 SQL 命令子句基本语法是:

```
[CONSTRAINT constraint _name] NOT NULL|NULL
```

该命令在某列上定义名为 constraint_name 的非空(NOT NULL)或者空(NULL)约束。如果不定义该约束,系统默认为空约束,即该列可以取空值。SQL 标准中并不存在 NULL 约束,KingbaseES 中加入它是为了和某些其他数据库系统兼容。

例 3.77　修改 Goods 表,在 goodname 列上设置非空约束。

```
ALTER TABLE Goods MODIFY goodname NOT NULL;
```

例 3.78　往 Goods 表插入记录,验证非空约束。

```
INSERT INTO Goods VALUES ('10000', NULL, 100);
```

运行结果如下。

错误:　在字段 "goodname" 中空值违反了非空约束。

3.6.5　唯一约束

唯一约束保证在一列或者一组列中保存的数据在表中所有行间是唯一的,空值不被认为是相等的。不像主码,一个表上可以定义多个唯一约束,系统会自动为定义为唯一约束的一列或一组列创建唯一索引(BTREE 索引)。如果一个 UNIQUE 约束只涉及一列,既可以在列级定义,也可以在表级定义;否则,只能在表级定义。插入或者修改数据时需要检查唯一性约束,删除数据不会违反唯一约束从而不用检查。

唯一约束的 SQL 基本语法如下:

```
[CONSTRAINT constraint _name] UNIQUE ( column_name [, … ] )
  [ INCLUDE ( column_name [, …]) ]
```

该命令为指定的一列或多列 column_name 创建名为 constraint_name 的唯一约束。可选子句 INCLUDE 可以指定添加额外的一个或多个列到唯一索引上,在这些列上不强制唯一性,但唯一约束仍然依赖于它们。因此,这些列上的某些操作(例如 DROP COLUMN)可能导致级联约束和索引删除。

例 3.79 为 Goods 表的 goodname 创建唯一约束。

```
ALTER TABLE Goods ADD CONSTRAINT uq_goodname UNIQUE(goodname);
```

说明:如果一个表有多个候选码,因为只能选择其中一个为主码,则可以为另外的每一个候选码定义 UNIQUE 约束。例如 Goods 表,如果不允许商品名同名,goodid 和 goodname 都是候选码,选择 goodid 为主码,则 goodname 就可以定义为 UNIQUE 约束。

3.6.6 CHECK 约束

CHECK 约束允许指定一个特定列中的值必须要满足一个布尔表达式条件,例如,性别只能是“男”或“女”,成绩必须大于或等于零。CHECK 约束可以包含一列或者多列。CHECK 约束实现用户自定义完整性约束。

CHECK 约束的 SQL 基本语法如下:

```
[CONSTRAINT constraint _name]   CHECK ( expression )
```

该命令定义名为 constraint_name 的 CHECK 约束,该约束要满足布尔表达式 expression 条件。插入或更新行时,该约束表达式 expression 计算出 TRUE 或 UNKNOWN 值,更新操作就会成功;否则只要任何一个插入或更新操作的行产生了 FALSE 结果,将报告一个错误异常并且该更新操作将不会执行成功。一个列级的 CHECK 约束只应该引用该列的值,而一个表级的 CHECK 约束可以引用多列。一个被标记为 NO INHERIT 的约束将不会传播到子表。

CHECK 表达式不能包含子查询,也不能引用当前行的列之外的变量,除系统列 tableoid 外不能引用其他系统列。

多个 CHECK 约束的执行顺序:当一个表有多个 CHECK 约束时,检查完 NOT NULL 约束后,对于每一行会以 CHECK 约束名称的字母表顺序来进行检查(V8R3 版本之前的 KingbaseES 对于 CHECK 约束不遵从任何特定的引发顺序)。

例 3.80 创建商品评论表,设置评分星数和情感等级约束。

```
CREATE TABLE Comments(
goodid char(12) REFERENCES Goods(goodid),        /* 商品编号 */
custid INTEGER REFERENCES Customers(custid),     /* 顾客编号 */
stars INTEGER CHECK (stars>0 AND stars<=5),      /* 星级 5,4,3,2,1 */
remark VARCHAR(512),                             /* 评论 */
feeling CHAR(4),                         /* 情感倾向:好评/中评/差评, 由 stars 得出 */
```

```
submtime TIMESTAMP,                                /* 提交时间 submitted time */
PRIMARY KEY (goodid,custid),
CONSTRAINT ck_feeling CHECK ((feeling = '好评' AND stars >= 4)
   OR (feeling = '中评' AND (stars = 3 OR stars = 2))
   OR (feeling = '差评' AND stars = 1)) );
```

　　说明：①该表定义了两个 CHECK 约束，一个是 stars 的 CHECK 约束，如果 stars 取值不多，也可以用 CHECK stars IN {1,2,3,4,5} 来代替；②stars 的 CHECK 约束没有给定名称，KingbaseES 按系统规则自动产生约束名"ck_comments_stars_check"；③ck_feeling 约束涉及 feeling 和 stars 两列，只能定义为表级完整性约束。

　　例 3.81　给商品评论表插入数据，观察是否违反 CHECK 约束。

```
INSERT INTO   Comments VALUES('12560557',2,0,'非常不好用',NULL,'2022-03-06 00:
00:00+08');
```

　　执行结果如下。

```
错误：  关系 "comments" 的新列违反了检查约束 "ck_feeling"
描述：  失败，行包含(12560557      , 2, 0, 非常不好用, null, 2022-03-06 00:00:00).
```

　　说明：进行 INSERT 操作或 UPDATE 时，如果在 stars 列上提供了不符合条件的值，就会违反 CHECK 约束，导致系统抛出错误，终止执行。

3.6.7　排他约束

　　排他约束是用来保证如果将任意两行的指定列或表达式使用指定操作符进行比较时，不是所有的比较都返回 TRUE，至少其中一个操作符比较将会返回 FALSE 或空值。简单地说，排他约束就是排除任意两行的指定列按指定操作符进行比较为真的情况。例如，当表中某两列值要求是一对一的，即其中一列 A 的值确定后，另一列 B 的值也就确定了，则可以使用排他约束，即排除"对于任意两行，A1＝A2 并且 B1<>B2"，该排他约束也相当于实现了 A 列和 B 列之间的函数依赖：A 完全函数确定 B，反过来说，B 完全函数依赖于 A。

　　排他约束的 SQL 基本语法是：

```
[CONSTRAINT constraint_name] EXCLUDE [ USING index_method ] ( column_name  WITH
operator [, … ] )
```

　　该命令使用 index_method 指定索引方法（通常为 GiST 或 SP-GiST）定义排他约束，指定列 column_name 使用 WITH 对应的 operator 进行比较运算。

　　例 3.82　创建简化的 Shopstores 表，在 shopname 和 shopurl 列定义排他约束。

```
/* 使用 exclude 约束前需要先创建 btree_gist 扩展 */
CREATE EXTENSION BTREE_GIST ;
CREATE TABLE Shopstores(
shopid INTEGER PRIMARY KEY,
shopname VARCHAR(128),
```

```
shopurl VARCHAR(256),
exclude using gist( shopname with =,   shopurl with <>) );
INSERT INTO Shopstores VALUES(1,'联想集团','www.lenovo.com');
INSERT INTO Shopstores VALUES(2, '联想集团','www.lenovo.cn');
```

运行结果如下。

错误：　互相冲突的键值违反排他约束" Shopstores _shopname_shopurl_excl"

说明：①该排他约束的语义是：如果 shopname（店铺名称）的值确定了，shopurl（店铺地址）的值也就确定了，不允许（排除）表中有 shopname 相同而 shopurl 不同的两行；②该约束排除了 shopname 相同而 shopurl 不同的情况，相当于实现了 shopname 和 shopurl 组合列上的唯一约束。

例 3.83　创建简化的 Shopstores 表，在 shopname 和 shopurl 列定义排他约束。

在下面的 Goods 表中，若不允许有 goodid 相同而 booking_start 和 booking_end 对应的时间范围重叠的行存在，则可以使用 EXCLUDE 约束。

```
CREATE TABLE Goods (                      /* 商品 */
goodid char(12),                          /* 商品编号 */
goodname VARCHAR(128),                     /* 商品名称 */
price MONEY,                              /* 商品定价 */
dop DATE,                                /* 生产日期 date of production */
doe DATE,                                /* 失效日期 date of expiration */
EXCLUDE USING GIST ( goodid WITH =, daterange(dop, doe, '[]') WITH &&) );
INSERT INTO Goods VALUES (1,'麦德氏 猫咪专用羊奶粉', 49.8, '2022/05/22', '2022/06/
22');
INSERT INTO Goods VALUES (1,'麦德氏 猫咪专用羊奶粉', 49.8, '2022/06/01', '2022/06/
30');
```

运行结果如下。

错误：　互相冲突的键值违反排他约束"goods_goodid_daterange_excl"
描述：键(goodid, daterange(dop::pg_catalog.date, doe::pg_catalog.date, '[]'::
text))=(1,
 [2022-06-01,2022-07-01))与已存在的键(goodid, daterange(dop::pg_catalog.date,
doe::pg_catalog.date,
 '[]'::text))=(1 , [2022-05-22,2022-06-23))冲突

说明：可以看出，插入数据(1,'2022/05/22','2022/06/22')后，由于 '2022/06/01'时间在 '2022/06/22'之前，两段时间范围之间发生重叠，因而插入第二条数据失败。

3.6.8　禁用/启用约束

禁用约束是通过将约束设置为 DISABLE 状态使约束临时失效，在需要的时候，通过将约束设置为 ENABLE 状态来启用约束。约束一旦被创建，默认状态是启用状态。禁用约束的作用是为了在某些情况下提高数据库的更新性能。例如，在约束启用的情况下，如果对

表进行大规模的写操作(copy/insert/update 等),约束的检查会占用较多的时间,并且如果写入的数据中存在不符合约束会使操作失败。此时,可以在写操作前将约束禁用,在写操作结束后再启用约束。在约束处于停用非校验时,违反约束的行可以插入到表中,这种行为被认为是约束异常。需要更改这些记录后,方可重新启用约束。

定义约束时启用约束/禁用约束的 SQL 基本语法如下。

```
/* 定义约束时启用/禁用的语法 */
[CONSTRAINT constraint_name]
  {PRIMARY KEY | FOREIGN KEY | CHECK | UNIQUE} constraint_specification
[ { ENABLE | DISABLE } [ VALIDATE | NOVALIDATE ] ]
/* 创建约束后启用/禁用的语法 */
ALTER TABLE table_name MODIFY constraint_name
  { ENABLE | DISABLE } [ VALIDATE | NOVALIDATE ]
```

该命令目前只支持主码 PRIMARY KEY、外码 FOREIGN KEY、检查 CHECK 和唯一 UNIQUE 约束。该命令在定义或者修改约束 constraint_name 时,可以在约束声明 constraint_specification 的最后指定约束的状态为启用(ENABLE)或禁用(DISABLE)状态,同时还可以指明数据库内已有的数据是校验(VALIDATE)或非校验(NOVALIDATE)状态。列级或表级约束可能处于以下四种状态之一。

(1) ENABLE,VALIDATE:启用约束,数据已校验。

(2) ENABLE,NOVALIDATE:启用约束,数据未校验。

(3) DISABLE,VALIDATE:禁用约束,数据已校验。

(4) DISABLE,NOVALIDATE:禁用约束,数据未校验。

启用约束(ENABLE),数据库中输入或者更新数据要进行约束规则检查,不符合约束规则的数据不能输入数据库,这是默认值状态;禁用约束(DISABLE),输入或更新数据将不会进行约束规则检查。

数据已校验(VALIDATE)状态的约束表示数据库内已有数据均符合约束规则,VALIDATE 是默认状态,如果设置约束为 VALIDATE 状态,将会对表内的数据做约束规则检查。DISABLE VALIDATE 状态的约束,为了保证有效性状态不被破坏,数据库表会被设置为只读状态,禁用对表的 DML 操作。数据未校验(NOVALIDATE)状态的约束表示数据库表内已有数据未做约束规则检查。设置或修改约束为 DISABLE 状态时,NOVALIDATE 是默认状态。如果为一个存在的表增加 NOVALIDATE 状态的约束,将不会对已有数据做有效性检查(唯一约束和主码约束除外)。

例 3.84　为 Goods 表创建禁用非校验和启用非校验的约束并验证。

```
CREATE TABLE Goods(
goodid CHAR(9) CONSTRAINT pk_goodid PRIMARY KEY DISABLE NOVALIDATE,    goodname
VARCHAR(128) CONSTRAINT uq_goodname UNIQUE ENABLE NOVALIDATE,
price INTEGER );
INSERT INTO Goods VALUES('10000000','雨伞',50);
INSERT INTO Goods VALUES('10000000','防晒霜',50);
INSERT INTO Goods VALUES('10000001','防晒霜',50);
```

运行结果如下。

> 错误： 重复键违法唯一索引"uq_goodname "
> 描述： 键值(goodname) = (防晒霜)已经存在

说明：因为约束 pk_goodid 为 DISABLE NOVALIDATE 状态，所以系统不会检查元组('1 000 0000','防晒霜',50)中的 goodid 是否违反 pk_goodid 约束；而约束 uq_goodname 为 ENABLE 状态，所以系统会检查元组('1000 0000','防晒霜',50)中的 goodname 是否违反了该约束。

例 3.85 使用 ALTER TABLE 为 Goods 添加启用非校验的 CHECK 约束并验证。

```
ALTER TABLE Goods
ADD CONSTRAINT ck_price CHECK(price>0)  DISABLE NOVALIDATE;
INSERT INTO Goods VALUES('10000001','晚霜',-1);
ALTER TABLE Goods Modify CONSTRAINT ck_price ENABLE VALIDATE;
```

运行结果如下。

> 错误： 一些行违反了检查约束 "ck_price"

说明：①上述命令中，INSERT 命令能够成功执行，因为 ck_price 约束处于禁用非校验状态；②将 ck_price 约束修改为启用校验状态，因为表中已有数据违反约束，MODIFY 约束状态不成功，只有其中数据不违反 CHECK 约束，才能将约束状态由 DISABLE NOVALIDATE 改为 ENABLE VALIDATE。

3.6.9　约束检查

约束检查一般是在执行数据更新命令后立即进行，但是在某些情况下需要推迟到指定的时刻(如事务结束时)再进行检查。例如，Categories 表存在外码 parentid 引用自身的 catgid，当用一系列 INSERT 命令插入类别数据时不能保证被引用的 catgid 记录先插入，即在插入数据过程中可能存在违反外码约束的情况，此时把外码约束检查推迟到事务结束时进行就可以避免插入过程中违反外码约束而导致整个事务失败。禁用/启用约束可以完成类似的任务，例如，在插入前禁用外码约束，插入全部数据后再启用外码约束。但是禁用和启用需要单独的命令来执行，而延迟约束检查更方便易用，只需要在定义约束时设定就可以了。

设置约束是否可以延迟及其检查时机的 SQL 基本语法如下：

```
CONSTRAINT constraint _name [  DEFERRABLE|NOT DEFERRABLE   ]
   [  INITIALLY IMMEDIATE | INITIALLY DEFERRED ]
```

该命令把约束 constraint_name 设置为可延迟的(DEFERRABLE)或者是不可延迟的(NOT DEFERRABLE，默认值)，并且如果约束是可延迟的，就可以用 INITIALLY IMMEDIATE 来指定约束是立即检查，或者是 INITIALLY DEFFERRED 指定约束在事务结束时检查。当前，只有唯一约束、主码约束、排除约束以及外码约束可以是可延迟的，非空约束以及 CHECK 约束是不可延迟的。约束检查时间可以用 SET CONSTRAINTS 命令修改。

用 SET CONSTRAINTS 把一个约束的模式从 DEFERRED 改成 IMMEDIATE 时，任

何还没有解决的数据修改(本来会在事务结束时被检查)会在 SET CONSTRAINTS 命令的执行期间被检查,如果其中的任何一个约束被违背,SET CONSTRAINTS 将会失败(并且不会改变该约束模式)。这样,SET CONSTRAINTS 可以被用来在一个事务中的特定点强制进行约束检查。

例 3.86 向 Goods 表增加一个可延迟的 Unique 约束,并设置其约束模式。

```
ALTER TABLE Goods ADD CONSTRAINT uq_goodname UNIQUE(goodname)
  DEFERRABLE INITIALLY DEFERRED;
INSERT INTO Goods VALUES('10000000','雨伞',50);
BEGIN;
INSERT INTO Goods VALUES('10000001','雨伞',50);
END;
```

运行结果如下。

```
错误:  重复键违反唯一约束"uq_goodname "
描述:  键值"(goodname)=(雨伞)" 已经存在
```

说明:向 Goods 表中插入一组数据,再添加一组违反 uq_goodname 约束的数据,从执行结果可知,只有在提交事务时,才会对约束进行检查。

例 3.87 向 Goods 表中增加违反 uq_goodname 约束的数据,并将约束模式更改为立即检查。

```
BEGIN;
  INSERT INTO Goods VALUES('10000001','雨伞',50);
  SET CONSTRAINTS uq_goodname IMMEDIATE;
END;
```

运行结果如下。

```
错误:  重复键违反唯一约束"goodname_unique"
描述:  键值"(goodname)=(雨伞)" 已经存在
```

说明:该例设置 uq_goodname 约束模式为立即检查。

3.7 索引

索引是一种独立于数据库表的单独的物理存储结构,存储对数据库表中一列或多列的值进行逻辑排序或者物理排序的结果。建立索引的目的是加快数据查询速度、提高数据库性能,其作用相当于图书馆的图书目录,可以根据索引快速找到表中所需的元组。例如,在 Customers 表中查找顾客编号 custid 等于某个值的客户时,如果在 custid 列上建立索引,它就能使用一种更有效的方式来访问 Customers 表定位匹配行;如果不建立索引,则系统会进行全表扫描,逐条记录进行匹配。可想而知,当 Customers 表中有成千上万条记录,甚至十几万、几十万、几百万条记录时,全表扫描效率非常低。

通常,在需要从包含很多行的表中检索少数几行时,都应该对检索列创建索引。索引由用户建立,系统自动维护和使用,即系统会在它觉得使用索引比全表扫描效率更高时使用索引,在表更新数据时系统会自动更新索引。一个表上可以建立若干个索引,但索引也增加了数据更新操作的负担,因此,通常只对主码、唯一约束、出现在连接条件和查询条件中的列建立索引,对那些很少或从不在查询中使用的索引应该及时删除。

3.7.1 管理索引

1. 创建索引

创建索引的 SQL 基本语法是:

```
CREATE [ UNIQUE ] INDEX [ CONCURRENTLY ] [idx_name] ON [ ONLY ] table_name [ USING method ]
( { column_name | ( expression ) } [ ASC | DESC ] [, …] )
 [ INCLUDE ( nonindex_column_name [, …] ) ]
 [ TABLESPACE tablespace_name ]
 [ WHERE predicate ]
```

该命令在表空间 tablespace_name 中为表 table_name 的一列或者多列 column_name 按升序(ASC)或降序(DESC)并发地(如果指定 CONCURRENTLY 选项)创建名为 idx_name 的 method 类型的唯一(如果指定 UNIQUE 选项)索引。索引中可以包含多个非索引列 nonindex_column_name,以便返回索引项数据时包含这些列的数据而无须访问表本身,而 WHERE 子句中的谓词 predicate 可以限定需要索引的元组从而为该表创建部分索引。

要创建的索引名称中不能包括模式名,因为索引总是被创建在其基表所在的模式中。如果索引名称被省略,KingbaseES 将基于基表名称和被索引列名称选择一个合适的名称。method 指定要使用的索引方法的名称。可以选择 B-Tree、Hash、Gist、SP-GiST、GIN 以及 BRIN。默认方法是 B-Tree。并发地(CONCURRENTLY)创建索引是指 KingbaseES 在创建索引时不会获得任何会阻止该表上并发插入、更新或者删除的锁,而标准的索引创建将会把表锁住以阻止对表的写操作(但不阻塞读),这种锁定会持续到索引创建完毕。

例 3.88 在 Goods 表的 goodname 列上建立唯一索引。

```
CREATE UNIQUE INDEX idx_goodname ON Goods (goodname);
```

说明:①在主码和唯一约束的列上,系统会自动创建 B-Tree 类型的唯一索引,其他列上的索引需要用户自己设计并创建;②索引列可以为一列或者多列,每一列都可以设定索引顺序为升序(ASC)或者降序(DESC)以改变索引的排序,默认为升序。

例 3.89 用 EXPLAIN ANALYSE 命令查看查询计划(QUERY PLAN)。

```
EXPLAIN ANALYSE SELECT goodname from Goods where goodname = 'TensorFlow 知识图谱实战';
```

运行结果如下。

```
                              QUERY PLAN
---------------------------------------------------------------------------
 Seq Scan on goods   (cost=0.00..5.65 rows=37 width=13) (actual time=0.035..0.
142 rows=34 loops=1)
```

```
    Filter: ((goodid)::bigint > '600000000000'::bigint)
    Rows Removed by Filter: 76
  Planning Time: 0.467 ms
  Execution Time: 0.178 ms
  (5 row)
```

说明：①当有查询性能问题时，使用 EXPLAIN ANALYSE 命令分析 SELECT 查询的执行计划，可以帮助找到可能影响性能的问题，例如，该查询对各表的访问是否使用了索引，如果无索引可用，则需要创建索引；如果有索引没用，则要分析具体原因。②对于记录数比较少的表，即使创建了索引，系统也不会用索引，因为对小表的顺序扫描（Sequence Scan）比索引扫描（Index Scan）反而更快。

2. 修改索引

修改索引的 SQL 基本语法为：

```
ALTER INDEX idx_name
RENAME TO new_idx_name |
SET ( storage_parameter = value [, … ] )
ALTER [ COLUMN ] column_number SET STATISTICS INTEGER;
```

该命令可以修改索引名 idx_name 为新的索引名 new_idx_name，如有与之相关联的约束（如 UNIQUE、PRIMARY KEY 或者 EXCLUDE），也会被重命名，这种修改不影响已存储的数据；该命令也可以重新设置索引的存储参数，如装填因子 fillfactor 等，以便优化调整索引的存储效率和访问效率。

修改索引存储的表空间的 SQL 基本语法如下。

```
ALTER INDEX idx_name  SET TABLESPACE tablespace_name;
ALTER INDEX ALL IN TABLESPACE old_tablespace_name [ OWNED BY role_name [, … ] ]
SET TABLESPACE new_tablespace [NOWAIT ];
```

该命令可以更改索引，指定索引 idx_name 的表空间为 tablespace_name，并且把与该索引相关联的数据文件移动到新的表空间中；也把当前数据库在旧表空间 old_tablespace_name 中所有的索引或者指定角色 role_name 的所有索引（如果指定 OWNED BY 选项）全部移动到新的表空间 new_tablespace_name 中去。NOWAIT 选项表示立刻执行，但当有索引正在被使用时该命令将会失败。执行该命令须拥有该索引并且具有新表空间上的 CREATE 权限。

例 3.90　重命名 Goods 表 goodname 列上的索引。

```
ALTER INDEX idx_goodname RENAME TO idx_goods_goodname;
```

说明：索引由用户创建，系统自动使用，一般无须重命名。

例 3.91　把 Goods 表 goodname 列上的索引移动到 user_tblspace 表空间。

```
ALTER INDEX idx_goodname  SET TABLESPACE user_tblespace;
```

说明：①有时索引占的存储空间比表占的空间还要大得多，当某个硬盘空间不足时，可以考虑把一些表的索引迁移到在其他硬盘空间创建的表空间中。②当数据库比较小时，表和索引可以存储在一个表空间中，当数据量很大时，为了提高系统性能，可以考虑把表和索引分别存储在不同的表空间中，以实现读写的并行操作。

3. 删除索引

删除索引的 SQL 基本语法是：

```
DROP INDEX [ CONCURRENTLY ] idx_name [, …] [ CASCADE | RESTRICT ]
```

该命令从数据库系统中删除一个已有的索引 idx_name，如指定 RESTRICT 选项时，当有任何对象依赖于该索引，则拒绝删除它，这是默认值；如指定 CASCADE 选项，该命令会会自动删除所有直接或间接依赖于该索引的对象；如指定 CONCURRENTLY 选项，则删除索引时不影响在该索引对应的表上进行查询和更新操作，不指定该选项则默认会影响。

例 3.92 删除 Goods 表 goodname 列上的索引。

```
DROP INDEX  CONCURRENTLY  idx_goods_goodname;
```

说明：删除索引时，允许对 Goods 进行操作，不影响并发性能，但并发操作不允许级联删除。

4. 索引聚簇

索引聚簇是基于指定的索引信息对表进行物理上的排序，使得索引逻辑顺序跟数据的物理顺序一致，一个表只能有一个聚簇。聚簇是一种一次性的操作，当表后续被更新时，不会尝试根据新行或者被更新行的索引顺序来存储它们，需要周期性地通过发出索引聚簇命令进行重新聚簇。把表的存储参数 fillfactor 设置为小于 100% 时有助于在更新期间保持聚簇顺序，因为如果空间足够会把被更新行保留在同一个页面中。

索引聚簇的作用主要是为了提高某些情况下数据库表的访问性能。例如，对于想要访问表中按索引顺序分组的较多数据，或者从一个表中要求一个范围的被索引值或者多行都匹配的一个单一值，使用索引聚簇就会提高表的访问性能，因为一旦该索引标识出了第一个匹配行所在的表页，所有其他匹配行很可能就在同一个表页中，从而能节省磁盘访问并且提高了查询速度。

索引聚簇的 SQL 基本语法是：

```
CLUSTER [VERBOSE] table_name [ USING index_name ]
```

该命令根据指定的 index_name 对表 table_name 进行聚簇，在聚簇时为一个表打印一个进度报告（如果指定 VERBOSE）。如果省略 USING 子句，KingbaseES 会使用上次使用过的同一个索引对该表重新聚簇，不指定 table_name，则该命令会对当前用户的所有聚簇过的表重新聚簇。

取消表聚簇的 SQL 基本语法是：

```
ALTER TABLE table_name SET WITHOUT CLUSTER
```

当不再需要给表进行聚簇时,可以使用该命令取消表的聚簇。如果需要更改聚簇的索引,则可以先取消聚簇,然后重新执行 CLUSTER 命令指定使用新的索引。

例 3.93　使用 idx_ custid 聚簇表 Customers。

```
CLUSTER Customers USING customers_custid_index;
```

说明:在 SQL 标准中没有 CLUSTER 语句。为了兼容 V8R3 之前的 KingbaseES 版本,CLUSTER index_name ON table_name 语法也被支持。

例 3.94　使用之前用过的同一个索引聚簇 Customers 表。

```
CLUSTER Customers;
```

例 3.95　对当前数据库中以前被聚簇过的所有表进行聚簇。

```
CLUSTER;
```

3.7.2　索引类型

对索引可以从不同的角度来分类。常见索引分类如下。

(1) 按照索引键域,索引可以分为单列索引、多列索引(Multicolumn Indexes,或称复合索引 Compound Index)、函数索引。

(2) 按照索引键值的唯一性,索引可以分为唯一索引和非唯一索引。

(3) 按索引元组的范围可以分为全部索引、部分索引。

(4) 按索引方法可以分为 B-Tree、Hash、GiST、SP-GiST、GIN 以及 BRIN 等。

索引键域被指定为列名或者写在圆括号中的表达式。如果索引方法支持多列索引,可以指定一个域(单列索引)或多个域(多列索引,或称复合索引)。一个索引域可以是一个从表的一列或者更多列值进行计算的表达式(函数索引),这种特性可以被用来获得对基于基本数据某种变换的数据的快速访问。例如,一个在 upper(col) 上计算的索引可以允许子句 WHERE upper(col) = 'JIM'使用索引。通常对表中所有元组建立索引(完全索引),如果创建索引时指定了 WHERE predicate 子句,就会按照 predicate 谓词条件创建只包含表中部分元组的部分索引。B-Tree 索引是最常用的索引方法,而 Hash 索引通常只适合判断键值相等的索引,而不适合范围查询,因此不同的索引方法只适合不同的查询处理情况。唯一索引可以被用来强制列值的唯一性,或者是多个列组合值的唯一性。当前,只有 B-Tree 能够被声明为唯一。KingbaseES 会自动为定义了一个唯一约束或主码的表创建一个唯一索引。该索引包含组成主码或唯一约束的所有列(可能是一个多列索引),它也是用于强制这些约束的机制。

例 3.96　为 Customers 表的顾客手机号码建立唯一索引。

```
CREATE UNIQUE INDEX idx_customer_mobile ON Customers(mobile);
```

3.7.3　索引方法

KingbaseES 提供的索引方法有 B-Tree、Hash、GiST、SP-GiST、GIN 以及 BRIN。用户

也可以定义自己的索引方法,但是相对较复杂。每种索引方法只适合在某些类型的属性上创建,也只对某些类型的查询发挥作用。因此在设计索引、选择索引方法时,需要针对属性类型和查询要求仔细设计。

1. B-Tree 索引

B-Tree 索引是最常用的索引,也是创建索引的默认索引方法,适合整型、日期型、字符型等各种常用数据类型,适合等值查询、范围等各类查询。

例 3.97 为 Customers 表的顾客手机号码建立 B 树索引。

```
CREATE INDEX idx_customer_mobile ON Customers USING BTREE(mobile);
```

2. Hash

哈希索引(Hash Indexes)在 GiST 和 GIN 出现之前很流行,在性能和事务安全性方面,一般认为 GiST 和 GIN 高于 Hash。Hash 索引只能处理简单等值比较。当一个索引列涉及使用=操作符比较时,查询规划器将考虑使用 Hash 索引。

例 3.98 为 Customers 表的顾客姓名建立 Hash 索引。

```
CREATE INDEX idx_customer_custname ON Customers USING HASH(custname);
```

3. GiST

广义搜索树(Generalised Search Tree,GiST)是一种为全文搜索、空间数据、科学数据、非结构化数据和分层数据而优化的索引。虽然不能用它来强制执行唯一性,但可以通过创建排除约束(Exclusion Constraint)造成同样的效果。GiST 是一种有损索引,索引本身不会存储它所索引的东西的值。如果需要检索值或执行更精细的查询,就需要额外的查询步骤。GiST 索引并不是一种单独的索引,而是可以用于实现很多不同索引策略的基础,结合GiST 索引的特定操作符使用。

例 3.99 在 Customers 表中增加位置列,并建立 GiST 索引。

```
ALTER   TABLE Customers ADD COLUMN location POINT;
CREATE INDEX idx_customer_location ON Customers USING GIST(custname);
INSERT INTO Customers(custid,location) values(1,POINT'(0,1)');
INSERT INTO Customers(custid,location) values(2,POINT'(0,2)');
INSERT INTO Customers(custid,location) values(3,POINT'(0,3)');
INSERT INTO Customers(custid,location) values(4,POINT'(0,4)');
INSERT INTO Customers(custid,location) values(5,POINT'(0,5)');
INSERT INTO Customers(custid,location) values(6,POINT'(0,6)');
```

说明:GiST 索引有能力优化"最近邻"搜索,能够支持这种查询的能力同样取决于被使用的特定操作符类。例如,如下查询将找到离给定目标点最近的 5 个位置。

```
SELECT * FROM Customers ORDER BY location <-> point '(0,0)' LIMIT 5;
```

运行结果:

```
Location
-------
(0,1)
(0,2)
(0,3)
(0,4)
(0,5)
(5 row)
```

4. SP-GiST

空间分区树通用搜索树(Spce-Partitioning Trees Generalized Search Tree,SP-GiST)可以在与 GiST 相同的情况下使用,更适用于带有自然聚类元素的数据,比如电话号码;与 GiST 一样,SP-GiST 支持"最近邻"搜索。

5. GIN

广义反向索引(Generalized Inverted Index,GIN)将复制属于索引的列的值。如果需要将数据提取到所覆盖的列中,那么 GIN 比 GiST 更快。然而,GIN 额外的复制意味着它和 GiST 相比有着更慢的索引更新速度。另外,因为每个索引行都被限制在一定的大小,所以不能使用 GIN 来索引诸如 TEXT 等大型对象。GIN 索引是"倒排索引",它适合于包含多个组成值的数据值,例如数组。倒排索引中为每一个组成值都包含一个单独的项,它可以高效地处理测试指定组成值是否存在的查询。

例 3.100 创建一个禁用快速更新的 GIN 索引。

```
CREATE INDEX idx_customer_gin ON Customers USING GIN(locations) WITH (fastupdate
= off);
```

6. BRIN

BRIN 索引(Block Range Indexes,块范围索引)存储有关存放在一个表的连续物理块范围上的值摘要信息。与 GiST、SP-GiST 和 GIN 相似,BRIN 可以支持很多种不同的索引策略,并且可以与一个 BRIN 索引配合使用的特定操作符取决于索引策略。对于具有线性排序顺序的数据类型,被索引的数据对应于每个块范围的列中值的最小值和最大值,使用这些操作符来支持用到索引的查询。

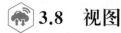 3.8 视图

3.8.1 视图的概念

视图是建立在一个或多个表上的虚表,并不实际存储数据。从本质上来说,视图是永久地存储在数据库中的一个查询。引入视图可以为表提供附加的安全性,可以为用户简化命令,可用于保存复杂查询等。

视图可以提供列安全性。考虑订单(Orders)表,对于卖家来讲,他关注的可能是商品总金额、最终金额、付款时间等信息;对于顾客来讲,他关注的可能是商品总金额、最终金额、快

递员姓名、快递员手机号码、预计到达日期;对于快递员来讲,这张订单需要的可能是订单编号、收货地址、收货人姓名、收货人手机号码等信息。可以根据不同的需求,创建视图实现对基表的不同列的查询。

视图可以提供行安全性。还是考虑订单(Orders)表,假设需要只允许商家查看本店铺的信息。创建一系列和店铺编号相同的用户名。根据不同的店铺编号,创建不同用户的视图实现对基表的特定行的查询。

视图分为可更新视图和不可更新视图。通常单表上的行列子集视图是可更新视图,基于多表的视图、分组统计视图等是不可更新视图。实际上,区分视图是否可更新,只需通过判断对视图的插入、修改和删除是否可以转换成对基表的插入、修改和删除,如果能转换,就是可更新的,否则就是不可更新的。例如,一个查询每门课程的平均成绩的分组统计视图,插入一门课的平均成绩,肯定不能转换为对课程成绩表的插入,因此分组统计视图是不可更新的。

3.8.2 管理视图

1. 创建视图

创建视图的 SQL 基本语法如下。

```
CREATE [ OR REPLACE ] [ TEMP | TEMPORARY ] [ RECURSIVE ] [FORCE]
VIEW v_name [ (column_name [, ⋯] ) ] AS query
[ WITH [ CASCADED | LOCAL ] CHECK OPTION ]
```

该命令将按照 SQL 查询 query 创建或修改一个临时(如果指定 TEMP)或者递归(如果指定 RECURSIVE)视图 v_name,视图可以指定与 query 对应的列名 column_name(如不指定,则视图列名与 query 输出列名一致)。CHECK OPTION 选项指明视图更新时检查 query 中的 WHERE 子句谓词条件。FORCE 选项指明,无论视图依赖检查是否成功都能创建视图,如依赖检查(编译)成功,则创建为一个有效视图,否则为一个无效视图。

例 3.101 创建一个只包含男性顾客 ID 和姓名的临时视图。

```
CREATE TEMP VIEW v_temp_customer
AS  (SELECT custid, custname FROM Customers WHERE gender = '男');
```

说明:①在当前会话结束时会自动删掉临时视图;②当临时视图存在时,具有相同名称的已有永久视图对当前会话不可见,除非用模式限定的名称引用它们;③如果视图引用的某个表是临时的,即使没有指定 TEMP,视图将被创建为临时视图。

例 3.102 创建一个由"家居日用"类(分类编码为'3 6 2')商品组成的商品视图。

```
CREATE VIEW v_goods_household AS
SELECT goodid, goodname, price, catgid
FROM Goods
WHERE catgid = '362';                            /* '362'是'家居日用品'的分类编码 */
SELECT * FROM v_goods_household;
```

说明:该视图是基表的一个行子集视图,是可更新视图。

运行结果如下。

```
    goodid              |            goodname             |  price  | catgid
--------------------+--------------------------------+---------+-------
 100010234342          | 蓝月亮洗衣液                      | $29.90  |  362
 669704378605          | 夏季空调被                        | $59.80  |  362
 670528511364          | 免打孔安装遮挡帘                   | $35.80  |  362
 7674329               | 全自动雨伞                        | $19.00  |  362
 600007309             | 混合坚果水果麦片                   | $38.80  |  362
 4589562               | 七匹狼钱包                        | $100.00 |  362
...
(16 row)
```

例 3.103　创建一个含商品平均评分的"家居日用"类(分类编码为'3 6 2')商品组成的商品视图。

```
CREATE OR REPLACE VIEW v_goods_household AS
SELECT G.goodid, G.goodname, G.price, G.catgid,
(SELECT avg(Co.stars)
FROM Comments Co
WHERE Co.goodid = G.goodid ) AS avgstars
FROM Goods G
WHERE catgid = '362' ;
```

说明：①该视图由可更新的四列和不可更新列 avgstars 混合而成；②该视图含有商品平均分的统计值,是不可更新视图。

例 3.104　使用 CHECK OPTION 创建一个"家居日用"类(分类编码为'3 6 2')商品视图。

```
CREATE OR REPLACE VIEW v_goods_household AS
SELECT goodid, goodname, price, catgid FROM Goods
WHERE catgid = '362' WITH CHECK OPTION;
UPDATE v_goods_household  SET catgid = '340'  WHERE goodid = '4465564';
```

运行结果如下。

```
错误：  新行违反了视图"v_goods_household"的检查选项
描述：  失败, 行包含(4465564      , 小熊饼干, 上海食品专营店, 波沽屋, 一盒, 0.33, 福建漳
州, 340, $9.90, null, null, null, null, null, 本食品含糖量过高).
```

说明：①DBMS 不允许执行将已有行中的 catgid 列值改变为不是'362'的其他值的更新(UPDATE)操作；②只有在自动可更新的、没有 INSTEAD OF 触发器或者 INSTEAD 规则的视图上才支持 CHECK OPTION；③CHECK OPTION 不应该和 RECURSIVE 视图一起使用。

例 3.105　插入"家居日用"类(分类编码为'3 6 2')商品视图数据,验证 WITH CHECK OPTION 是否有效。

```
INSERT INTO v_goods_household (goodid,goodname,price,catgid)
VALUES('10000000','雨伞',100,'340');
```

运行结果如下。

> 错误: 新行违反了视图" v_goods_ household "的检查选项
> 描述: 失败, 行包含(10000000　　, 雨伞, null, null, null, null, null, 340, $100.00, null, null, null, null, null, null).

说明：①也只允许用户插入（INSERT）那些 catgid = '362'的行；②若不指定 CHECK OPTION，该记录可以通过该视图插入，但查询该视图时，商品编码为'4465564'的行由于不满足视图的搜索条件，从视图中"消失"。

例 3.106　创建带有 LOCAL CHECK OPTION 且价格为 50～100 的"家居日用"类（分类编码为'3 6 2'）商品视图。

```
CREATE VIEW v_local_goods AS
SELECT * FROM v_goods_household
WHERE price::NUMERIC(7,2) > 50 AND price::NUMERIC(7,2) < 100
WITH LOCAL CHECK OPTION;
```

说明：①这将创建一个基于 household_goods_view 视图的视图。通过视图中执行 UPDATE 或 INSERT 操作，如果新行不满足条件 G.price::NUMERIC(7,2) > 50 AND G.price::NUMERIC(7,2) < 100，该视图中的任何 INSERT 或 UPDATE 尝试将被拒绝，但是商品的 catgid 将不会被检查；②如果把 LOCAL 换成 CASCADED，则根据该视图和所有底层基视图上的条件检查新行，默认选项为 CASCADED。

例 3.107　创建基于两个或多个表的视图。

```
CREATE VIEW v_goods_and_categories AS
SELECT G.goodid,G.goodname,G.price,Ca.catgid,Ca.catgname
FROM Goods G FULL OUTER JOIN Categories Ca
USING(catgid)
WHERE G.catgid = '920' AND G.price::NUMERIC(7,2) > 50 AND    G.price::NUMERIC(7,
2) < 100
ORDER BY goodid;
```

说明：创建基于 Goods 表和 Categories 表执行全外连接查询商品的商品编号、商品名称、商品分类编码、商品分类名称，只保留那些分类编码为 '920'且价格为(50,100)的商品的视图。

例 3.108　创建一个简化的商品表及其商品分类表的递归视图。

```
CREATE TABLE Categories1(                              /* 商品分类 */
catgid INTEGER PRIMARY KEY,                             /* 分类编码 */
catgname VARCHAR(128),                                 /* 分类名称 */
parentid INTEGER                                       /* 父类分类名称 */  );
INSERT INTO Categories1 VALUES(2,'电子书刊',1);
INSERT INTO Categories1 VALUES(3,'电子书',2);
INSERT INTO Categories1 VALUES(4,'网络原创',2);
INSERT INTO Categories1 VALUES(5,'数字杂志',2);
INSERT INTO Categories1 VALUES(6,'多媒体图书',2);
INSERT INTO Categories1 VALUES(7,'音像',1);
INSERT INTO Categories1 VALUES(8,'音乐',7);
```

```
INSERT INTO Categories1 VALUES(9,'影视',7);
INSERT INTO Categories1 VALUES(10,'教育音像',7);
CREATE RECURSIVE VIEW v_categories1 (catgid,parentid,catgname) AS
SELECT a.catgid,a.parentid,a.catgname FROM Categories1 a
UNION ALL
SELECT k. catgid, c. parentid, k. catgname FROM Categories1 k INNER JOIN v_
categories1 c ON c.catgid = k.parentid;
SELECT * FROM  v_categories1;
```

运行结果如下。

```
catgid | parentid  |  catgname
------ +----------+------------
    2 |         1 |电子书刊
    3 |         2 |电子书
    4 |         2 |网络原创
    5 |         2 |数字杂志
    6 |         2 |多媒体图书
    7 |         1 |音像
    8 |         7 |音乐
...
(16 row)
```

2. 修改视图

修改视图的 SQL 基本语法如下。

```
ALTER VIEW  v_name
ALTER [ COLUMN ] column_name {SET DEFAULT expression|DROP DEFAULT} |
 OWNER TO { new_owner | CURRENT_USER | SESSION_USER } |
RENAME TO new_name  |
SET SCHEMA new_schema |
SET ( view_option_name [= view_option_value] [, … ] ) |
RESET ( view_option_name [, … ] );
```

说明：该命令可以为视图 v_name 的列 column_name 添加或删除默认值约束、更改视图名称、视图所属模式或视图的拥有者、设置或者重置视图选项。要使用 ALTER VIEW 的用户，必须拥有该视图。要更改视图所属的模式，还必须具有新模式上的 CREATE 特权。要更改拥有者，还必须是新拥有角色的一个直接或者间接成员，并且该角色必须具有该视图的模式上的 CREATE 权限。ALTER VIEW 是一种 KingbaseES 的 SQL 标准扩展。

例 3.109　为 Comments 表创建一个可更新视图 v_comments 并为其提交时间 submtime 列设置一个默认列值，然后用 INSERT 语句验证。

```
CREATE TABLE Comments(                          /*商品评论*/
goodid char(12) REFERENCES Goods(goodid),
custid INTEGER REFERENCES Customers(custid),
stars INTEGER,
remark VARCHAR(512),
```

```
feeling CHAR(4),                                           /*情感倾向(好评/中评/差评)*/
submtime TIMESTAMP WITH TIME ZONE,                         /*提交时间 submitted time*/
PRIMARY KEY (goodid,custid),
CHECK ((feeling = '好评' AND stars >= 4)
    OR (feeling = '中评' AND (stars = 3 OR stars = 2))
    OR (feeling = '差评' AND stars = 1)));
CREATE VIEW v_comments AS SELECT * FROM Comments
WITH CASCADED CHECK OPTION;
ALTER VIEW v_comments ALTER COLUMN submtime SET DEFAULT now();
INSERT INTO Comments(goodid,custid,stars,remark,feeling) VALUES ('12560557',1,
1,'非常好用',NULL); -- submtime will receive a NULL
INSERT INTO Comments(goodid,custid,stars,remark,feeling) VALUES ('12560557',2,
1,'内容丰富',NULL); -- submtime will receive the current time
```

说明：①Comments 若已经建立,就直接使用即可；②通过 Comments 表插入一行,submtime 列上没有默认值属性,其值将为空；③通过 v_comments 插入一行,submtime 列值将设置为 now()当前系统时间,说明视图的默认值只对视图更新起作用,对基表不起作用。

例 3.110 修改视图,重新设置 CHECK OPTION 的选项为 LOCAL。

```
ALTER VIEW V_comments SET (check_option ='local');
```

说明：该命令重新设置视图 V_comments 的 CHECK OPTION 为 local,而不是 cascade,即对视图的检查只限定为本级视图,而不限制该视图的上一级基视图。

例 3.111 修改视图 security_barrier 为 TRUE 或者 FALSE,验证视图安全性。

```
CREATE OR REPLACE FUNCTION Attack(int,text) RETURNS  BOOLEAN AS $$
DECLARE
BEGIN
      RAISE NOTICE '%,%', $1,$2;
      RETURN TRUE;
END;
$$ LANGUAGE PLSQL;
CREATE VIEW v_comments  with(security_barrier)  AS SELECT * FROM Comments WHERE
custname = CURRENT_USER WITH CASCADED CHECK OPTION;
GRANT SELECT  ON  v_comments  TO reviwuser1;
GRANT SELECT ON comments to reviwuser1;
ALTER VIEW v_comments SET (security_barrier =  FALSE);
/*以 reviewer 用户连接数据库,执行如下 SQL*/
SELECT * from v_comments where attack(custid,remark);
/*你将可以看到所有用户的 id 和评论*/
/*退出当前用户 reviewer,回到超级用户连接数据库*/
ALTER VIEW v_comments SET (security_barrier =  TRUE);
/*以 reviewer 用户连接数据库,执行如下 SQL*/
SELECT * from v_comments where attack(custid,remark);
/*将只能看到用户自己的评论*/
```

说明：①预先建立用户 reviewer,创建视图 v_comments,只把该视图的权限授予用户

reviewer；②超级用户或者视图 v_commnets 属主修改视图 v_comments 的 security_barrier 参数值，把该视图的 SELECT 权限授予用户 reviewer；③对于 security_barrier 设置为 FALSE 或 TRUE 的两种情况下，reviewer 分别连接数据库测试查询视图的结果，可以看到输出不同的结果，验证 security_barrier 参数有效；④更改该视图的 security_barrier (boolean)安全屏障属性参数，其作用是可以对视图添加 security_barrier 属性防止恶意选择的函数和操作符通过行被传递，从而提供行级安全。

3. 删除视图

删除视图的 SQL 基本语法如下。

```
DROP VIEW v_name [, …] [ CASCADE | RESTRICT ]
```

该命令删除一个已存在的视图。该视图的拥有者才能执行这个命令。这个命令符合 SQL 标准，不过该标准只允许在每个命令中删除一个视图并且没有 IF EXISTS 选项，该选项是一个 KingbaseES 扩展。

4. 可更新视图

系统允许在可更新视图上以在常规表上相同的方式使用 INSERT、UPDATE 以及 DELETE 语句。如果一个视图满足以下条件，它就是自动可更新的。

（1）该视图 FROM 列表中只有一项，并且它必须是一个表或者另一个可更新视图。

（2）视图定义的顶层不能包含 WITH、DISTINCT、GROUP BY、HAVING、LIMIT 或者 OFFSET 子句。

（3）视图定义的顶层不能包含集合操作（UNION、INTERSECT 或者 EXCEPT）。

（4）视图的选择列表不能包含任何聚集、窗口函数或者集合返回函数。

一个可更新的视图可以混合可更新列以及不可更新列。如果一个列是对底层基本关系中一个可更新列的简单引用，则它是可更新的。否则该列是只读的，并且在一个 INSERT 或者 UPDATE 语句尝试对它赋值时会报出一个错误。如果视图是自动可更新的，系统将把视图上的任何 INSERT、UPDATE 或者 DELETE 语句转换成在底层基本关系上的对应语句。KingBaseES 完全支持带有 ON CONFLICT UPDATE 子句的 INSERT 语句。

如果一个自动可更新视图包含一个 WHERE 条件，该条件会限制基本关系的哪些行可以被对该视图的 UPDATE 以及 DELETE 语句修改。

一个更加复杂的不满足所有这些条件的视图默认是只读的：系统将不允许在该视图上的插入、更新或者删除。可以通过在该视图上创建一个 INSTEAD OF 触发器来获得可更新视图的效果，该触发器必须把对该视图的插入等转换成其他表上合适的动作。还可以通过创建规则来获得可更新视图的效果，不过实际中触发器更容易理解和正确使用。注意在视图上执行插入、更新或删除的用户必须具有该视图上相应的插入、更新或删除权限。此外，视图的拥有者必须拥有底层基本关系上的相关权限，但是执行更新的用户并不需要底层基本关系上的任何权限。

在例 3.103 中创建的"家居日用"类商品视图 v_goods_household 就是一个行列子集视图，是一个可更新视图，对该视图修改指定商品的价格：

```
UPDATE v_goods_household SET price = 99.99 WHERE goodid = '4465564';
```

系统自动转为对基本表 Goods 的操作如下。

```
UPDATE Goods SET price = 99.99 WHERE goodid = '4465564' AND catgid = '362';
```

3.8.3 物化视图

物化视图相当于一张"物理表",这张表可以进行"定期刷新"。物化视图的主要作用是提高一些大的耗时的表连接的查询效率。普通视图是"虚表",而物化视图是"实表"。虽然对物化视图中存储的数据的访问常常要快于直接访问底层表或通过视图访问,但是数据并不总是最新的。

1. 创建物化视图

创建物化视图的 SQL 基本语法如下。

```
CREATE MATERIALIZED VIEW  table_name [ (column_name [, …] ) ]
[ TABLESPACE tablespace_name ]
 AS query
[ WITH [ NO ] DATA ]
```

该命令在表空间 tablespace_name 上创建一个查询 query 的物化视图 table_name,在该命令被发出时,查询 query 会被执行并且其结果被用来填充该视图,如果使用了 WITH NO DATA 选项,则该物化视图将被标记为不可扫描。该命令是一种 KingbaseES 扩展。

例 3.112　将"家居日用"类商品信息查询创建为物化视图。

```
CREATE MATERIALIZED VIEW Sales_Goods_materialized AS
SELECT * FROM sales.Goods WHERE catgid = '362';
```

例 3.113　为物化视图 Sales_Goods_materialized 建立索引。

```
CREATE UNIQUE INDEX idx_Sales_Goods
   ON  Sales_Goods_materialized (goodid,catgid);
```

说明:①像在常规表上建立索引一样,在物化视图上创建索引;②在创建物化视图时可以包含 ORDER BY。

例 3.114　为物化视图聚簇索引 idx_Sales_Goods。

```
CLUSTER Sales_Goods_materialized  USING idx_Sales_Goods;
CLUSTER Sales_Goods_materialized ;
```

说明:①为物化视图 Sales_Goods_materialized 聚簇索引 idx_Sales_Goods;②每次刷新该视图时,必须重新聚簇数据。

2. 修改物化视图

修改物化视图的 SQL 基本语法为:

```
ALTER MATERIALIZED VIEW table_name
   RENAME [ COLUMN ] column_name TO new_column_name  |
   RENAME TO new_name  |
   OWNER TO { new_owner | CURRENT_USER | SESSION_USER } |
   CLUSTER ON index_name  |
      SET SCHEMA new_schema  |
   SET TABLESPACE new_tablespace [ NOWAIT ]
```

该命令可以实现物化视图的表或列重命名、修改表属主到 new_owner,聚簇索引,或者设置新模式 new_schema 或者新表空间 new_tablespace。

例 3.115　重命名物化视图。

```
ALTER MATERIALIZED VIEW Sales_Goods_materialized
    RENAME TO Sales_Goods_materialized1;
```

3. 刷新物化视图

刷新物化视图的 SQL 基本语法为:

```
REFRESH MATERIALIZED VIEW [ CONCURRENTLY ] name   [ WITH [ NO ] DATA ]
```

该命令是在基表数据发生变化后,需要执行命令更新物化视图中的数据。

例 3.116　刷新物化视图。

```
REFRESH MATERIALIZED VIEW Sales_Goods_materialized;
```

说明:①如果指定 CONCURRENTLY,即更新视图时允许对该物化视图的并发操作;②如果指定 NO DATA,已分配给该视图的存储空间将释放,该表不再被扫描。

4. 删除物化视图

删除物化视图的 SQL 基本语法为:

```
DROP MATERIALIZED VIEW   table_name [, …] [ CASCADE | RESTRICT ]
```

该命令删除已存在的物化视图 table_name,CASCADE 指定级联删除依赖于该视图的对象(例如其他视图);RESTRICT(默认值)指定如果有任何对象依赖于该视图,则拒绝删除它。该命令是一个 KingbaseES 扩展。

3.9　序列

序列对象也被称为序列生成器(Sequence Generator)或者序列,用来自动生成一组具有一定规律(增加或者减小)变化的连续不同序列值。序列一般应用于表的主码列,可以被多个用户使用,也可以为多个表生成主码。如果表的主码列使用,当向表插入数据时,主码列就直接使用序列号赋值,保证了主码列没有重复值,也可以获得更可靠的主码值。

3.9.1　创建序列

创建序列的 SQL 基本语法如下。

```
CREATE [ TEMPORARY | TEMP ] SEQUENCE   sq_name AS data_type
[ INCREMENT [ BY] increment ]
[ START [ WITH ] startvalue ]
[ CACHE cache ] [ NOCACHE ]
[ [ NO ] CYCLE ] [ NOCYCLE ]
[ OWNED BY { table_name.column_name | NONE } ]
```

该命令创建一个新临时(如果指定 TEMP)序列发生器 sq_name,其数据类型 data_type可以是 SMALLINT,INT 或者 BIGINT(默认值),决定序列的最大值。该序列以 startvalue为开始值,并以 increment(默认值为 1)为增量产生序列值。指定 CYCLE 选项,序列值可以循环使用,但可能不唯一。

如果指定 TEMP,只会为当前会话创建序列对象,并且在会话退出时自动删除它。当临时序列存在时,已有的同名永久序列(在这个会话中)会变得不可见,不过可以用模式限定的名称来引用同名永久序列。如果指定模式名称,则该序列将被创建在指定的模式中。否则它会被创建在当前模式中。临时序列存在于一个特殊的模式中,因此在创建临时序列时不能指定模式名。

如果指定 CACHE,系统预先分配 cachevalue 个序列号保存在内存中以提高访问效率。当缓存中的最后一个序列号被使用时,数据库将向缓存读入另一组序列号。当数据库实例异常关闭(如发生故障),数据库可能会跳过已缓存但未使用的该组序列号,已使用但未保存的序列号也会丢失。

例 3.117　创建名为 sq_category_catgid 的序列,从 100 开始,每次增长 2。

```
CREATE SEQUENCE sq_category_catgid START 100 INCREMENT BY 2;
```

说明:①默认该序列与任何列无关,可以通过设置列的默认约束把该序列与列关联上,如 DEFAULT NEXTVAL('sq_categoryid');②如果使用 OWNED BY 子句与列(例如Categories 表的 catgid 列)关联上,则删除该列,则该序列对象也会随之删除。

3.9.2　使用序列

在序列被创建后,可以使用函数 nextval、currval 以及 setval 等函数来操作该序列(参见表 3.1)。

表 3.1　常用序列函数

函　　数	返回类型	描　　述
currval('seq_name')	bigint	返回最近一次用 nextval 获取的指定序列值
lastval()	bigint	返回最近一次用 nextval 获取的任何序列值
nextval('seq_name')	bigint	递增序列并返回新值

续表

函　　数	返回类型	描　　述
setval('seq_name', bigint)	bigint	设置序列的当前值
setval('seq_name', bigint, boolean)	bigint	设置序列的当前值以及 is_called 标志

例 3.118　使用序列 sq_category_catgid 填充 Categories 表的 catgid 主码。

```
ALTER TABLE Categories
ALTER COLUMN catgid  SET DEFAULT NEXTVAL('sq_category_catgid');
```

说明：①用 nextval() 函数为 catgid 主码列设置唯一的序列值；②即使多个会话并发执行 nextval()，每个进程也会安全地收到一个唯一的序列值；③如果指定了 NO CYCLE，当序列到达其最大值后任何 nextval() 调用将返回一个错误；④为了避免阻塞从同一个序列获取序号的并发事务，nextval() 操作从来不会被回滚，即一旦一个值被取出就视同被用掉并且不会被再次返回给调用者，即便调用该操作的外层事务后来中止或者调用查询后没有使用取得的值。

例 3.119　使用序列作标识列。

```
CREATE TABLE Categories2(
  catgid INTEGER PRIMARY KEY
  GENERATED BY DEFAULT AS IDENTITY(START WITH 10),
  catgname VARCHAR(128) UNIQUE );
INSERT INTO Categories2(catgname) VALUES('图书、音像、电子书刊');
INSERT INTO Categories2(catgname) VALUES('电子书');
INSERT INTO Categories2(catgname) VALUES('网络原创');
SELECT * FROM Categories2;
```

运行结果如下。

```
catgid  |       catgname
--------+--------------------------
    10  | 图书、音像、电子书刊
    11  | 电子书
    12  | 网络原创
(3 rows)
```

说明：①当表的一列被创建为标识列时，该列将被附加一个隐式的序列，并且新行中的列将自动从该序列中获取值；②GENERATED 后面可选 ALWAYS（系统指定的值优先）或者 BY DEFAULT（用户指定默认值优先）以确定序列值和用户指定默认值的优先顺序。

例 3.120　使用 setval 重置序列对象的计数器值。

```
SELECT setval('sq_category_catgid', 130, true);
SELECT setval('sq_category_catgid', 130, false);
```

说明：①因为序列是非事务的，setval() 造成的改变不会由于事务的回滚而撤销；②当

setval()第三个参数为"true"时,将立即重置序列对象的计数器值为指定值,当第三个参数值为"false"时,下一次使用 nextval()函数时才重置序列对象的计数器值为指定值。

3.9.3 修改序列

修改序列的 SQL 基本语法如下。

```
ALTER SEQUENCE name
RESTART [ [ WITH ] restart_value ] |
OWNER TO { new_owner | CURRENT_USER | SESSION_USER } |
RENAME TO new_name |
SET SCHEMA new_schema;
```

该命令除了与 CREATE SEQUENCE 命令具有一样的语法之外,还可以重新启动序列设置新的启动值 restart_value,修改序列的属主为 new_owner,重命名序列为 new_name 或者设置序列的新模式 new_schema。该命令阻塞并发 nextval、currval、lastval 和 setval 调用。

ALTER SEQUENCE 符合 SQL 标准,但 AS、START WITH、OWNED BY、OWNER TO、RENAME TO 以及 SET SCHEMA 子句是 KingbaseES 的扩展。

例 3.121 使用 setval 重置序列对象的计数器值。

```
ALTER SEQUENCE sq_category_catgid RESTART WITH 10000;
SELECT nextval('sq_category_catgid');
```

运行结果如下。

```
nextval
-----------
  10000
(1 row)
```

3.9.4 删除序列

删除序列的 SQL 基本语法是:

```
DROP SEQUENCE   name [, …] [ CASCADE | RESTRICT ]
```

该命令删除已创建的序列对象,若指定 CASCADE,则自动删除依赖于该序列的对象,然后删除所有依赖于那些对象的对象;若指定 RESTRICT(默认值)或省略时,如果有任何对象依赖于该序列,则拒绝删除它。该命令符合 SQL 标准,不过标准只允许每个命令中删除一个序列。

例 3.122 删除 sq_categories_catgid 序列。

```
DROP SEQUENCE sq_category_catgid RESTRICT;
```

说明:通常应该使用 RESTRICT 限制删除,以免有依赖对象时错误地级联删除依赖对象。

 3.10　同义词

同义词是数据库对象的一个别名,常用于简化对象访问和提高对象访问的安全性。与视图类似,同义词并不占用实际存储空间,只在数据字典中保存了同义词的定义。用户可以通过访问对象的同义词,来间接地访问对象。同义词和引用对象之间没有强依赖关系。即使同义词的引用对象不存在或者引用对象被删除,同义词的状态一直是有效。

3.10.1　创建同义词

创建同义词的 SQL 基本语法为:

```
CREATE [ OR REPLACE ] [ PUBLIC ] SYNONYM syn_name FOR obj_name
```

该命令为数据库对象 obj_name 创建公有(指定 PUBLIC)或私有(syn_name 要指定模式名)同义词 syn_name。该命令是 KingbaseES 的一种语言扩展,兼容 Oracle 同义词语法。

例 3.123　在 PUBLIC 模式下创建公有同义词。

```
CREATE PUBLIC SYNONYM syn_categories FOR Sales.Categories;
CREATE SYNONYM sales.syn_categories FOR Sales.Categories;
```

说明:①创建同义词时,系统并不检查 FOR 子句后面的数据库对象是否存在,只是在使用同义词对象时检查,因此,为不存在的数据库对象创建同义词,该命令也会成功执行。②可以使用如下 SQL 语句查询系统表发现公共模式和 Sales 模式下有同名的同义词 syn_categories。

```
SELECT syn.synname, sp.nspname
FROM SYS_SYNONYM syn, SYS_NAMESPACE sp
WHERE syn.synnamespace = sp.oid;
```

运行结果如下。

```
 synname         | nspname
-----------------+-----------
 syn_categories  | public
 syn_categories  | sales
(2 rows)
```

例 3.124　使用同义词 syn_categories 访问 Sales.Categories 表。

```
SELECT * FROM sales.syn_categories LIMIT 5;
```

运行结果如下。

```
catgid  |     stdcode     |  catgname   |  parentid   | currlevel
--------+-----------------+-------------+-------------+----------------
      2 |                 | 电子书刊     |           1 |           2
      3 |                 | 电子书       |           2 |           3
      4 |                 | 网络原创     |           2 |           3
      5 |                 | 数字杂志     |           2 |           3
      6 |                 | 多媒体图书   |           2 |           3
(5 rows)
```

说明：在使用同义词时，系统将它翻译成对应数据库对象的名字。

3.10.2 修改同义词

删除同义词的 SQL 基本语法如下。

```
ALTER [ PUBLIC ] SYNONYM syn_name
RENAME TO new_name |
OWNER TO { new_owner | CURRENT_USER | SESSION_USER }
```

该命令可以修改同义词 syn_name 为新名称 new_name，或者修改属主为新属主 new_owner。该命令是 KingbaseES 语言的一种扩展。

例 3.125 把同义词 syn_tab 重命名为 syntab。

```
ALTER SYNONYM sales.syn_categories RENAME TO syn_sales_categories;
```

3.10.3 删除同义词

删除同义词的 SQL 基本语法是：

```
DROP [ PUBLIC ] SYNONYM  syn_name [, …]
```

该命令删除一个或者多个已经存在的同义词。

例 3.126 删除 sales 模式下 syn_categories 同义词。

```
DROP SYNONYM sales.syn_categories;
```

3.11 自定义数据类型及自定义操作符

3.11.1 自定义数据类型

自定义数据类型是在系统已有数据类型（如数组、枚举、范围等）的基础上创建新的数据类型，或者创建类似表的组合数据类型（简称表数据类型）。本节主要介绍 KingbaseES 创建的表数据类型。

创建用户自定义的表数据类型的 SQL 基本语法为：

```
CREATE TYPE name AS  ( [ attribute_name data_type  [, … ] ] )
```

该命令创建一种类似表的组合数据类型,该类型由若干个属性 attribute_name 组成,每个属性也需要设置相应的数据类型。

例 3.127　定义店铺商品库存表数据类型。

```
/ * 自定义类型 Type_Totalamt * /
CREATE TYPE Type_Totalamt AS  ( shopid bpchar ( 6 ), goodid bpchar ( 12 ), amount
integer);
```

说明:该命令定义了名为 Type_Totalamt 的表数据类型,该类型包括店铺 id、商品 id 和商品库存数三个属性。

下面给该自定义表数据类型定义操作符。

3.11.2　自定义操作符

自定义操作符是用户根据具体业务处理逻辑对给定的数据类型定义一种新的运算符。自定义操作符的作用主要是为了用户灵活操作自定义数据类型,实现相应的运算。自定义操作符使用 CREATE OPERATOR 实现,是一种 KingbaseES 扩展,在 SQL 标准中没有用户定义操作符的规定。

定义操作符的 SQL 基本语法为:

```
CREATE OPERATOR op_name (
  {FUNCTION|PROCEDURE} = function_name
[, LEFTARG = left_type ]
[, RIGHTARG = right_type ]
[, COMMUTATOR = com_op ]
[, NEGATOR = neg_op ] );
```

该命令创建名为 op_name 的操作符,实现函数 funciton_name(需要预先定义好)定义的功能,其左操作数 LEFTARG 和右操作数 RIGHTARG 至少需要定义一个,对于二元操作符,两者都必须被定义;对于右一元操作符,只应该定义 LEFTARG,而对于左一元操作符,只应该定义 RIGHTARG。com_op 定义了操作符的交换子,neg_op 定义操作符的求反器。如果两个同一模式中的操作符在不同的数据类型上操作,它们可以具有相同的名称。这被称为重载。操作符名称的长度不超过 NAMEDATALEN−1(默认为 63)个字符,针对新数据类型可以使用系统操作符名重新定义其含义。

例 3.128　为 Type_Totalamt 类定义操作符>,判断店铺商品库存满足某个数量。

```
/ * 定义 totalamt 类型和 integer 类型的 "> "函数 * /
CREATE FUNCTION public.isenough(Type_Totalamt, integer)
returns Boolean
 as $$  select $1.amount > $2;
$$ language sql ;
/ * 自定义> 操作符 * /
CREATE OPERATOR > (
```

```
procedure = isenough,
leftarg = Type_Totalamt,
rightarg= integer );
```

说明：定义自定义类型 Type_Totalamt，定义函数 isenough 作为自定操作符＞的功能实现，定义左操作数为 Type_Totalamt，右操作数为整型，判断 Type_Totalamt 的总数量是否大于输入的整数(如销售数量)，大于则返回 TRUE，否则返回 FALSE。

例 3.129 测试为 Type_Totalamt 类定义的操作符＞是否有效。

```
DECLARE
    t1 Type_Totalamt;
    rs bool;
BEGIN
    t1.shopid='781872';
    t1.goodid='68327953786';
    t1.amount=999;
    SELECT t1 > 900 into rs;
    RAISE NOTICE 't1 = (781872,68327953786,999),结果为==>%',rs;
End;
```

运行结果如下。

```
t1 = (781872,68327953786,999),结果为==>t
```

说明：①运行结果显示为 Type_Totalamt 用户自定义类型定义的操作符＞有效；②上述代码如果在 KSQL 中运行不成功，则可以在 KStudio 中运行。

3.11.3　修改操作符

修改操作符的 SQL 基本语法如下。

```
ALTER OPERATOR name ( { left_type | NONE } , { right_type | NONE } )
    OWNER TO { new_owner | CURRENT_USER | SESSION_USER } |
    SET SCHEMA new_schema;
```

该命令可以修改操作符的属主为新属主 new_owner，或者设置操作符的新模式 new_schema。SQL 标准中没有 ALTER OPERATOR 语句。

例 3.130 更改 Type_Totalamt 类用户自定义操作符＞的属主为当前用户。

```
ALTER OPERATOR >( Type_Totalamt,Integer) OWNER TO CURRENT_USER;
```

说明：该命令显示自定义操作符实质上相当于定义了一个自定义函数＞(Type_Totalamt,Integer)一样，操作符就相当于自定义函数名，左操作数和右操作数相当于函数的两个参数。

3.11.4　删除操作符

删除操作符的 SQL 基本语法如下。

```
DROP OPERATOR  op_name ( { left_type | NONE }, { right_type | NONE } )
[ CASCADE | RESTRICT ]
```

该命令删除已经定义好的操作符 op_name，如有依赖对象，可以级联删除 CASCADE 或者限制删除 RESTRICT。SQL 标准中没有 DROP OPERATOR 语句。

例 3.131　删除 Type_Totalamt 类的操作符＞。

```
DROP OPERATOR > ( Type_Totalamt,Integer) RESTRICT;
```

说明：对于一元操作符，缺少的操作数用 NONE 代替。

3.12　系统表

3.12.1　系统目录和系统表概述

系统目录（System Catalog），又称系统模式（System Schema），是由描述数据库管理系统的数据库、表、视图、索引、函数、触发器、数据类型等各种数据库对象的定义结构信息的系统表组成，这些信息也称为数据库元信息（Metadata），即关于数据的数据，有时也称为数据库字典（Database Dictionary）。创建一个数据库（如 Seamart）时，KingbaseES 会自动在该数据库中创建两个系统模式：sys 和 sysaduit，前者存储绝大多数系统表、视图等数据库对象，后者只存储与系统审计相关的系统表、视图等数据库对象。

KingbaseES 有 67 个以"sys_"开头的系统表，KingbaseES 常用系统表如表 3.2 所示。

表 3.2　KingbasES 常用系统表

按数据库对象分类	系 统 表 名	用　　　途
数据库	sys_database	系统中所有数据库的信息
	sys_db_role_setting	数据库角色的配置参数设置信息
模式	sys_namespace	所有的命名空间，即模式信息
表空间	sys_tablespace	表空间信息
表	sys_attrdef	表属性默认值信息
	sys_attribute	表属性信息
	sys_collation	系统排序规则信息
	sys_inherits	记录有关表继承层次的信息
	sys_partitioned_table	分区表的信息
	sys_policy	表的行级安全性策略
	sys_rewrite	表和视图的重写规则
约束	sys_constraint	表的约束信息
	sys_constraint_status	表的约束状态信息

续表

按数据库对象分类	系 统 表 名	用　途
索引	sys_am	表的访问方法信息
	sys_index	表的索引信息
序列	sys_sequence	序列信息
同义词	sys_synonym	同义词信息
类型	sys_enum	枚举类型信息
	sys_default_acl	要被分配给新创建对象的初始权限
	sys_range	范围类型信息
	sys_transform	类型转换信息
	sys_cast	存储数据类型转换路径
	sys_type	自定义类型信息
操作符与操作符族	sys_amop	与访问方法操作符族相关的操作符信息
	sys_amproc	访问方法操作符族相关的支持函数
	sys_opclass	定义索引访问方法的操作符类
	sys_operator	存储操作符有关信息
	sys_opfamily	定义了操作符族,包括操作符和相关支持例程
触发器	sys_event_trigger	事件触发器
	sys_trigger	触发器
函数和过程	sys_language	编写函数的语言
	sys_proc	函数和存储过程
	sys_aggregate	聚集函数
外部数据	sys_foreign_table	外部表的辅助信息
	sys_foreign_data_wrapper	存储外部数据包装器定义
	sys_foreign_server	存储外部服务器定义
	sys_user_mapping	将用户映射到外部服务
大对象	sys_largeobject	保存构成"大对象"的数据
	sys_largeobject_metadata	保持着与大对象有关的元数据
数据库对象	sys_class	记录表和像表的对象,包括表、索引、视图、序列等
	sys_depend	记录数据库对象之间的依赖关系
	sys_description	存储对每一个数据库对象可选的描述(注释)
	sys_extension	存储有关已安装扩展插件的信息

3.12.2 数据库对象的系统表

系统表 sys_database 存储关于可用数据库的信息,其表结构见表 3.3。sys_database 是在集簇的所有数据库之间共享的:在一个集簇中只有一份 sys_database 副本,而不是每个数据库一份。

表 3.3　sys_database 系统表结构

名称	类型	引　　用	描　　述
oid	oid		行标识符
datname	name		数据库名字
datdba	oid	sys_authid.oid	数据库的拥有者,通常是创建它的用户
encoding	int4		此数据库字符编码的编号(sys_encoding_to_char()可将此编号转换成编码的名字)
datcollate	name		此数据库的 LC_COLLATE
datctype	name		此数据库的 LC_CTYPE
datistemplate	bool		为真,则此数据库可被任何具有 CREATEDB 权限的用户克隆;为假,则只有超级用户或者其属主能够克隆它
dattablespace	oid	sys_tablespace.oid	此数据库的默认表空间

例 3.132 检索 Seamart 数据库对象的元信息。

```
SELECT oid,datname,datdba,encoding,datcollate,datctype
FROM sys_database
WHERE datname = 'seamart';
```

查询结果为:

```
  oid   | datname | datdba | encoding | datcollate | datctype
--------+---------+--------+----------+------------+-----------
 223027 | seamart |     10 |        6 |     C      |     C
(1 row)
```

3.12.3 用户和模式相关的系统表

sys_authid 包含关于数据库授权标识符(角色)的信息。角色把"用户"和"组"的概念包含在内。一个用户实际上就是一个设置了 rolcanlogin 标志的角色。任何角色(不管 rolcanlogin 设置与否)都能够把其他角色作为成员。数据库角色包含关于用户和权限管理的详细信息。

由于用户标识符是集簇范围的,sys_authid 在一个集簇的所有数据库之间共享:在一个集簇中只有一份 sys_authid 副本,而不是每个数据库一份。表结构见表 3.4。

表 3.4   sys_authid 系统表结构

名　　称	类　　型	描　　述
oid	oid	行标识符
rolname	name	角色名
rolsuper	bool	角色是否拥有超级用户权限
rolcreaterole	bool	角色是否能创建更多角色
rolcreatedb	bool	角色是否能创建数据库
rolcanlogin	bool	角色是否能登录。即该角色是否能够作为初始会话授权标识符
rolconnlimit	int4	可以登录的角色的最大连接数。－1 表示无限制
rolpassword	text	口令(可能被加密过),如果没有口令则为空
rolvaliduntil	timestamptz	口令过期时间(只用于口令鉴定),如果永不过期则为空

命名空间(namespace)是 SQL 模式之下的结构,系统表 sys_namespace 存储了每个命名空间相关的信息,其表结构见表 3.5。

表 3.5   sys_namespace 系统表结构

名称	类型	引　　用	描　　述
oid	oid		行标识符
nspname	name		命名空间的名字
nspowner	oid	sys_authid.oid	命名空间的拥有者
nspacl	aclitem[]		访问权限

例 3.133   检索 Sales 模式所属的用户名称。

```
SELECT sys_namespace.oid, nspname, rolname
FROM sys_namespace
INNER JOIN sys_authid ON sys_namespace.nspowner = sys_authid.oid
WHERE nspname = 'sales';
```

查询结果如下。

```
   oid  | nspname | rolname
--------+-------- +---------
 223028 | sales   | system
(1 row)
```

例 3.134   检索 Joe 用户下拥有的模式。

```
SELECT oid, nspname, nspowner
FROM sys_namespace
WHERE nspowner = 'Joe' ::regrole;
```

查询结果如下。

```
   oid    | nspname | nspowner
----------+---------+-------------
  256181  |   joe   |    16385
(1 row)
```

3.12.4　表相关的系统表

1. sys_type

sys_type 存储有关数据类型的信息,其结构见表 3.6。基类和枚举类型(标度类型)使用 CREATE TYPE 创建,而域使用 CREATE DOMAIN 创建。数据库中的每一个表都会有一个自动创建的组合类型,用于表示表的行结构。也可以使用 CREATE TYPE AS 创建组合类型。

表 3.6　sys_type 系统表结构

名称	类型	引用	描述
oid	oid		行标识符
typname	name		数据类型的名字
typnamespace	oid	sys_namespace.oid	包含该类型的名字空间的 OID
typowner	oid	sys_authid.oid	类型的拥有者
typtype	char		b 为基类,c 为组合类型,d 为域,e 为枚举类型,p 为类型,或 r 为范围类型

2. sys_class

系统表 sys_class 记录表、索引(参见 sys_index)、序列(参见 sys_sequence)、视图、物化视图、组合类型和 TOAST 表的相关信息,如表 3.7 所示。

表 3.7　sys_class 系统表结构

名称	类型	引用	描述
oid	oid		行标识符
relname	name		表、索引、视图等的名字
relnamespace	oid	sys_namespace.oid	包含该关系的名字空间的 OID
reltype	oid	sys_type.oid	可能存在的表行类型所对应数据类型的 OID(若 relname 为索引,则 reltype 为 0,因为索引没有 sys_type 项)
reloftype	oid	sys_type.oid	对于有类型的表,为底层组合类型的 OID,对于其他所有关系为 0
relowner	oid	sys_authid.oid	关系的拥有者
relkind	char		r=普通表,i=索引,S=序列,t=TOAST 表,v=视图,m=物化视图,c=组合类型,f=外部表,p=分区表,I=分区索引

例 3.135 从 sys_class 检索 sales 模式下 Customers 表是否是 type 化的表。

```
SELECT oid, relname, relnamespace, reltype, reloftype, relowner
FROM sys_class
WHERE   relname = 'customers' AND relnamespace = 'sales'::regnamespace;
```

查询结果如下。

```
   oid    | relname  | relnamespace | reltype | reloftype | relowner
--------- +--------- +--------------+-------- +---------- +-------------
   223042 | customers|    223028    | 223044  |     0     |    10
(1 row)
```

3. sys_attribute 和 sys_attrdef

系统表 sys_attribute 存储有关表列的信息。数据库中每一个表的每一个列都对应 sys_attribute 中的一行。所有具有 sys_class 项的对象在 sys_attribute 中都有属性项。sys_attribute 的部分列如表 3.8 所示。sys_attrdef 存储列的默认值有关的信息。只有那些显式设置默认值的列才会在 sys_attrdef 中有一个项。

表 3.8   sys_attribute 系统表结构

名称	类型	引　用	描　　述
attrelid	oid	sys_class.oid	列所属的表
attname	name		列名
atttypid	oid	sys_type.oid	列的数据类型
attlen	int2		本列类型的 sys_type.typlen 的一个拷贝
attnum	int2		列的编号。一般列从 1 开始向上编号
attndims	int4		如果该列是一个数组类型,这就是其维度数;否则为 0
attnotnull	bool		该列是否有非空约束
atthasmissing	bool		该列值在行中是否缺失。属性列有 DEFAULT 约束时,会用到该列。默认值被存放在 attmissingval 列
attidentity	char		如果是零个字节("),则不是一个标识列。否则,a=总是生成,d=默认生成
attgenerated	char		如果是零字节("),则不生成列。否则,s=已存储
attisdropped	bool		是否已被删除且不再有效。删除的列仍然物理存在于表中,但是会被分析器忽略并因此无法通过 SQL 访问
attinhcount	int4		该列的直接祖先的编号。具有非零编号祖先的列不能被删除或者重命名
attcollation	oid	sys_collation.oid	该列的排序规则,如果不是可排序数据类型则为 0
attacl	aclitem[]		列级访问权限
attmissingval	anyarray		如果在行创建之后增加一个有 DEFAULT 值的列,就会用到这个列。只有当 atthasmissing 为真时才使用这个值。如果没有值则该列为空

例 3.136　从 sys_attribute 和 sys_attrdef 中检索 sales 模式下 Customers 表中具有显式默认值的列的数据类型和默认值。

```
SELECT att.attname AS columnname, typ.typname,
    sys_get_expr(adbin,adrelid) as DEFAULT_VALUE
FROM sys_attribute att, sys_attrdef ad, sys_type typ
WHERE att.attrelid = ad.adrelid AND  att.atttypid = typ.oid AND
    att.attnum = ad.adnum AND adrelid = 'goods'::regclass;
```

查询结果如下。

```
 columnname | typname  |  default_value
---------- +-------- +-------------------
 price      | money    | 9.99
 dop        | timestamp | CURRENT_TIMESTAMP
(2 rows)
```

3.12.5　索引相关的系统表

系统表 sys_opclass 定义索引访问方法的操作符类。每一个操作符类定义了一种特定数据类型和一种特定索引访问方法的索引列的语义。一个操作符类实际上指定了一个特定的操作符族可以用于一个特定可索引列数据类型。该族中可用于索引列的操作符能够接受该列的数据类型作为它们的左输入。sys_opclass 部分列如表 3.9 所示。

表 3.9　系统表 sys_opclass

名称	类型	引　　用	描　　述
oid	oid		行标识符
opcmethod	oid	sys_am.oid	操作符类所属的索引访问方法
opcname	name		操作符类的名称
opcnamespace	oid	sys_namespace.oid	操作符类所属的名字空间
opcowner	oid	sys_authid.oid	操作符类的拥有者
opcfamily	oid	sys_opfamily.oid	包含此操作符类的操作符族
opcintype	oid	sys_type.oid	操作符类索引的数据类型
opcdefault	bool		如此操作符类为 opcintype 的默认值,则为真
opckeytype	oid	sys_type.oid	存储在索引中数据的类型,如果值为 0 表示与 opcintype 相同

例 3.137　查看各种索引匹配的操作符信息。

```
SELECT am.amname AS index_method,opc.opcname AS  opclass_name,
opc.opcintype::regtype AS indexed_type,opc.opcdefault AS is_default
FROM sys_am am INNER JOIN sys_opclass opc ON opc.opcmethod = am.oid;
```

查询结果如下。

```
index_method |     opclass_name     |    indexed_type    | is_default
---------- +-------------------+--------------------+-------
 btree       | array_ops            | anyarray           | t
 hash        | array_ops            | anyarray           | t
 btree       | bit_ops              | bit                | t
 btree       | bool_ops             | boolean            | t
 btree       | bpchar_ops           | character          | t
-- More --
```

3.12.6 序列相关的系统表

系统表 sys_sequence(如表 3.10 所示)包含有关序列的信息。有些序列的信息(例如名称和方案)放在 sys_class 中。

表 3.10 系统表 sys_sequence

名　　称	类型	引　　用	描　　述
seqrelid	oid	sys_class.oid	这个序列的 sys_class 项的 OID
seqtypid	oid	sys_type.oid	序列的数据类型
seqstart	int8		序列的起始值
seqincrement	int8		序列的增量值
seqmax	int8		序列的最大值
seqmin	int8		序列的最小值
seqcache	int8		序列的缓冲尺寸
seqcycle	bool		序列是否循环

例 3.138 检索 Categories_catgid_seq 序列相关的信息。

```
SELECT seqrelid, seqtypid, seqstart, eqincrement
FROM SYS_SEQUENCE seq
WHERE seq.seqrelid = 'Categories_catgid_seq'::regclass;
```

查询结果如下。

```
 seqrelid | seqtypid |seqstart | eqincrement
-------+------- +-------+---------------
  256146  |   20   |   1   |     1
(1 row)
```

3.12.7 视图相关的系统表

系统表 sys_rewrite(如表 3.11 所示)存储了有关同义词的信息。

表 3.11 系统表 sys_rewrite

名称	类型	引 用	描 述
oid	oid		行标识符
rulename	name		规则名称
ev_class	oid	sys_class.oid	使用该规则的表
ev_type	char		1＝'SELECT',2＝'UPDATE',3＝'INSERT',4＝'DELETE'
ev_enabled	char		O 规则在 origin 和 local 模式触发,D 规则被禁用,R 规则在 replica 模式触发,A 规则总是被触发
is_instead	bool		为真表示是一个 INSTEAD 规则
ev_qual	sys_node_tree		规则条件的表达式树(按照 nodeToString() 的表现形式)
ev_action	sys_node_tree		规则条件的查询树(按照 nodeToString() 的表现形式)

说明:如果一个表在这个目录中有任何规则,sys_class.relhasrules 必须为真。

例 3.139 检索 V_comments 视图的重写规则。

```
SELECT oid,rulename,ev_class,ev_type,ev_enabled, is_instead FROM sys_rewrite
WHERE ev_class = 75268;                /* V_comments 的 sys_class.oid 为 75268 */
```

查询结果如下。

```
 oid  |  rulename | ev_class | ev_type | ev_enabled | is_instead
------+-----------+----------+---------+------------+------------
 75271|  _RETURN  |  75268   |    1    |     O      |     t
(1 row)
```

3.12.8 约束相关的系统表

1. sys_constraint

系统表 sys_constraint(如表 3.12 所示)存储表上的检查、主码、唯一、外码和排他约束(列约束不会被特殊对待,每一个列约束都等同于某种表约束),以及用户定义的约束触发器(使用 CREATE CONSTRAINT TRIGGER 创建)、域上的检查约束等。

表 3.12 系统表 sys_constraint

名称	类型	引 用	描 述
oid	oid		行标识符
conname	name		约束名字(不需要唯一)
connamespace	oid	sys_namespace.oid	包含此约束的名字空间的 OID
contype	char		c＝检查约束,f＝外码约束,p＝主码约束,u＝唯一约束,t＝约束触发器,x＝排他约束
condeferrable	bool		是否能被延迟

名称	类型	引用	描述
condeferred	bool		是否默认被延迟
convalidated	bool		是否被验证过？当前对于外码和检查约束只能是假
conrelid o	oid	sys_class.oid	该约束所在的表,如果不是表约束则为0
contypid	oid	sys_type.oid	该约束所在的域,如果不是域约束则为0
conindid	oid	sys_class.oid	如是唯一、主码、外码或排他约束,此列表示支持此约束的索引,否则为0
conparentid	oid	sys_constraint.oid	如是分区中的约束,则是父分区表中对应的约束;否则为0
confrelid	oid	sys_class.oid	如是外码约束,此列为被引用的表,否则为0
confupdtype	char		外码更新动作代码:a=无动作,r=限制,c=级联,n=置空,d=置为默认值
confdeltype	char		外码删除动作代码:a=无动作,r=限制,c=级联,n=置空,d=置为默认值
confmatchtype	char		外码匹配类型:f=完全,p=部分,s=简单
conislocal	bool		此约束是定义在关系本地。注意一个约束可以同时是本地定义和继承
coninhcount	int4		此约束的直接继承祖先数目。一个此列非零的约束不能被删除或重命名
connoinherit	bool		为真表示此约束被定义在关系本地。它是一个不可继承约束
conkey	int2[]	sys_attribute.attnum	如为表约束(包括外码但不包括约束触发器),此列是被约束列的列表
confkey	int2[]	sys_attribute.attnum	如为表约束(包括外码但不包括约束触发器),此列是被约束列的列表
conpfeqop	oid[]	sys_operator.oid	如为外码,此列是用于PK=FK比较的等值操作符的列表
conppeqop	oid[]	sys_operator.oid	如为外码,此列是用于PK=FK比较的等值操作符的列表
conffeqop	oid[]	sys_operator.oid	如果是一个外码,此列是用于PK=FK比较的等值操作符的列表
conexclop	oid[]	sys_operator.oid	如为排他约束,此列是每列排他操作符的列表
conbin	sys_nodetree		如为检查约束,此列是表达式的内部表示
consrc	text		如为检查约束,此列是表达式的可读表示

在一个排他约束的情况下,conkey只对约束元素是单一列引用时有用。对于其他情况,conkey为0且必须查阅相关索引来发现被约束的表达式(conkey因此和sys_index.indkey具有相同的内容)。当被引用对象改变时,consrc不能被更新。例如,它不跟踪列的重命名。最好使用sys_get_constraintdef()来获取一个CHECK约束的定义,而不是依赖这

个域。sys_class.relchecks 需要和每个关系在此目录中的 CHECK 约束数量保持一致。

2. sys_constraint_status

系统表 sys_constraint_status（如表 3.13 所示）存储表上的检查、主码、唯一、外码和排他约束的状态信息。该表中每一项都对应目录 sys_constraint 中的一项，这个表的列 conoid 与 sys_constraint 的列 oid 一一对应。

表 3.13　系统表 sys_constraint_status

名称	类型	引　　用	描　　述
conoid	oid	sys_constraint.oid	约束
constatus	bool		约束启用禁用状态
conrefconoid	oid	sys_constraint.oid	如果此约束是一个外码约束，此列为引用的主码或者唯一约束，否则为 0

例 3.140　检索 Goods 表中的约束信息。

```
SELECT cons.oid,cons.conname,cons.contype,conus.constatus
FROM sys_constraint cons, sys_constraint_status conus
WHERE cons.conrelid = 'goods'::regclass AND cons.oid = conus.conoid;
```

查询结果如下。

```
  oid  |    conname       | contype | constatus
-------+------------------+---------+-----------
 16848 | goods_catgid_fkey|    f    |     t
 16812 | goods_pkey       |    p    |     t
(2 rows)
```

3.12.9　同义词相关的系统表

系统表 sys_synonym（如表 3.14 所示）存储了有关同义词的信息。

表 3.14　系统表 sys_synonym

名称	类型	引　　用	描　　述
oid	oid		行标识符
synname	name		同义词名称
synnamespace	oid	sys_namespace.oid	同义词所在模式 oid
synowner	oid	sys_authid.oid	同义词拥有者的 oid
refobjnspname	name		同义词引用对象所在模式的名称
refobjname	name		同义词引用对象的名称
synlink	text		同义词引用对象所在的远程服务器地址

例 3.141　查询系统表发现公共模式和 myschema 模式下有同名的同义词 syn_tab。

```
SELECT syn.synname, sp.nspname
FROM SYS_SYNONYM syn, SYS_NAMESPACE sp
WHERE syn.synnamespace = sp.oid;
```

查询结果如下。

```
synname  | nspname
-------- +----------
 syn_tab | public
 syn_tab | myschema
(2 row)
```

 # 3.13 系统视图

3.13.1 系统视图概述

KingbaseES 信息模式(Information Schema)提供了一组符合 SQL 标准的视图,它们和 KingbaseES 系统视图在功能上有所重叠。如果信息模式能提供所需要的信息,通常最好使用它。

KingbaseES 有 30 个以"sys_"开头的系统视图,以"all_""dba_""user_"等开头的 77 个兼容 Oracle 的系统视图。部分系统视图为系统目录上常用查询提供便利的访问,还有部分视图提供对内部服务器状态的访问。表 3.15 列出了 KingbaseES 部分常用系统视图。

表 3.15 常用系统视图

按数据库对象分类	系统视图名	用途
表	sys_tables	表
视图	sys_views	视图
物化视图	sys_matviews	物化视图
索引	sys_indexes	索引
序列	sys_sequences	序列
用户和角色	sys_group	数据库用户组
	sys_roles	数据库角色
	sys_user	数据库用户
	sys_user_mappings	用户映射
其他	sys_available_extensions	可用的扩展
	sys_available_extension_versions	所有版本的扩展
	sys_config	编译时配置参数
	sys_file_settings	配置文件设置

续表

按数据库对象分类	系统视图名	用　　途
其他	sys_hba_file_rules	客户端认证配置文件内容的摘要
	sys_locks	当前保持或者等待的锁
	sys_settings	参数设置
	sys_timezone_abbrevs	时区简写
	sys_timezone_names	时区名字

3.13.2　用户相关的系统视图

系统视图 sys_user(如表 3.16 所示)提供关于数据库用户的信息。

表 3.16　sys_user 系统视图

名　　称	类　　型	描　　述
usename	name	用户名
usesysid	oid	用户的 ID
usecreatedb	bool	用户是否能创建数据库
usesuper	bool	用户是否为超级用户
userepl	bool	用户能否开启流复制以及将系统转入/转出备份模式
usebypassrls	bool	用户能否绕过所有的行级安全性策略
passwd	text	不是口令(总是显示为 ********)
valuntil	timestamptz	口令过期时间(只用于口令认证)
useconfig	text[]	运行时配置变量的会话默认值

例 3.142　检索 Joe 用户的信息。

```
SELECT usename,usesysid,usecreatedb,usesuper FROM SYS_USER
WHERE usename = 'zhang';
```

查询结果如下。

```
usename | usesysid | usecreatedb | usesuper
------ +------- +-----------+----------
 zhang  | 32854   |      f      |      f
(1 row)
```

3.13.3　表相关的系统视图

视图 sys_tables(如表 3.17 所示)提供了对数据库中每个表的有用信息的访问。

表 3.17　系统视图 sys_tables

名称	类型	引　　用	描　　述
schemaname	name	sys_namespace.nspname	包含表的模式名
tablename	name	sys_class.relname	表名
tableowner	name	sys_authid.rolname	表拥有者的名字
tablespace	name	sys_tablespace.spcname	包含表的表空间的名字
hasindexes	boolean	sys_class.relhasindex	如果表有(或最近有过)任何索引,此列为真
hasrules	boolean	sys_class.relhasrules	如果表有(或曾经有过)规则,此列为真
hastriggers	boolean	sys_class.relhastriggers	如果表有(或者曾经有过)触发器,此列为真
rowsecurity	boolean	sys_class.relrowsecurity	如果表上启用了行安全性则为真

例 3.143　检索 Sales 模式下 Customers 表的相关信息。

```
SELECT schemaname,tablename,tableowner,tablespace FROM sys_tables
WHERE schemaname = 'sales';
```

查询结果如下。

```
schemaname |  tablename  | tableowner | tablespace
-----------+-------------+------------+-------------
 sales     | lineitems   |   system   |
 sales     | adminaddrs  |  system    |
 sales     | orders      |  system    |
 sales     | supply      |  system    |
 sales     | categories  |  system    |
 sales     | shopstores  |  system    |
 sales     | comments    |  system    |
 sales     | goods       |  system    |
 sales     | customers   |  system    |
(9 rows)
```

3.13.4　视图相关的系统视图

系统视图 sys_views(如表 3.18 所示)提供了数据库中每个视图的信息。

表 3.18　系统视图 sys_views

名称	类型	引　　用	描　　述
schemaname	name	sys_namespace.nspname	包含视图的模式名
viewname	name	sys_class.relname	视图名称
viewowner	name	sys_authid.rolname	视图拥有者的名字
definition	text		视图定义(一个重构的 SELECT 查询)

例 3.144　检索 Sales 模式下的视图。

```
SELECT schemaname,viewname,viewowner FROM sys_views
WHERE sys_views.schemaname = 'sales';
```

查询结果如下。

```
 schemaname |  viewname   | viewowner
--------- +--------- +-----------
 sales      | shoppingstat| system
 sales      | v_shop      | system
 sales      | v_shop2     | system
(3 rows)
```

3.13.5　索引相关的系统视图

系统视图 sys_indexes(如表 3.19 所示)提供对于数据库中每一个索引信息的访问。

表 3.19　系统视图 sys_indexes

名称	类型	引　用	描　述
schemaname	name	sys_namespace.nspname	包含表和索引的模式名
tablename	name	sys_class.relname	此索引的基表的名字
indexname	name	sys_class.relname	索引名
tablespace	name	sys_tablespace.spcname	包含索引的表空间名,如是默认值则为空
indexdef	text		索引定义(CREATEINDEX 命令的重构)

例 3.145　查看 Lineitems 表中的索引信息。

```
SELECT schemaname , tablename, indexname
FROM sys_indexes
WHERE schemaname = 'sales' AND tablename = 'lineitems';
```

查询结果如下。

```
 schemaname | tablename |   indexname
--------- +-------- +------------------------
 sales      | lineitems | lineitems_pkey
(1 row)
```

3.13.6　序列相关的系统视图

视图 sys_sequences(如表 3.20 所示)提供对于数据库中每一个索引信息的访问。

115

表 3.20   系统视图 sys_sequences

名称	类型	引用	描述
schemaname	name	sys_namespace.nspname	包含序列的方案名
sequencename	name	sys_class.relname	序列的名称
sequenceowner	name	sys_authid.rolname	序列的拥有者的名称
data_type	regtype	sys_type.oid	序列的数据类型
start_value	bigint		序列的起始值
min_value	bigint		序列的最小值
max_value	bigint		序列的最大值
increment_by	bigint		序列的增量值
cycle	boolean		序列是否循环
cache_size	bigint		序列的缓冲尺寸

例 3.146   查看例 3.118 中 sq_category_catgid 序列有关信息。

```
SELECT schemaname, sequencename,  sequenceowner  FROM SYS_SEQUENCES
WHERE sequencename = 'sq_category_catgid';
```

查询结果如下。

```
schemaname |      sequencename     | sequenceowner
---------+------------------+----------------------
Sales    | sq_category_catgid  | system
(1 row)
```

第 4 章

KingbaseES 的查询语句

从数据库中检索数据的过程或命令叫作查询。在关系数据库中,查询是通过使用 SELECT 命令来完成的。SELECT 命令的完整语法如下:

```
[ WITH [ RECURSIVE ] with_query [, …] ]
SELECT [ ALL | DISTINCT | UNIQUE [ ON ( expression [, …] ) ] ]
[ select_list ]
[ FROM FROM_item [, …] ]
[ WHERE condition ]
[ GROUP BY grouping_element [, …] ]
[ HAVING condition [, …] ]
[ WINDOW window_name AS ( window_definition ) [, …] ]
[ { UNION | INTERSECT | EXCEPT | MINUS } [ ALL | DISTINCT ] SELECT ]
[ ORDER BY expression [ ASC | DESC | USING operator ] [ NULLS { FIRST | LAST } ] [, …] ]
[ LIMIT { count | ALL } ]
[ OFFSET start [ ROW | ROWS ] ]
[ FETCH { FIRST | NEXT } [ count ] { ROW | ROWS } ONLY ]
[ FOR { UPDATE | NO KEY UPDATE | SHARE | KEY SHARE } [ OF table_name [, …] ]
[ NOWAIT | SKIP LOCKED | WAIT seconds] […] ]
```

但是,在某一次查询中并不一定会用到 SELECT 语句的以上所有子句,每一条子句都有独特的作用,用户需要根据自己的查询需求灵活选用。下面将介绍如何使用 SELECT 命令来满足查询需求。

4.1 单表查询

当只需要对单个表进行查询时,使用的子语句相对较少,查询命令相对简单,称为基础查询,也叫作单表查询。

4.1.1 简单查询

简单查询通常仅包含 SELECT 子句和 FROM 子句。SELECT 子句的 select_list(选择列表)确定输出行的列表达式。FROM 子句确定查询的输入,即从哪个表中获取数据。

select_list(选择列表)一般为:[* | expression [[AS] output_name] [, …]]。

1. 选择列表可以为星号(＊),表示返回表的所有列,即所有属性

还可以写为 table_name.＊。这时无法用 AS 指定新的列名称,输出行的列名称将和表列的名称相同。

例 4.1 查询 Seamart 数据库中所有的店铺信息。

```
SELECT  *  FROM  sales.shopstores;
```

假设 shopstores 表中只有 shopid、shopname、custgrading、delygrading、servgrading 和 comprgrading 六个属性。查询结果为:

```
  shopid |     shopname      | custgrading | delygrading | servgrading | comprgrading
 --------+-------------------+-------------+-------------+-------------+-------------
  104142 | 电子工业出版社     |     9.68    |     9.66    |     9.47    |   9.76
  781872 | 壹品宠物生活专营店  |     9.86    |    10.00    |     9.22    |   9.88
  102108 | 普安特旗舰店       |     9.45    |     9.97    |     9.15    |   9.89
  101195 | 蓝月亮京东自营旗舰店|     9.98    |     9.88    |     9.69    |   9.97
  219442 | 小迷糊京东自营旗舰店|     9.88    |     9.96    |     9.79    |   9.87
 -- More --
```

说明:由于 Seamart 数据库中的数据较多,受篇幅限制,这里只列出查询结果集中的部分行。本章的大部分例子都采用这种处理方式。

2. 选择列表可以为目标表达式

很多情况下,用户只想查看表中部分属性的值,这时目标表达式可以是表中的一个或多个列名称,多个列名称要用逗号进行分隔。

例 4.2 查询 Seamart 数据库中所有店铺的店铺名称以及相应评分信息。

```
SELECT shopname, custgrading, delygrading, servgrading, comprgrading
FROM sales.shopstores;
```

查询结果为:

```
     shopname      | custgrading | delygrading | servgrading | comprgrading
 ------------------+-------------+-------------+-------------+-------------
  电子工业出版社     |     9.68    |     9.66    |     9.47    |   9.76
  壹品宠物生活专营店  |     9.86    |    10.00    |     9.22    |   9.88
  普安特旗舰店       |     9.45    |     9.97    |     9.15    |   9.89
  蓝月亮京东自营旗舰店|     9.98    |     9.88    |     9.69    |   9.97
  小迷糊京东自营旗舰店|     9.88    |     9.96    |     9.79    |   9.87
 -- More --
```

目标表达式也可以是一种算术表达式,即列的函数表达式、列与列的算术表达式或者列与数字的算术表达式。

此外,可以在目标表达式后为其指定别名(即 output_name)来改变查询结果中对应的列标题。AS 可以省略,但只能在别名不是任何 KingbaseES 关键字时省略。为了避免和未来增加的关键字冲突,推荐总是写上 AS 或者用双引号引用别名。

例 4.3　查询 Seamart 数据库中所有顾客的姓名及年龄信息。

分析：顾客信息存储在 customers 表中，但表中只存储了出生日期 dob，并没有年龄，可使用 age()函数根据出生日期计算当前日期距出生日期的时间间隔(即年龄)。

```
SELECT custname, age(dob) AS custage FROM sales.customers;
```

查询结果为：

```
custname   |        custage
-------- +------------------------
林心水      | 25 years 3 mons 3 days
江文曜      | 26 years 6 mons 12 days
吕浩初      | 30 years 6 mons 18 days
萧承望      | 31 years 11 mons 15 days
-- More --
```

简单查询是一种最为基础的查询语句，当需要进行更为复杂的查询时，只需在其基础上添加可以达到查询目的的子句即可。

4.1.2　条件查询

当需要从表中筛选出满足条件的行时，要用到 WHERE 子句对表中的所有行进行筛选。条件查询的一般语法为：

```
SELECT [ * | expression [ [ AS ] output_name ] [, …] ]
[ FROM FROM_item [, …] ]
[ WHERE condition ]
```

相较于简单查询只增加了 WHERE 子句。

其中，"condition"指明筛选条件，其值为布尔类型的表达式。如果用表的一行中的属性值替换对应的属性名后，该表达式返回真，则该行符合条件。任何不满足这个条件的行都不会出现在输出结果中。

在使用 WHERE 子句进行条件查询时，还需要用到一些谓词来构成查询条件，常用的查询条件与对应谓词见表 4.1。

表 4.1　常用查询条件与对应谓词

查 询 条 件	谓　　词
比较	=，>，<，>=，<=，!=，<>，!>，!<；NOT＋上述比较运算符
确定范围	BETWEEN AND，NOT BETWEEN AND
确定集合	IN，NOT IN
字符匹配	LIKE，NOT LIKE
空值	IS NULL，IS NOT NULL
多重条件(逻辑运算)	AND，OR，NOT

下面分别介绍以上查询条件。

1. 比较大小

使用＝、＜、＞等比较运算符构成筛选条件。

例 4.4 查询综合评分大于 9.90 的店铺名称及综合评分。

```
SELECT shopname, comprgrading FROM sales.shopstores WHERE comprgrading > 9.90;
```

查询结果为：

```
      shopname      | comprgrading
--------------------+-------------------
 蓝月亮京东自营旗舰店 |     9.97
 植迷者              |     9.97
 never 旗舰店        |     9.99
 欧妮韩屋            |     9.98
(4 rows)
```

2. 确定范围

使用[NOT] BETWEEN … AND …可以查询列值在(或不在)指定范围内的行,其中,BETWEEN 后面的是范围的下界(即低值),AND 后面的是范围的上界(即高值)。

例 4.5 查询综合评分为 8.0～9.0 的店铺名称及综合评分。

```
SELECT shopname, comprgrading FROM sales.shopstores
WHERE comprgrading BETWEEN 8.0 AND 9.0;
```

查询结果为：

```
      shopname      | comprgrading
--------------------+--------------------
 上海圣托尼食品专营店 |     8.99
 芃漫旗舰店          |     8.89
 天天特卖工厂店       |     8.30
 福禄网游数卡专营店    |     8.21
 微云家电            |     8.19
 颜汐旗舰店          |     8.41
 muji               |     8.97
 工匠秘密品牌旗舰店    |     8.61
 顺力健康个护优品店    |     8.66
 汐岩旗舰店          |     8.97
(10 rows)
```

例 4.6 查询综合评分不在 8.0～9.0 的店铺名称及综合评分。

```
SELECT shopname, comprgrading FROM sales.shopstores
WHERE comprgrading NOT BETWEEN 8.0 AND 9.0;
```

3. 确定集合

使用 IN 或 NOT IN 可以查找列值属于指定集合的行。

例 4.7　查询学历是初中、高中的顾客姓名、性别及学历。

```
SELECT custname, gender, ebg FROM sales.customers WHERE ebg IN ('初中','高中');
```

查询结果为：

```
 custname | gender | ebg
----------+--------+--------
 林心水    | 男     | 初中
 江文曜    | 女     | 高中
 吕浩初    | 女     | 初中
 邱涛      | 女     | 初中
 薛旷      | 女     | 初中
-- More --
```

4. 涉及空值的查询

使用 IS NULL 或 IS NOT NULL 查询列值为空或不为空的行。

例 4.8　查询有综合评分的店铺名称及其综合评分信息。

```
SELECT shopname, comprgrading FROM sales.shopstores WHERE comprgrading IS NOT
NULL;
```

查询结果为：

```
     shopname       | comprgrading
--------------------+---------------------
 电子工业出版社       |        9.76
 壹品宠物生活专营店   |        9.88
 普安特旗舰店         |        9.89
 蓝月亮京东自营旗舰店 |        9.97
 小迷糊京东自营旗舰店 |        9.87
-- More --
```

5. 多重条件查询

使用逻辑谓词 AND 或 OR 来连接多个查询条件。

例 4.9　查询所有综合评分大于 9.90 同时顾客评分大于 9.80 的店铺名称及评分信息。

```
SELECT shopname, custgrading, delygrading, servgrading, comprgrading
FROM sales.shopstores WHERE comprgrading > 9.90 AND custgrading > 9.80;
```

查询结果为：

```
     shopname       | custgrading | delygrading | servgrading | comprgrading
--------------------+-------------+-------------+-------------+--------------
```

蓝月亮京东自营旗舰店		9.98		9.88		9.69		9.97
植迷者		9.96		9.98		9.80		9.97
never 旗舰店		9.96		9.98		9.97		9.99
欧妮韩屋		9.98		9.97		9.99		9.98

(4 rows)

4.1.3 模糊查询

模糊查询是利用数据的部分信息进行查找的一种查询方式。如果数据库用户在进行数据查询时,不知道查询实体的全部具体信息,仅知道其部分信息,此时即可使用 LIKE 运算符进行模糊查询。其一般语法格式为:

```
[NOT] LIKE '<模式串>' [ESCAPE '<换码字符>']
```

LIKE 运算符后用于匹配的模式串可以包含普通字符和以下两个通配符。

(1) 下画线(_): 匹配指定位置的一个字符。

(2) 百分号(%): 匹配从指定位置开始的任意多个字符(可以是 0 个)。

如果模式串中不包含通配符,则可以用=(等于)运算符取代 LIKE,用!=或<>(不等于)取代 NOT LIKE。

例 4.10 查询姓林的所有顾客的姓名、性别及学历信息。

分析:姓名的第 1 个字为'林','林'字后面可以有任意个字符的顾客都符合查询要求,所以模式应为'林%'。

```
SELECT custname, gender, ebg FROM customers WHERE custname LIKE '林%';
```

查询结果为:

```
 custname | gender | ebg
----------+--------+--------
 林心水    | 男     | 初中
 林玫      | 女     | 博士
 林和宜    | 女     | 大专
 林宏浚    | 女     | 博士
-- More --
```

例 4.11 查询姓林并且姓名仅为两个字的所有顾客的姓名、性别及学历信息。

```
SELECT custname, gender, ebg FROM customers WHERE custname LIKE '林_';
```

查询结果为:

```
 custname | gender | ebg
----------+--------+--------
 林玫      | 女     | 博士
 林腾      | 女     | 初中
 林仑      | 女     | 中专
```

```
林纨      |男      |本科
-- More --
```

其中,用于匹配的模式为'林_',这表示以字符'林'开始,之后必须并且只能有一个字符,即可查询姓林但名字总共只有两个字的顾客。

但是,如果想要查询属性值中带有下画线字符(_)或者百分号字符(%)的记录,可以使用 ESCAPE 选项来转义这些字符。ESCAPE 后面的字符是转义字符,告诉数据库如何区分要搜索的字符与通配符,即转义字符后紧跟着的字符将按其实际意义检索而不再作为通配符。例如,考虑如下模式:

```
'%\%%' ESCAPE '\'
```

其中,反斜线(\)为转义字符,第一个%是通配符,匹配任意多个字符;第二个%是要搜索的实际字符;第三个%是通配符,匹配任意多个字符。

4.1.4　去重

有时需要去除查询结果中重复的记录,例如,想要查看有哪些顾客购买过商品,因为可能有些顾客购买过不止一次,这时就可以使用 DISTINCT 关键字来去掉那些重复的记录。语法如下:

```
SELECT DISTINCT select_list …
```

如果没有指定 DISTINCT 关键字,默认为 ALL 关键字,即显示所有行。

例 4.12　查询购买过商品的顾客 id。

分析:如果订单表中有某个顾客的订单,则该顾客就购买过商品。

假如不指定 DISTINCT 关键字查询购买过商品的顾客 id:

```
SELECT custid FROM orders;
```

查询结果为:

```
 custid
------------
      1
      2
      3
      6
     14
     14
     14
-- More --
```

可以看到其中有些顾客不止一次购买过商品,所以在结果中出现了不止一次。

下面指定 DISTINCT 关键字查询订单表中购买过商品的顾客 id。

```
SELECT DISTINCT custid FROM orders;
```

查询结果为:

```
 custid
------------
    1
    2
    3
    6
   14
-- More --
```

可以看到结果中重复的行被去除了。

如果查询结果中有多列,所有列的值都相同的两行才被认定为重复行,DISTINCT 关键字将只保留其中的第一行。如果两行中至少一列有不同的值,则它们是可区分的。需要注意的是,空值在比较时被认为是相同的。

另外,如果查询结果中有多列,还可以用 SELECT DISTINCT ON (expression [, expression …])只保留给定表达式(expression)上值相等的行集合中的第一行。每一个 "expression"可以是输出列(选择列表)的名称或者序号,也可以是由查询源表中的列值构成的任意表达式。请注意,除非使用 ORDER BY 在所有表达式上指定了排序规则,行集合的"第一行"是不确定的。

例 4.13 查询购买过商品的顾客 id 及其订单的编号和购买年份,每个顾客每年只保留一个订单。

分析:先用 DISTINCT 查看每个顾客的订单信息(顾客 id,订单 id 和购买年份)。

```
SELECT DISTINCT custid, year(submtime), ordid FROM orders;
```

结果为:

custid	ordid	year
1	578665997	2021
1	578665999	2021
1	240126048601	2022
2	236995464477	2022
3	230407649462	2021
6	140198766568	2020
6	220561527602	2020
14	138936479168	2021
14	156782625296	2021
14	242679751468	2022
14	256626939918	2022
-- More --		

从结果来看,虽然使用了 DISTINCT,但由于各订单的订单号是不同的,所以 custid 为

1、6 和 14 的顾客在 2020/2021/2022 年的多个订单都出现在结果集中。这说明该命令并不能实现查询要求。

根据查询要求,结果集中不应该出现 custid 和购买年份相同的行,这可以通过使用 DISTINCT ON 来实现,命令如下。

```
SELECT DISTINCT ON (custid, year(submtime)) custid, ordid, year(submtime)
FROM orders;
```

结果为:

```
custid|   ordid       | year
----- +---------- +------
   1  | 578665999     | 2021
   1  | 240126048601  | 2022
   2  | 236995464477  | 2022
   3  | 230407649462  | 2021
   6  | 140198766568  | 2020
  14  | 138936479168  | 2021
  14  | 256626939918  | 2022
-- More --
```

可以将上述命令改为:

```
SELECT DISTINCT ON (1, 3) custid, ordid, year(submtime) FROM orders;
```

在该命令的选择列表中,custid 和 year(submtime)列的序号分别是 1 和 3,所以可以用 DISTINCT ON (1,3)代替 DISTINCT ON (custid,year(submtime))。DISTINCT ON 子句不是 SQL 标准规定的。也可以将结果集中的年份改为具体的购买日期:

```
SELECT DISTINCT ON (custid, year(submtime)) custid, ordid, submtime FROM orders;
```

结果为:

```
custid|   ordid       | submtime
----- +---------- +---------------------------------
   1  | 578665999     | 2021-08-05 00:00:00+08
   1  | 240126048601  | 2022-05-02 16:09:00+08
   2  | 236995464477  | 2022-03-01 07:53:00+08
   3  | 230407649462  | 2021-11-19 19:15:00+08
   6  | 140198766568  | 2020-12-21 08:30:00+08
  14  | 138936479168  | 2021-09-04 13:52:00+08
  14  | 256626939918  | 2022-03-01 15:03:00+08
-- More --
```

4.1.5　排序

如果希望结果行按照指定的一个或多个表达式进行升序(ASC)或降序(DESC)排列,

可以使用 ORDER BY 子句。如果按照第一个表达式的值进行比较,两行是相等的,则会根据下一个表达式比较它们,以此类推。如果按照所有指定的表达式它们都是相等的,则它们被返回的顺序取决于数据库如何实现。

每一个"expression"可以是输出列(SELECT 列表项)的名称或者序号,序号指的是输出列的位置顺序(从左至右)。也可以在 ORDER BY 子句中使用任意表达式,包括没有出现在 SELECT 输出列表中的列。

ORDER BY 子句中的每个表达式可以分别指定 ASC 或 DESC。如果没有指定,默认为 ASC。或者,可以在 USING 子句中指定一个特定的排序操作符名称。

如果指定 NULLS LAST,空值会排在非空值之后;如果指定 NULLS FIRST,空值会排在非空值之前。如果都没有指定,在升序排列时的默认行为是 NULLS LAST,而降序排列时的默认行为是 NULLS FIRST(因此,默认行为是空值大于非空值)。

例 4.14 查询每个订单的订单号、顾客号和订单提交时间,并按照顾客升序、订单提交时间降序的顺序进行排列。

```
SELECT custid, ordid, submtime FROM orders ORDER BY custid, submtime DESC;
```

查询结果为:

```
custid|  ordid     | submtime
------+------------+-----------------------------
    1 | 240126048601|2022-05-02 16:09:00+08
    1 | 578665997  |2021-12-05 00:00:00+08
    1 | 578665999  |2021-08-05 00:00:00+08
    2 | 236995464477|2022-03-01 07:53:00+08
    3 | 230407649462|2021-11-19 19:15:00+08
    6 | 140198766568|2020-12-21 08:30:00+08
    6 | 220561527602|2020-04-05 09:31:00+08
-- More --
```

4.1.6　指定查询结果行数

使用查询语句时,如果只需要返回查询结果中指定数量的记录,可以使用 LIMIT 关键字限制返回的行数;如果需要返回查询结果的中间某行后面的数据,可以同时使用 OFFSET 关键字指明要忽略的行数。这种场景多用于数据分页。语法如下:

```
SELECT select_list FROM table_expression
[ ORDER BY … ]
[ LIMIT { number | ALL } ] [ OFFSET number]
```

其中,LIMIT 后的 number 为限制的数目,OFFSET 后的 number 为跳过的行的数目。

1. LIMIT 子句

LIMIT 子句用来限制查询结果的返回行数。LIMIT 关键字后给出一个限制计数,那么会返回数量不超过该限制的行。

如果查询本身生成的行数小于指定的限制数目,只返回它能检索到的行。LIMIT ALL 和 LIMIT NULL 的效果和省略 LIMIT 子句一样。

例 4.15 查询商品总金额最高的 5 个订单的订单号及商品总金额。

```
SELECT ordid, finlbal FROM sales.orders
ORDER BY finlbal DESC NULLS LAST LIMIT 5;
```

查询结果为:

```
ordid        | finlbal
-------------+---------------
139466366536 | $10,789.00
148101218782 |    $577.63
241901534253 |    $269.00
183694045250 |    $239.00
139669523450 |    $199.00
(5 rows)
```

由于 KingbaseES 默认为空值大于非空值,所以要用 NULLS LAST 将 finlbal 为空值的行放到最后。

2. OFFSET 子句

OFFSET 子句指明在开始返回行之前忽略多少行,即跳过一定数目的行。OFFSET 0 的效果和省略 OFFSET 子句是一样的。

例 4.16 查询商品总金额排在第三位之后的订单号及商品总金额。

```
SELECT ordid, finlbal FROM sales.orders
ORDER BY finlbal DESC NULLS LAST OFFSET 3;
```

查询结果为:

```
ordid        | finlbal
-------------+----------
183694045250 | $239.00
139669523450 | $199.00
127794004253 | $189.00
149456121806 | $151.00
219441537701 | $142.80
220561527602 | $142.80
143541285991 | $140.00
-- More --
```

如果 OFFSET 和 LIMIT 都出现了,那么 OFFSET 的优先级要高于 LIMIT,即要先跳过 OFFSET 指定的数目的行,而后再返回不超过 LIMIT 子句所指定数目的行。

例 4.17 查询商品总金额排在第 3~5 名的订单号及商品总金额。

```
SELECT ordid, finlbal FROM sales.orders
ORDER BY finlbal DESC LIMIT 3 OFFSET 2;
```

查询结果为：

```
ordid          |finlbal
---------- +----------
241901534253 |   $269.00
183694045250 |   $239.00
139669523450 |   $199.00
(3 rows)
```

如果使用 LIMIT，那么用一个 ORDER BY 子句把结果行约束成一个唯一的顺序是很重要的。否则就会得到一个不可预料的该查询的行的子集。

查询优化器在生成查询计划时会考虑 LIMIT，因此如果给定 LIMIT 和 OFFSET，那么很可能收到不同的规划（产生不同的行顺序）。因此，使用不同的 LIMIT/OFFSET 值选择查询结果的不同子集将生成不一致的结果，除非用 ORDER BY 强制一个可预测的顺序。这并非 bug，因为 SQL 没有许诺把查询的结果按照任何特定的顺序发出，除非用了 ORDER BY 来约束顺序。被 OFFSET 子句忽略的行仍然需要在服务器内部计算。因此，设置 OFFSET 为很大值时查询处理效率可能不够高。

4.1.7　伪列

伪列的行为与普通的列十分相似，但伪列的值并不存储在表中。用户可以使用 SELECT 来选择伪列，但不能对伪列进行任何的修改。伪列与不带参数的函数十分相似，但无参函数的返回结果，对于结果集中每条记录一般都是固定不变的，而伪列对于同一记录集在不同查询条件下所返回的结果可能是不同的。常见的伪列有许多种，如 CURRVAL、LEVEL、NEXTVAL、ROWID、ROWNUM 等，这里只介绍 ROWNUM 伪列。

ROWNUM 是在查询过程中动态生成的一个列，该列不会在数据库中真实添加，它返回一个数值，指示该条记录在从表取得或连接产生时的顺序，ROWNUM 伪列相当于对应记录的序号，第一条被选择的记录的 ROWNUM 值是 1，第二条的值是 2，以此类推。

可以使用 ROWNUM 来限制查询返回的记录数量。

例 4.18　返回五位顾客的顾客 id、姓名、性别、学历信息。

```
SELECT ROWNUM, custid, custname, gender, ebg FROM sales.customers
    WHERE ROWNUM < =5;
```

查询结果为：

```
 rownum | custid | custname | gender |  ebg
------ +------- +--------- +------- +--------
      1 |      1 | 林心水    | 男     | 初中
      2 |      2 | 江文曜    | 女     | 高中
      3 |      3 | 吕浩初    | 女     | 初中
      4 |      4 | 萧承望    | 女     | 大专
      5 |      5 | 程同光    | 女     | 博士
(5 rows)
```

如果将 ORDER BY 嵌入子查询中,并将 ROWNUM 的条件放在上层查询中,就可以强制在对结果集排序后应用 ROWNUM 条件。通常这也被称为 TOP-N 报表。

例 4.19　返回学历最低的五位顾客的顾客 ID、姓名、性别和学历。

```
SELECT custid, custname, gender, ebg FROM
  (SELECT custid, custname, gender, ebg, decode(ebg, '小学', 1, '初中', 2, '高中',
3, '中专', 4, '大专', 5, '本科', 6, '硕士', 7, '博士', 8) AS ebg_level FROM sales.
customers order by ebg_level ) as cust  WHERE ROWNUM < =5;
```

查询结果如下。

```
custid  | custname | gender |  ebg
--------+--------- +--------+--------
  2676  | 谭静      | 男      | 小学
  1802  | 宋涵      | 男      | 小学
    26  | 邹瀛      | 女      | 小学
    38  | 董煊      | 男      | 小学
  1134  | 曹博瀚    | 男      | 小学
(5 rows)
```

说明:该例中 ROWNUM 的值是属于上层 SELECT 语句的,也就是说,它们是在子查询对学历进行排序后生成的。其中,decode()函数是一种条件逻辑结构,将在 4.1.8 节详细介绍。

ROWNUM 大于任何一个正数的比较结果是 false。例如,下述查询命令不会返回任何记录。

```
SELECT ROWNUM, custid, custname, gender, ebg FROM customers
WHERE ROWNUM >2;
```

因为,第一条被取得的元组的 ROWNUM 被赋予 1,这将会导致条件 ROWNUM >2 返回 false。第二条被取得的元组就成为新的第一条元组,因此 ROWNUM 还将被赋予 1,比较结果依然是 false。因此上面的查询语句没有任何结果返回。

4.1.8　条件逻辑结构

KingbaseES 提供了很多种在 SQL 语句中实现 IF-THEN-ELSE 条件逻辑的方法。有时需要根据条件来确定查询列表中某一列的值,有时需要根据谓语中复杂的条件来确定返回哪些数据行。在需要应用条件逻辑的地方,可以选择如下结构。

1. DECODE

DECODE 函数能够实现短小、简单的比较逻辑,使用的是一种简单的条件结构,但只能用于相等运算。DECODE 具体语法如下:

```
decode(expr, search, result, [search, result, …] default)
```

DECODE 将表达式 expr 逐个与搜索值(search)进行比较。如果 expr 等于某个搜索值

（search），则 KingbaseES 数据库返回其对应的结果（result）。如果找不到匹配项，则将返回默认值（default）。如果省略默认值，则返回空值（NULL）。

可以将其转换为如下 IF-THEN-ELSE 条件逻辑结构。

```
IF expr == search THEN
  return result;
[ELSE IF expr == search THEN
  return result;]
ELSE
  return default;
END IF;
```

例 4.20 对 Seamart 数据库中评论表 Comments 中的评论记录进行分类，将 stars 为 4、5 归为好评，2、3 归为中评，1 归为差评，可以使用如下语句实现，将 Comments 表中前 10 个商品评论进行分类。

```
SELECT c.goodid, c.stars,
decode(c.stars, 5, '好评', 4, '好评', 3, '中评', 2, '中评', 1, '差评') AS level
FROM "comments" c WHERE ROWNUM <= 10;
```

结果如下。

```
   goodid    | stars |level
------------ +------+------
12560557     |   5  |好评
68327953786  |   5  |好评
636342937042 |   4  |好评
69488111449  |   3  |中评
72082419757  |   5  |好评
100010234342 |   5  |好评
7532692      |   5  |好评
100007325720 |   3  |中评
100012178380 |   3  |中评
100008048728 |   5  |好评
(10 rows)
```

search、result 和 default 可以是表达式。如果第一个 search 对应的 result 是数字，则 KingbaseES 将找出所有 result 表达式的参数中数字优先级最高的参数的数据类型，隐式将其余参数转换为该数据类型，并将 result 表达式的返回值转换为该数据类型。

KingbaseES 数据库只在将 search 表达式与 expr 进行比较之前对其求值，而不是预先对所有 search 表达式求值。因此，如果某个 search 等于 expr，KingbaseES 不再计算其后的所有 search 和 result 表达式。

KingbaseES 自动将返回值转换为与第一个结果相同的数据类型。如果第一个结果的数据类型为 CHAR 或者第一个结果为空，则 KingbaseES 将返回值转换为 VARCHAR 类型。

在 DECODE 函数中，KingbaseES 认为两个空值相等。DECODE 函数中最多包含 255

个参数(包括 expr、search、result 和 default)。

2. CASE

CASE 表达式用来从一系列条件中进行选择,当某个条件匹配时,就执行与之对应的语句。CASE 表达式可以在 SQL 语句中使用 IF-THEN-ELSE 逻辑而无须调用过程。语法如下。

```
CASE { expr [WHEN comparision_expr THEN return_expr] |
        [WHEN condition THEN return_expr]}
        [ELSE else_expr] END
```

CASE 提供两种使用方式:简单 CASE 表达式和搜索 CASE 表达式。

1) 简单 CASE 表达式

简单 CASE 表达式提供了基于操作数等值比较的有条件执行。KingbaseES 搜索 CASE 表达式中第一个 comparison_expr 与 expr 匹配的 WHEN…THEN 对,并返回其对应的返回值表达式 return_expr 的值。如果所有的 WHEN…THEN 对都不满足条件,则返回 else_expr,如果不存在 ELSE 子句,则返回 null。

例 4.21　使用简单 CASE 表达式实现例 4.20 中对商品评论进行分类。

```
SELECT c.goodid, CASE c.stars WHEN 5 THEN '好评'
        WHEN 4 THEN '好评'
        WHEN 3 THEN '中评'
        WHEN 2 THEN '中评'
        WHEN 1 THEN '差评'END AS level
FROM sales."comments" c WHERE ROWNUM <= 10;
```

结果同例 4.20。

2) 搜索 CASE 表达式

在搜索 CASE 表达式中,KingbaseES 会从左到右依次计算每一个 WHEN 语句的 condition,直到找到一个 condition 为真的匹配项,然后返回其相应的 return_expr。如果没有 condition 为真,则返回 else_expr。但如果不存在 ELSE 子句,则返回 null。

例 4.22　使用搜索 CASE 表达式实现例 4.20 中对商品评论进行分类,将 stars 大于或等于 4 的评论记为好评,将 stars 大于或等于 2 且小于 4 的记为中评,其余记为差评。

```
SELECT c.goodid, CASE WHEN c.stars >= 4 THEN '好评'
        WHEN c.stars >= 2 THEN '中评'
        ELSE '差评' END AS level
FROM sales."comments" c WHERE ROWNUM <= 10;
```

结果同例 4.20。

不管是简单 CASE 表达式还是搜索 CASE 表达式,条件都是按照从上到下的顺序验证,执行过程在找到第一个匹配值后就会停止,这就意味着如果有多个条件为 TRUE,只会选取第一个为 TRUE 的条件所对应的行为。

KingbaseES 使用最小化计算。对于一个简单 CASE 表达式,仅在将 comparison_expr

与 expr 进行比较之前对其进行求解。因此,如果某个 comparison_expr 等于 expr,它后面的所有 comparison_expr 永远不会被计算。对于搜索 CASE 表达式,如果某个表达式 condition 的值为真,则其后的所有 condition 不会被计算。

CASE 表达式对于 expr 和 comparison_expr 以及 return_exprs 的数据类型有如下要求。

(1) 对于简单 CASE 表达式,expr 和所有 comparison_expr 值必须具有相同的数据类型(CHAR、VARCHAR、NUMBER、BINARY_FLOAT 或 BINARY_DOUBLE)或都必须具有数字数据类型。

(2) 对于简单 CASE 表达式和搜索 CASE 表达式,所有 return_exprs 必须具有相同的数据类型(CHAR、VARCHAR、NUMBER、BINARY_FLOAT 或 BINARY_DOUBLE),或者都必须具有数字数据类型。

CASE 表达式可以用在 SQL 语句中的任何地方,而不仅限于 SELECT 列表。CASE 表达式的用处之一就是用来减少同一张(或几张)表的重复访问次数。

例 4.23 假如想根据顾客的当前订单金额设置其购买商品的折扣率,将订单金额大于或等于 5000 的顾客折扣率定为 20%,大于或等于 100 且小于 5000 的顾客折扣率定为 15%,大于 0 且小于 100 定为 10%,订单金额等于 0 的顾客折扣率则定为 0,在不使用 CASE 表达式的情况下,将多个查询结果进行汇总则需要使用 UNION,语句如下(仅显示前 6 条结果)。

```sql
SELECT * FROM
(SELECT custid, ord_total, 0 AS disc_rate FROM
(SELECT c.custid, NVL(sum(o.finlbal), '0') AS ord_total FROM "customers" c, "
orders" o
    WHERE c."custid" = o."custid"(+) GROUP BY c."custid") t2
WHERE ord_total = 0
UNION
SELECT custid, ord_total, .1 AS disc_rate FROM
(SELECT c.custid, NVL(sum(o.finlbal), '0') AS ord_total FROM "customers" c, "
orders" o
    WHERE c."custid" = o."custid"(+) GROUP BY c."custid") t2
WHERE ord_total > 0 AND ord_total <100
UNION
SELECT custid, ord_total, .15 AS disc_rate FROM
(SELECT c.custid, NVL(sum(o.finlbal), '0') AS ord_total FROM "customers" c, "
orders" o
    WHERE c."custid" = o."custid"(+) GROUP BY c."custid") t2
WHERE ord_total >= 100 AND ord_total <5000
UNION
SELECT custid, ord_total, .2 AS disc_rate FROM
(SELECT c.custid, NVL(sum(o.finlbal), '0') AS ord_total FROM "customers" c, "
orders" o
    WHERE c."custid" = o."custid"(+) GROUP BY c."custid") t2
WHERE ord_total >= 5000)
ORDER BY disc_rate DESC LIMIT 6;
```

结果如下。

```
custid  |  ord_total | disc_rate
------ +----------+--------------
   13  |  10789.00  |    0.2
   11  |    140.00  |    0.15
   32  |    652.50  |    0.15
   10  |    577.63  |    0.15
    5  |    142.80  |    0.15
   14  |    458.20  |    0.15
 (6 rows)
```

使用 CASE 表达式的语句如下。

```
SELECT c."custid" , NVL(sum(o."finlbal"), '0') AS ord_total,
CASE WHEN NVL(sum(o."finlbal"), '0') = 0 THEN 0
    WHEN NVL(sum(o."finlbal"), '0') < 100 THEN .1
    WHEN NVL(sum(o."finlbal"), '0') < 5000 THEN .15
    ELSE .2
END AS disc_rate
FROM "customers" c, "orders" o WHERE c."custid" = o."custid"(+)
GROUP BY c."custid" ORDER BY disc_rate DESC LIMIT 6;
```

使用 CASE 表达式使查询语句变得简单许多,同时效率也得到了提高。Orders 表和 Customers 两张表只需各访问一次,而不是每个条件访问一次。如果需要从某些相同的表中获取不同的数据集,CASE 表达式是一种非常高效的方法。

3. NVL、NVL2 和 COALESCE

函数 NVL、NVL2 和 COALESCE 都是专门处理 NULL 值的,允许根据指定表达式是否为空来确定查询返回的值。我们经常会遇到数据中可能会有空值的情况,但又不想影响计算或结果的显示,这时便可使用这三个函数对空值进行处理,如例 4.23 中计算顾客的订单总金额时,为避免计算出错便用到了 NVL 函数。

语法如下:

```
NVL(expr1, expr2)
```

如果表达式 expr1 不为空,返回表达式 expr1;否则,返回表达式 expr2。

```
NVL2(expr1, expr2, expr3)
```

如果表达式 expr1 不为空,返回表达式 expr2,否则,返回表达式 expr3。

```
COALESCE(expr[,expr]…)
```

返回第一个非空的表达式 expr。

例 4.24 查询 6 种商品的商品编号、商品名称和生产商信息。

如果用下述查询命令:

```
SELECT g."goodid", g."goodname", g."mfrs" FROM "goods" g
ORDER BY "goodid" LIMIT 6;
```

查询结果为：

```
   goodid     |       goodname         |       mfrs
-------------+------------------------+---------------------
 100007325720 | 小迷糊护肤套装          | 小迷糊
 100008048728 | 玖慕围巾               | 玖慕
 100010234342 | 蓝月亮深层洁净洗衣液    | 蓝月亮
 100012178380 | 小迷糊防晒霜           | 小迷糊
 100026206044 | Keep 手环             |
 100232901206 | 猫咪零食冻干桶         | 麦富迪
(6 rows)
```

Goods 中存在着商品的生产商缺失的情况,可以使用 NVL 函数对上述查询结果进行处理,将 NULL 值替换为其商品名,命令如下。

```
SELECT g."goodid", g."goodname", NVL(g."mfrs", g."goodname") AS "mfrs"
FROM "goods" g ORDER BY "goodid" LIMIT 6;
```

结果如下。

```
   goodid     |       goodname         |       mfrs
-------------+------------------------+---------------------
 100007325720 | 小迷糊护肤套装          | 小迷糊
 100008048728 | 玖慕围巾               | 玖慕
 100010234342 | 蓝月亮深层洁净洗衣液    | 蓝月亮
 100012178380 | 小迷糊防晒霜           | 小迷糊
 100026206044 | Keep 手环             | Keep 手环
 100232901206 | 猫咪零食冻干桶         | 麦富迪
(6 rows)
```

可以看到结果中原本为空值的位置被替换成商品名,需要注意的是这仅改变了查询结果而不会改变原来商品表 Goods 中的值。

也可以使用 NVL2 函数实现上述查询:

```
SELECT g."goodid", g."goodname", NVL2(g."mfrs", g."mfrs", g."goodname") AS
"mfrs"
FROM "goods" g ORDER BY "goodid" LIMIT 6;
```

结果与 NVL 函数结果相同。

也可以使用 COALESCE 函数实现上述查询:

```
SELECT g."goodid", g."goodname", COALESCE(g."mfrs", g."goodname") AS "mfrs"
FROM "goods" g  ORDER BY "goodid"  LIMIT 6;
```

上述各命令的结果都是相同的,所以到底使用哪个函数可以根据自己的喜好来确定。

当确实需要比较 NULL 值时,建议尽量避免使用 CASE 和 DECODE,因为它们需要输入的内容更多;而使用 NVL、NVL2 或 COALESCE 处理 NULL 值的意图就非常清楚。

4. NULLIF

当 SQL 语句中包含表达式时,有可能会遇到"除零"的错误,这时 NULLIF 就会派上用场。NULLIF 的语法如下。

```
NULLIF(expr1, expr2)
```

NULLIF 比较 expr1 和 expr2,如果相等则返回 null;如果不相等,则返回 expr1。expr1 不能为 NULL。

例 4.25 查询每一笔订单的最终成交价 finlbal 占优惠前价格 totlbal 的比例,从而得到该订单的优惠比例(取前 5 条结果)。

```
SELECT ordid, round((1 - finlbal/NULLIF(totlbal,'0')),2) AS disc_rate FROM
orders LIMIT 5;
```

结果如下。

```
    ordid    | disc_rate
----------- +-----------
 236995464477 |     0.35
 230407649462 |     0.00
 225143348139 |     0.10
 219441537701 |     0.00
 140198766568 |     0.05
(5 rows)
```

4.2 分组聚集查询

4.2.1 聚集函数

我们经常会遇到要对某些数据进行统计、汇总、求最大或求最小等查询要求,这时就需要用到聚集函数。聚集函数是对一组值执行计算并返回单一的值。

KingbaseES 中提供了许多聚集函数,下面列出常用的几种。

(1) AVG([DISTINCT|ALL] <列名>):返回一列值的平均值。

(2) SUM([DISTINCT|ALL] <列名>):返回一列值的和。

(3) COUNT([DISTINCT|ALL] <列名>):统计一列中值的个数。

(4) COUNT([DISTINCT|ALL] *):统计元组的个数。

(5) MAX([DISTINCT|ALL] <列名>):返回一列值中的最大值。

(6) MIN([DISTINCT|ALL] <列名>):返回一列值中的最小值。

如果指定 DISTINCT 短语,则表示在计算时要取消指定列中的重复值。如果不指定 DISTINCT 短语或指定 ALL 短语(默认值),则表示不取消重复值。

例 4.26 查询中通快递公司的快递订单数量。

```
SELECT COUNT( * ) FROM orders WHERE exprname= '中通快递';
```

查询结果为：

```
count
-------
  33
(1 rows)
```

例 4.27 查询购买了商品的顾客数量。

```
SELECT COUNT(DISTINCT custid) FROM orders;
```

查询结果为：

```
count
-------
  75
(1 rows)
```

顾客的每笔订单对应 Orders 表的一行，一位顾客会有多笔订单，为避免重复计算顾客数量，必须在 COUNT 函数中使用 DISTINCT 短语。

4.2.2 分组查询

例 4.26 和例 4.27 的聚集函数作用于使用 SELECT-FROM-WHERE 查询得到的所有行，并且结果集中只有一行。如果希望细化聚合函数的作用对象，分别对查询得到的若干行进行统计，可以使用 GROUP BY 子句进行分组，然后还可以使用 HAVING 子句过滤分组统计结果。分组查询的基本语法为：

```
SELECT select_list FROM …
[WHERE …]
GROUP BY grouping_column_reference [, grouping_column_reference]…
[HAVING expression]
```

GROUP BY 子句将表中在所有 grouping_column_reference 列上具有相同值的行分组在一起，分组后聚集函数作用于每一个组，即每一组都有一个函数值。

例 4.28 查询各家快递公司的快递订单数量。

```
SELECT exprname, count( * ) FROM orders GROUP BY exprname;
```

该语句对 orders 的所有行按照 exprname 的值分组，具有相同 exprname 值的行为一组，然后对每一组的所有行通过 count 函数计算，来求得该组的快递订单数量，可能的查询结果为：

```
 exprname  | count
----------+--------
 中通快递  |   33
 韵达快递  |   15
 申通快递  |   11
 圆通快递  |    9
 京东快递  |    8
 邮政快递  |    7
 顺丰速运  |    5
 普通快递  |    2
 极兔      |    2
 EMS      |    2
 百世快递  |    1
 自动充值  |    1
(12 rows)
```

如果分组后还要求按一定的条件对这些组进行筛选,最终只输出满足指定条件的组,可以使用 HAVING 指定筛选条件。

例 4.29　查询快递订单数量大于 5 的快递公司名称及快递订单数量,并按快递订单数量从大到小排序。

```
SELECT exprname, count( * ) n FROM orders
GROUP BY exprname HAVING n > 5 ORDER BY n desc;
```

查询结果为:

```
 exprname |  n
----------+-----
 中通快递  | 28
 韵达快递  | 12
 申通快递  |  9
 京东快递  |  8
(4 rows)
```

如果一个查询语句中既有 WHERE 子句又有 HAVING 子句,先根据 WHERE 条件到 FROM 指定的表中查询出满足条件的行,再按照 GROUP BY 后面的表达式对这些行进行分组使用聚集函数,最后按照 HAVING 子句的筛选条件查询出满足条件的组。

注意:当存在 GROUP BY 子句或者任何聚集函数时,SELECT 列表表达式不能引用非分组列(除非它出现在聚集函数中或者某聚集函数依赖于分组列),因为这样做会导致返回非分组列的值时有多种可能的值。

4.3　连接查询

之前所介绍的基本查询均只从一个表中检索行,而在实际应用中,常常需要从多个表中检索信息。例如,在 Seamart 数据库的 Sales 模式中,商品编号、商品名称等信息保存在

Goods 表中,商品分类编号和分类名称等信息保存在 Categories 表中,这两个表通过 catgid 彼此关联。下面先看一个连接查询的例子。

例 4.30 查询 goodid 为 6513 的商品的名称及类型名。

分析:实现这个查询要求,需要将 Goods 表中 goodid 为 6513 的行与 Categories 表中 catgid 相等的行分别拼接成结果中的行,并输出这些行的 goodname 和 catgname,命令为:

```
SELECT goodname, catgname
FROM goods JOIN categories ON goods.catgid = categories.catgid
WHERE goods.goodid = '6513';
```

查询结果为:

```
  goodname   | catgname
-----------+-------------
 悦木笔记本  | 笔记本
(1 row)
```

注意 catgid 属性存在于 Goods 和 Categories 两个表中,所以要用关系名作前缀来说明使用的是哪个表中的 catgid 属性。而 goodname 和 catgname 只存在于一个表中,所以可以不用关系名作前缀。建议都使用关系名前缀,这样即使未来向其中一个表里添加重名列也不会导致查询失败。

上述命令在 FROM 子句中指明查询涉及的表以及连接条件,在 WHERE 子句中指明限定条件,这种连接形式称为 JOIN 连接。还可以在 FROM 子句中指明查询涉及的表,在 WHERE 子句中指明连接条件以及限定条件,这种连接形式称为谓词连接。在任何情况下,JOIN 连接比谓词连接更强。

4.3.1 JOIN 连接

JOIN 连接的一般语法为:

```
FROM <表 1> [NATURAL] join_type <表 2>
[ON join_condition | USING ( join_column)]
[WHERE restrict_condition]
```

连接条件(join_condition)和限定条件(restrict_condition)之间是"与"的关系。

1. 连接条件

连接条件决定来自两个源表中的哪些行是"匹配"的,可以在 ON 或 USING 子句中指定,或者用关键字 NATURAL 隐含地指定。

ON 子句是最常见的连接条件形式。连接条件的一般格式为:

```
[<表 1>] <列名 1> <比较运算符> [<表 2>] <列名 2>
```

连接条件中的列名称被称为连接字段,各连接字段的数据类型必须是可比的,但名字不必相同。如果两个分别来自"表 1"和"表 2"的行在 ON 表达式上运算的结果为真,那么它们就算是匹配的行。

2. 连接类型

连接查询可以分为以下三类。

(1) 内连接(INNER JOIN):查询结果中只包含满足连接条件和限定条件的行。

(2) 外连接(OUTER JOIN):查询结果中不仅包含满足连接条件和限定条件的行,还包含指定表中满足限定条件但不满足连接条件的行。外连接又分为右外连接(RIGHT OUTER JOIN)、左外连接(LEFT OUTER JOIN)和全外连接(FULL OUTER JOIN)。

(3) 交叉连接(CROSS JOIN):返回两个表的笛卡儿积。查询两个关系的笛卡儿积非常耗时,除非必要,不建议使用。

根据使用操作符的不同,连接查询又可以分为以下两类。

(1) 等值连接(equi join):在连接条件中使用等于操作符(=)的连接查询。

(2) 非等值连接(non-equi join):在连接条件中使用除等号之外的操作符,例如<、>、BETWEEN 等。

一个连接查询可能是等值内连接,也可能是等值外连接。下面分别介绍每种连接类型。

1) 内连接

最常用的内连接操作是**等值连接**。例 4.30 就是等值内连接的例子。

还可以在 FROM 子句中的表名后添加上表的别名,之后就可以用该别名来指代该表。

例 4.31 对例 4.30 中的表使用表别名。

```
SELECT goodname, catgname
FROM goods g JOIN categories as c ON g.catgid = c.catgid
WHERE g.goodid = '6513';
```

使用表别名并不影响查询结果。但要注意,为一个表定义了别名之后,在其他子句中只能使用其别名。

不仅可以将两个表进行连接,而且还可以将多个表通过连接条件连接起来,但随着表数目的增多,查询效率也会下降。下面来看一个多表查询的例子。

例 4.32 查询店铺"壹品宠物生活专营店"销售的商品名称和价格。

分析:店铺名称在 Shopstores 表中,商品名称和价格在 Goods 表中,店铺所售商品信息存储在 Supply 表中。为实现查询要求,需要将 Shopstores 表中 shopname 为"壹品宠物生活专营店"的行 t_{sh} 与 Supply 表中 shopid 与 t_{sh} 相等的行 t_{su} 进行拼接;然后再将拼接行与 Goods 表中 shopid 相等的行 t_g 进行拼接,得到一个满足查询要求的行(包括三个表中的所有属性),再根据查询要求只保留需要输出的部分属性值(goodname 和 price)。

```
SELECT G.goodname, G.price
FROM goods G JOIN supply S ON G.goodid = S.goodid
JOIN shopstores H ON S.shopid = H.shopid WHERE H.shopname = '壹品宠物生活专营店';
```

查询结果为:

```
              goodname                    | price
--------------------------------------------+---------
  猫咪专用羊奶粉 200g                        | $49.80
  猫咪零食冻干桶                             | $98.00
(2 rows)
```

有一种特殊的等值连接叫自然连接。自然连接与一般的等值连接的区别:一是自然连接要求进行连接的两个表必须有公共属性,即连接属性的数据类型和名称都要相同,而等值连接只要求用于连接的属性数据类型相同;二是自然连接中要去除重复属性。接下来看一个自然连接的例子。

由于 Seamart 数据库中各表的数据较多,先创建用于自然连接的两个表。

从商品表中抽取部分数据形成 goods_temp 表和 catg_temp 表。假设两表的数据如下。

goods_temp 表:

```
goodid          | goodname            | catgid
-----------+---------------------+---------
12560557        |TensorFlow知识图谱实战 |     1
68327953786     |猫咪专用羊奶粉         |   359
126063          |麋鹿马克杯            | NULL
100232901206    |猫咪零食冻干桶         |   359
69488111449     |宠物眼药水            |   358
72082419757     |普安特宠物滴耳药       |   358
```

catg_temp 表:

```
catgid |        catgname
----- +----------------------------
    1 |图书、音像、电子书刊
    2 |电子书刊
  358 |宠物生活
  359 |宠物主粮
```

接下来对上述两表进行自然连接。

例 4.33 将表 goods_temp 与 catg_temp 进行自然连接。

分析:自然连接可以用 NATURAL JOIN 的方式来实现。

```
SELECT * FROM goods_temp G NATURAL JOIN catg_temp C
```

查询结果为:

```
   goodid       |    goodname         | catgid |       catgname
-----------+---------------------+-------+----------------------------
 12560557        |TensorFlow知识图谱实战 |     1 |图书、音像、电子书刊
 68327953786     |猫咪专用羊奶粉         |   359 |宠物主粮
 100232901206    |猫咪零食冻干桶         |   359 |宠物主粮
 69488111449     |宠物眼药水            |   358 |宠物生活
```

```
    72082419757   |普安特宠物滴耳药      |    358   |宠物生活
(5 rows)
```

可以看到两个表的共有属性在结果集中只出现一次,即去除了重复属性。

自然连接还可以使用<表 1> INNER JOIN <表 2> USING(<共有属性>)的方式来实现。例 4.33 还可以用下述命令。

```
SELECT * FROM goods_temp G INNER JOIN catg_temp C USING (catgid);
```

2) 外连接

对内连接操作,只有满足连接条件的元组才能作为结果输出。如例 4.33 的结果表中没有电子书刊类(catgid ='2')的商品分类信息,原因是 goods_temp 表中没有属于这一分类的商品。但是有时我们想以商品分类(catg_temp)表为主体列出所有的商品类型及相应的商品信息,若某种类型没有具体的商品,只输出商品类型信息,这时就需要使用外连接。另外,当建立外码时,如果参照关系中存在违反参照完整性规则的数据,可以使用外连接来找出参照关系中哪些值违反了约束条件。

外连接符又分为左外连接、右外连接和全外连接。

外连接就好像是为非主体表增加一个“万能行”,这个行全部由空值组成,它可以与主体表中所有不满足连接条件的元组进行连接。

从书写形式上看,JOIN 形式的外连接与内连接区别不大,只是连接类型变为 LEFT [OUTER] JOIN、RIGHT [OUTER] JOIN 和 FULL [OUTER] JOIN,分别指定以 JOIN 运算符左边、右边或两边的表为主体进行连接。

由于 Seamart 数据库的商品表和商品分类表数据太多,如果不特殊说明,本节中下面的例子从 catg_temp 表查询商品类别信息,从 goods_temp 表查询商品信息。

例 4.34　以 goods_temp 表为主体查询所有商品编号、商品名称及其类型编号和名称(用左外连接)。

```
SELECT goodid, goodname, c.catgid, catgname
FROM goods_temp g LEFT JOIN catg_temp c ON g.catgid = c.catgid;
```

查询结果为:

```
goodid       | goodname            | catgid | catgname
-------------+---------------------+--------+-------------------
12560557     |TensorFlow知识图谱实战 |    1   |图书、音像、电子书刊
72082419757  |普安特宠物滴耳药      |   358  |宠物生活
69488111449  |宠物眼药水           |   358  |宠物生活
68327953786  |猫咪专用羊奶粉        |   359  |宠物主粮
100232901206 |猫咪零食冻干桶        |   359  |宠物主粮
126063       |麋鹿马克杯           | NULL   | NULL
```

goods_temp 表中编号为“126063”的商品的 catgid 列是空值,在 catg_temp 表中没有与之相等的商品类别,所以在内连接的结果集中未出现编号为“126063”的商品;而以 goods 表

为主体与 catg_temp 进行外连接时,会将 catgid 列为空值的编号为"126063"的商品与一个全部由空值组成的万能行进行连接并放到结果集中。

例 4.35 例 4.34 也可以用右外连接实现。

```
SELECT goodid, goodname, c.catgid, catgname
FROM catg_temp c RIGHT JOIN goods_temp g ON g.catgid = c.catgid;
```

查询结果同例 4.34。从例 4.34 和例 4.35 可知,数据库对于左外连接与右外连接的实现实质上是相同的,就是为非主体表增加一个万能行。

例 4.36 查询商品信息及其类别信息。如果某个商品的类别信息不存在,只显示商品信息;如果某个类别中无商品,只显示商品类别信息。

分析:需要同时以商品表和商品分类表为主体进行查询。

```
SELECT goodid, goodname, c.catgid, catgname
FROM catg_temp c FULL JOIN goods_temp g ON g.catgid = c.catgid;
```

查询结果为:

```
 goodid       | goodname           |catgid |catgname
--------------+--------------------+-------+-----------------
 12560557     |TensorFlow知识图谱实战 |   1   |图书、音像、电子书刊
 72082419757  |普安特宠物滴耳药       |  358  |宠物生活
 69488111449  |宠物眼药水            |  358  |宠物生活
 68327953786  |猫咪专用羊奶粉         |  359  |宠物主粮
 100232901206 |猫咪零食冻干桶         |  359  |宠物主粮
 126063       |麋鹿马克杯            | NULL  | NULL
 NULL         | NULL               |   2   |电子书刊
```

goods_temp 中不存在 catgid 为 2 的行,但 catg_temp 表中存在,所以该行也出现在结果集中了。

3)自连接

连接操作还可以对同一个表进行,即表 1 和表 2 是同一个表,这种连接又称为自连接。这时必须使用不同的表别名来标识在查询中每次对表的引用。现考虑下面的例子。

假设 Categories 表中包含如下数据。

```
 catgid | stdcode |     catgname       | parentid | currlevel
--------+---------+--------------------+----------+-------------
      1 |         |图书、音像、电子书刊    |   NULL   |     1
      2 |         |电子书刊             |    1     |     2
      3 |         |电子书              |    2     |     3
      4 |         |网络原创             |    2     |     3
      5 |         |数字杂志             |    2     |     3
      6 |         |多媒体图书           |    2     |     3
      7 |         |音像                |    1     |     2
      8 |         |音乐                |    7     |     3
(8 rows)
```

可以看到,Categories 表中有一列 parentid,它存储每个商品种类的父类 catgid,如果该种类没有父类,那么 parentid 是空值。"图书、音像、电子书刊"的 parentid 为空,这说明该类为最大的类别,没有父类别。而"电子书刊"的父类是"图书、音像、电子书刊",以此类推。

可以使用自连接显示每个商品类别的父类别的名称。

例 4.37　查询所有商品类型的编号、名称及其父类名。

分析:对 Categories 表的所有行浏览一遍找不到父类名称,但对该表的每一行 t_{c1},如果在 Categories 表中存在某个 catgid 等于 t_{c1} 的 parentid 的行 t_{c2},则 t_{c2} 中的类别名称就是 t_{c1} 的 catgid 的父类名。由于 t_{c1} 和 t_{c2} 分别来自对 Categories 表的两次遍历,需要使用两个别名 C1 和 C2。别名 C1 用于获得商品类别号及其父类的类别号,别名 C2 用于获得对应的父类名。连接条件是 C1.parentid ＝ C2.catgid。

```
SELECT C1.catgid, C1.catgname || ' ' || ''s parent categorie is ' || C2.catgname
AS relation
FROM categories C1, categories C2 WHERE C1.parentid = C2.catgid
ORDER BY C1.catgid;
```

查询结果为:

```
catgid  | relation
------ +--------------------------------------------------
2       |电子书刊 's parent categorie is 图书、音像、电子书刊
3       |电子书 's parent categorie is 电子书刊
4       |网络原创 's parent categorie is 电子书刊
5       |数字杂志 's parent categorie is 电子书刊
6       |多媒体图书 's parent categorie is 电子书刊
7       |音像 's parent categorie is 图书、音像、电子书刊
8       |音乐 's parent categorie is 音像
(7 rows)
```

由于"图书、音像、电子书刊"的 parentid 为空,因此不会为它显示任何行。可以同时使用外连接和自连接,这样就可以显示出这一行。

例 4.38　查询所有商品类型的编号、名称及其父类名,如果父类不存在,只输出该商品类别信息。

```
SELECT C.catgid, C.catgname || ' ' || ''s parent categorie is ' || F.catgname
FROM categories C LEFT JOIN categories F ON C.parentid = F.catgid
ORDER BY C.catgid;
```

查询结果为:

```
catgid  | relation
------ +--------------------------------------------------
1       |图书、音像、电子书刊 's parent categorie is NULL
2       |电子书刊 's parent categorie is 图书、音像、电子书刊
3       |电子书 's parent categorie is 电子书刊
4       |网络原创 's parent categorie is 电子书刊
5       |数字杂志 's parent categorie is 电子书刊
```

```
6        |多媒体图书 's parent categorie is 电子书刊
7        |音像 's parent categorie is 图书、音像、电子书刊
8        |音乐 's parent categorie is 音像
```

4.3.2 谓词连接

谓词连接在 FROM 子句中指明查询涉及的表,这些表之间一般有相互关联的属性;在
WHERE 子句中指明连接条件(也称连接谓词)和限定条件。谓词连接的一般格式为:

```
SELECT   select_list
FROM   <表名 1> [as 别名 1], <表名 2> [as 别名 2] [, …]
[WHERE [JOIN_ condition] [ AND restrict_condition];
```

如果不指定连接条件,就会将一个表中的每个行都分别与另一个表中的所有行进行连
接,这个结果集就称为笛卡儿积。

1. 内连接

例 4.30～例 4.33 都是用 JOIN 连接形式实现的内连接,下面再看谓词连接的例子。

例 4.39 查询每种商品的商品编号、商品分类编号和商品分类名称。

```
SELECT G.goodid, C.catgid, C.catgname
FROM goods G, categories C WHERE G.catgid = C.catgid;
```

假设 Goods 表和 Categories 表分别有下列数据。
Goods 表:

goodid	goodname	mfrs	brand	catgid	price
12560557	TensorFlow 知识图谱实战	清华大学出版社	清华大学出版社	1	$116
68327953786	猫咪专用羊奶粉	麦德氏	麦德氏	359	$49.80
126063	麋鹿马克杯	萌舍	萌舍	NULL	$25.90
100232901206	猫咪零食冻干桶	麦富迪	麦富迪	359	$98.00
69488111449	宠物眼药水	普安特	普安特	358	$35.00
72082419757	普安特宠物滴耳药	普安特	普安特	358	$57.00

Categories 表:

catgid	catgname	parentid	currlevel
1	图书、音像、电子书刊	NULL	1
2	电子书刊	1	2
358	宠物生活	327	2
359	宠物主粮	358	3

查询结果为:

```
    goodid      | catgid  |       catgname
------------+--------+---------------------------
 12560557      |      1 | 图书、音像、电子书刊
 68327953786   |    359 | 宠物主粮
 100232901206  |    359 | 宠物主粮
 69488111449   |    358 | 宠物生活
 72082419757   |    358 | 宠物生活
(5 rows)
```

2. 外连接

在谓词连接形式中,外连接操作符为"(＋)",通过在连接条件的非主体表的连接字段后面加上"(＋)"来实现外连接。

例 4.40　以商品表为主体查询所有商品的编号、名称及其类型编号和名称(用左外连接)。

```
SELECT goodid, goodname, c.catgid, catgname
FROM goods g, categories c WHERE g.catgid = c.catgid(+) LIMIT 6;
```

假设表中数据同例 4.39,查询结果为:

```
 goodid        | goodname               | catgid | catgname
------------+----------------------+-------+---------------------
 12560557      |TensorFlow 知识图谱实战  |      1 |图书、音像、电子书刊
 72082419757   |普安特宠物滴耳药          |    358 |宠物生活
 69488111449   |宠物眼药水               |    358 |宠物生活
 68327953786   |猫咪专用羊奶粉            |    359 |宠物主粮
 100232901206  |猫咪零食冻干桶            |    359 |宠物主粮
 126063        |麋鹿马克杯               | NULL  | NULL
(6 rows)
```

Goods 表中的编号为"126063"的商品的 catgid 列是空值,在 Categories 表中没有与之相等的商品类别,所以在内连接的结果集未出现编号为"126063"的商品;而以 Goods 表为主体与 Categories 表进行外连接时,会将 catgid 列为空值的编号为"126063"的商品与一个全部由空值组成的万能行进行连接并放到结果集中。

例 4.41　以商品表为主体查询所有商品的编号、名称及其类型编号和名称(用右外连接)。

```
SELECT goodid, goodname, c.catgid, catgname
FROM goods g, categories c WHERE c.catgid(+) = g.catgid LIMIT 6;
```

假设表中数据同例 4.39,查询结果为:

```
 goodid        | goodname               | catgid | catgname
------------+----------------------+-------+---------------------
 12560557      |TensorFlow知识图谱实战   |      1 |图书、音像、电子书刊
 72082419757   |普安特宠物滴耳药          |    358 |宠物生活
 69488111449   |宠物眼药水               |    358 |宠物生活
 68327953786   |猫咪专用羊奶粉            |    359 |宠物主粮
 100232901206  |猫咪零食冻干桶            |    359 |宠物主粮
 126063        |麋鹿马克杯               | NULL  | NULL
(6 rows)
```

外连接的使用有一些限制,下面以例 4.42 为例进行演示说明。

例 4.42 以商品表和商品类别表为主体查询所有商品的编号、名称及其类型编号和名称。

分析:该例要查询所有商品编号、商品名称及其类型编号和名称,如果商品表中的某商品的类型编号为空,则只列出商品信息;如果商品类型表中某个商品类型在商品表中没有对应的商品,则只列出商品类型信息。

如果用下面的查询:

```
SELECT goodname, catgname FROM goods, categories
WHERE goods.catgid(+) = categories.catgid(+);
```

则会出错:

```
错误:  a predicate may reference only one outer-JOINed table
LINE 3: WHERE goods.catgid(+) = categories.catgid(+);
```

说明:外连接只能在连接的一端使用外连接操作符,而不能在两端同时使用外连接操作符。如果试图在连接的两端同时使用外连接操作符,就会出错。

如果使用下面的查询:

```
SELECT goodname, catgname FROM goods, categories
WHERE goods.catgid = categories.catgid(+) OR goods.catgid = '126063';
```

也会出错:

```
错误:  outer JOIN operator (+) not allowed in operand of OR or IN
```

说明:外连接查询中,不能将外连接条件与其他条件使用 OR 操作符连接。该例子只演示了使用外连接操作符常见的两种限制情况,要了解所有限制,可参考 KingbaseES 的联机帮助。

4.4 子查询

SQL 提供嵌套子查询机制。子查询是指嵌套在另一个查询中的 SELECT-FROM-WHERE 查询块。包含子查询的查询块被称为父查询或外层查询。子查询有以下几种类型。

(1) 按返回结果集分类。

① 单行单列子查询。

② 单行子查询;

③ 表子查询。

(2) 按出现位置分类。

① FROM 子句中的子查询。

② 其他 value 子查询,如 SCALAR(标量子查询)、ROW(行子查询)、EXISTS、

ALL、ANY。

(3) 按相关性分类。

① 相关子查询。

② 不相关子查询。

4.4.1 单行单列子查询

单行单列子查询不向外层的 SQL 语句返回结果,或者只返回一行一列,是单行子查询的一种特殊情况,这种子查询又称为标量子查询。标量子查询表达式的值是子查询的可选列表项的值。如果子查询返回 0 行,则标量子查询表达式的值为 NULL。如果单行单列子查询返回多行,则报错。标量子查询可以出现在返回单个值的表达式能够出现的任何地方。

例 4.43 查询商品编号为“72082419757”的商品的分类编号和名称。

分析:可以先从 Goods 表中查询编号为“72082419757”的商品的分类编号(因为每个商品的编号是唯一的,所以查询出的类别编号只有一个值),再从 Categories 表中查询分类编号等于该编号的商品分类信息。

```
SELECT catgid, catgname FROM categories WHERE catgid =
  (SELECT catgid FROM goods WHERE goodid = '72082419757');
```

查询结果为:

```
catgid|  catgname
------+-------------
 358  | 宠物生活
(1 row)
```

本例中,子查询的查询条件不依赖于外层查询,称为**不相关子查询**。一种求解方法是由里向外处理,即先执行子查询,子查询的结果用于建立其外层查询的查找条件。不相关子查询只执行一次。

对单行单列子查询,如果子查询的结果中有不止一行,则会产生一个运行时错误。

4.4.2 单行子查询

单行子查询不向外层的 SQL 语句返回结果,或者只返回一行。单行子查询可以放到外层查询的 WHERE、HAVING 或 FROM 子句中,可以使用 =、>、<、>=、<=、<>、!= 运算符来比较单行子查询。

下面这个例子在外层查询的 WHERE 子句中使用>操作符;单行子查询使用 AVG() 函数计算产品的平均价格,该值会被传递给外层查询的 WHERE 子句。整个查询最终的结果是获取价格高于平均价格的商品信息。

例 4.44 查询高于商品平均价格的商品编号、名称和价格信息。

分析:可以先从商品表中查询出所有商品的平均价格,再到商品表中查询出价格高于该平均价格的商品的编号、名称和价格信息。SQL 命令如下。

```
SELECT goodid, goodname, price FROM goods WHERE price >
  (SELECT CAST(AVG (price) as "money") FROM goods);
```

其中,CAST(AVG (price) as "money")为将经 AVG()函数计算得到的 numeric 类型结果转换为 money 类型进行比较。

查询结果为:

```
    goodid    |              goodname              |   price
--------------+------------------------------------+-------------
 623019788872 | 秋季时尚夹克                        |     $468.00
 637706933645 | 闪电潮牌运动裤                      |     $199.00
 644077592449 | 华硕笔记本电脑                      |  $10,909.00
 100026206044 | 运动手环                            |     $269.00
 5766977      | 红蜻蜓皮鞋                          |     $239.00
 100237322228 | Keep B2 手环                        |     $179.00
 100251163477 | 山水耳机                            |     $189.00
 70779232884  | 牧予运动套装                        |     $169.00
 657628401812 | 远山轻舟键盘                        |     $289.00
(9 rows)
```

例 4.45 查询价格高于同类平均价格的商品名及价格。

分析:例 4.44 中查询所有商品的平均价格是对商品表的所有行进行统计,对查询结果集中的每个商品信息来说,这个平均价格是相同的,因此可以先执行子查询,再执行外层查询。本例中要查询的商品的平均价格对结果集中的每个商品来说可能是不同的,取决于每个商品的 catgid,因此可以先取商品表(记为表 G)的第 1 行,用此行的 catgid 值从商品表(记为表 GD)中查询 catgid 等于它的那些行的平均价格,若此行的价格大于该平均价格,就把它送入查询结果中;然后再取表 G 的下一行,重复这一过程,直至表 G 全部检查完为止。

```
SELECT goodname, price FROM goods G WHERE price >
  (SELECT AVG(price) FROM goods GD WHERE GD.catgid = G.catgid )::money
ORDER BY goodid;
```

查询结果为:

```
         goodname          |        price
---------------------------+----------------------
 小迷糊护肤套装礼盒装       |             $119.90
 手环                       |             $269.00
 麦富迪猫零食               |              $98.00
 七匹狼钱包                 |             $100.00
 三只松鼠手撕鱿鱼片         |              $42.50
 三只松鼠夏威夷果           |              $46.80
 三只松鼠碧根果             |              $78.40
-- More --
```

该例中,子查询的查询条件依赖于外层查询,即出现了外层查询中的属性,这种子查询称为**相关子查询**。

当问题的答案需要依赖于外层查询表中每一行的某属性值时,通常就需要使用相关子查询。

相关子查询对于外层查询表中的每一行都会运行一次,这与不相关子查询是不同的,不相关子查询只在运行外层查询之前运行一次。

4.4.3 表子查询

表子查询可以分为返回多行的子查询与返回多列的子查询。

1. 多行子查询

多行子查询可以向外层的 SQL 语句返回一行或多行。要处理返回多行的子查询,外层查询可以使用 IN、ANY、ALL 或 EXISTS 操作符来引出子查询。

1) IN 引出的子查询

下面这个例子使用 IN 操作符来检查某个 custid 是否在子查询返回的 custid 值列表中。子查询返回顾客中姓林的顾客的 custid 列的值,而整个查询将返回所有林姓顾客的订单编号及订货时间。

例 4.46 查询姓林的顾客的订单编号及订货时间。

分析:先从 Customers 表中查询出姓林的顾客 id 集合,再从 Orders 表中查询顾客 id 包含在该集合中的订单 id 及订单提交时间(即订货时间)。

```
SELECT ordid, submtime FROM orders WHERE custid IN
  (SELECT custid FROM customers WHERE custname LIKE '林%');
```

查询结果为:

```
ordid       |submtime
------------+---------------------
578665997   |2021-12-05 00:00:00+08
578665999   |2021-08-05 00:00:00+08
240126048601|2022-05-02 16:09:00+08
(3 rows)
```

NOT IN 用来检查在值列表中是否不包含指定的值。

例 4.47 查询没有购买过商品的顾客 id 及姓名。

分析:先从 Orders 表中查询出购买过商品的顾客 id 集合,再从 Customers 表中查询不包含在该集合中的顾客 id 及姓名。

```
SELECT custid, custname FROM customers WHERE custid NOT IN
  (SELECT custid FROM orders);
```

查询结果为:

```
 custid  | custname
--------+------------
     21 | 杜助
     22 | 乔钢
     23 | 冯仞
     24 | 叶舷
     25 | 江军
     26 | 邹瀛
-- More --
```

2）EXISTS 引出的子查询

EXISTS 操作符用于检查子查询的结果中是否为空集合。如果不是空集合则返回 true。EXISTS 通常用于相关子查询。

NOT EXISTS 执行的操作在逻辑上刚好与 EXISTS 相反。当子查询的结果中是空集合时返回 true。

例 4.48 查询店铺"壹品宠物生活专营店"销售的商品名称和价格。

分析：本查询涉及 Goods、Supply 和 Shopstores 三个表。在例 4.32 中，用 JOIN 连接实现了该查询。这里用另一种思路：在商品表中依次取每个商品的 goodid 值，用此值去检查 Supply 表，若 Supply 表中存在这样的行，其 goodid 值等于此 goods.goodid 值，并且用该行的 shopid 值去检查 Shopstores 表，如果 Shopstores 表中存在这样的行，其 shopid 等于 supply.shopid 并且 shopname 等于"壹品宠物生活专营店"，则商品表中的此 goodid 对应的 goodname 和 price 值就应该送入结果。写成 SQL 语句为：

```
SELECT G.goodname, G.price FROM goods G WHERE EXISTS
   (SELECT * FROM supply S WHERE G.goodid = S.goodid and EXISTS
   (SELECT * FROM shopstores H WHERE S.shopid = H.shopid
     and H.shopname = '壹品宠物生活专营店'));
```

该查询还可以用 IN 引出的子查询来实现，SQL 语句如下。

```
SELECT G.goodname, G.price FROM goods G WHERE goodid in
   (SELECT goodid FROM supply S WHERE shopid in
   (SELECT shopid FROM shopstores H
     WHERE H.shopname = '壹品宠物生活专营店'));
```

例 4.49 查询购买了"小迷糊素颜霜"的顾客编号和顾客名称。

分析：若顾客的订单中有名称为"小迷糊素颜霜"的商品，则顾客购买了该商品。但订单表（Orders）中没有商品号，每个订单中有哪些商品是存储在订单明细表（Lineitems）中的，而 Lineitems 中没有商品名称，商品名称存储在商品表（Goods）中。所以，这个查询涉及 Customers、Orders、Lineitems 和 Goods 四个表。可能的查询思路为：若一个顾客存在这样的订单，该订单中若存在这样的订单明细，该订单明细表中若存在这样的商品号，在商品表中若存在这样的行，其商品号等于订单明细表中的商品号并且商品名称中包含"小迷糊素颜霜"，则这个顾客就购买了"小迷糊素颜霜"。

```
SELECT custid, custname FROM customers C WHERE EXISTS
  (SELECT * FROM orders O WHERE C.custid = O.custid and EXISTS
   (SELECT * FROM lineitems L WHERE O.ordid = L.ordid and EXISTS
    (SELECT * FROM goods G
      WHERE G.goodid = L.goodid and goodname LIKE '%小迷糊素颜霜%')));
```

查询结果为：

```
custid | custname
-------+----------
     5 | 程同光
     6 | 邱涛
(2 rows)
```

例 4.50　查询没有购买过商品的顾客 id 及姓名。

分析：例 4.47 中用 NOT IN 实现了该查询。这里用另一种思路：在 Customers 中依次取每个顾客的 custid 值，用此值去检查 Orders 表，若 Orders 表中不存在这样的行，其 custid 值等于 customers.custid 值，该顾客就没有订单，也就是没有购买过商品。SQL 命令如下。

```
SELECT custid, custname FROM customers C WHERE NOT EXISTS
  (SELECT * FROM orders O WHERE O.custid = C.custid);
```

例 4.51　查询至少购买了顾客"程同光"购买过的全部商品的顾客。

```
SELECT CA.custname FROM customers CA WHERE NOT EXISTS
  (SELECT * FROM orders OB, lineitems LB, customers CB
   WHERE OB.ordid = LB.ordid and OB.shopid = LB.shopid and
    OB.custid = CB.custid and CB.custname = '程同光' and NOT EXISTS
     (SELECT * FROM orders OC, lineitems LC
       WHERE OC.ordid = LC.ordid and OC.shopid = LC.shopid and
      OC.custid = CA.custid and LC.goodid = LB.goodid));
```

查询结果为：

```
custname
-----------
 程同光
 邱涛
(2 rows)
```

3）EXISTS 和 NOT EXISTS 与 IN 和 NOT IN 的比较

IN 操作符用来检查特定的值是否存在于值列表中。EXISTS 与 IN 不同：EXISTS 只是检查行的存在性，而 IN 则要检查实际值。

通常，EXISTS 的性能比 IN 高，因此应该尽可能地使用 EXISTS，而不是 IN。

NOT EXISTS 和 NOT IN 之间有如下重要区别：当值列表包含空值时，NOT EXISTS

返回 true,而 NOT IN 则返回 false。

4）使用 ALL 的子查询

ALL 操作符可以用来将值与列表中的所有值进行比较。在查询中,在 ALL 操作符之前,必须使用＝、<>、<、>、<＝或>＝操作符。若外层查询该条件中的属性与列表中的所有值满足操作符,则该条件为 true。

例 4.52 查询最高收入的顾客姓名以及收入范围。

分析：在顾客表中,顾客的收入是一个范围值,包括最低收入到最高收入。可以先查询出所有顾客的最高收入集合,然后再查询这样的顾客,其最高收入大于或等于最高收入集合中的所有值。

```
SELECT custname, mi FROM "customers" c WHERE upper(c.mi) >= ALL
  (SELECT upper(c2.mi) FROM "customers" c2);
```

查询结果为:

```
custname  |      mi
--------+---------------------
 熊庚      | [4356,400356)
( 1 rows )
```

upper()函数和 lower()函数可以抽取范围数据类型的上界与下界。同时还可以使用聚集函数 max()实现上述查询,"大于或等于所有顾客最高收入"等同于"等于顾客最高收入的最大值",如例 4.53。

例 4.53 使用聚集函数 max()查询实现例 4.52。

```
SELECT custname, mi FROM "customers" c WHERE upper(c.mi) =
  (SELECT max(upper (c2.mi)) FROM "customers" c2);
```

查询结果为:

```
custname  |      mi
--------+---------------------
 熊庚      | [4356,400356)
( 1 rows )
```

可见结果与上述例子相同。

5）使用 ANY 的子查询

ANY 操作符可以用来将值与列表中的任何一值进行比较。在查询中,在 ANY 操作符之前,必须使用＝、<>、<、>、<＝或>＝操作符。若外层查询该条件中的属性与列表中的某个值满足操作符,则该条件为 true。

例 4.54 查询最高收入低于任一顾客最低收入的顾客姓名以及收入范围。

```
SELECT custname, mi FROM "customers" c WHERE upper(c.mi) < ANY
  (SELECT lower(c2.mi) FROM "customers" c2);
```

查询结果为：

```
custname   |      mi
-----------+------------------
 林心水     | [1001,2001)
 江文曜     | [11000,12000)
 吕浩初     | [2000,2010)
 程同光     | [1001,1011)
 邱涛      | [11000,11010)
 石盈      | [1001,1002)
-- More --
```

同样地也可以使用聚集函数 max() 实现上述例子，小于任意顾客最低收入与小于顾客最低收入的最大值是等价的。

例 4.55　使用聚集函数 max() 查询最高收入低于任一顾客最低收入的顾客姓名以及收入范围。

```
SELECT custname, mi FROM "customers" c WHERE upper(c.mi) <
    (SELECT max(lower(c2.mi)) FROM "customers" c2);
```

查询结果为：

```
custname   |      mi
-----------+------------------
 林心水     | [1001,2001)
 江文曜     | [11000,12000)
 吕浩初     | [2000,2010)
 程同光     | [1001,1011)
 邱涛      | [11000,11010)
 石盈      | [1001,1002)
-- More --
```

可见结果同样与上例相同。

操作符 ANY 和 ALL 与聚集函数 MAX() 与 MIN() 的转换关系如表 4.2 所示，可以灵活使用这两种表达方式。但使用聚集函数实现子查询通常比直接用 ANY 或 ALL 查询效率要高。

表 4.2　ANY、ALL 操作符与函数 MAX()、MIN() 的转换关系

	<	<=	>	>=
ANY	<MAX()	<=MAX()	>MIN()	>=MIN()
ALL	<MIN()	<=MIN()	>MAX()	>=MAX()

2. 多列子查询

子查询也可以返回多行多列。

例 4.56　查询每种类型的商品中价格最低的商品编号及名称。

分析：先从 Goods 表中查询出每类商品的分类编号及最低价格集合，再从 Goods 表中查询分类编号及价格包含在该集合中的商品 id 及商品名称。

```
SELECT goodid, goodname FROM goods WHERE (catgid, price) IN
  (SELECT catgid, MIN(price) FROM goods GROUP BY catgid)
ORDER BY catgid, goodid;
```

查询结果为：

```
   goodid    |                      goodname
-------------+---------------------------------------------------
 100008048728| 玖慕 SZ002
 100012178380| 小迷糊防晒霜
 100237322228| Keep B2 手环
 100251163477| 山水 (SANSUI) TW12
 12366       | 精装台历
-- More --
```

4.4.4 FROM 子句中的子查询

在外层查询的 FROM 子句中也可以使用子查询，这种子查询也称为**内联视图**（Inline View），因为子查询为 FROM 子句提供内联数据。

例 4.57 例 4.56 可以改写为：

```
SELECT goodid, goodname FROM goods g,
    (SELECT catgid, MIN(price) FROM goods GROUP BY catgid) as mg(mcatgid, mprice)
WHERE g.catgid=mg.mcatgid and g.price = mg.mprice
ORDER BY catgid, goodid;
```

通常，FROM 中的子查询中不能使用来自 FROM 子句其他表中的列，如果想引用在该子查询前面的表或子查询中的列，可以在该子查询前放置关键字 LATERAL。

例 4.58 查询前 5 位顾客的姓名以及对应的订单 ordid 以及订单金额 finlbal。

```
SELECT c."custid", c."custname", ordid, finlbal FROM "customers" c ,
  LATERAL (SELECT * FROM "orders" o WHERE o."custid" = c."custid")
ORDER BY c."custid" LIMIT 5;
```

查询结果为：

```
 custid | custname |   ordid     | finlbal
--------+----------+-------------+----------
      1 | 林心水    | 240126048601| $100.08
      2 | 江文曜    | 236995464477|  $99.00
      3 | 吕浩初    | 230407649462|  $97.99
      4 | 萧承望    | 225143348139|  $26.90
      5 | 程同光    | 219441537701| $142.80
(5 rows)
```

可以看到,LATERAL 关键字可以让我们引用之前的 FROM 子句中的表 Customers 中的 custid 列。

4.4.5　WITH 子句

WITH 子句提供定义临时表的方法,这个定义只对包含 WITH 子句的查询语句有效。可以将一个数据查询语句定义为临时表,也可以将带有 RETURNING 的数据更新语句定义为临时表。

1. WITH 中的数据查询语句

可以将例 4.55 中查找顾客最低工资的最大值的查询语句定义为一个临时表,然后将该临时表与 Customers 表连接起来查找最高工资低于任一顾客最低工资的顾客姓名以及收入范围。SQL 语句如下。

```
WITH max_minsal(maxminsal) AS
    (SELECT max(lower(mi)) FROM "customers" )
  SELECT custname, mi FROM "customers" c, max_minsal
  WHERE upper(c.mi) < maxminsal;
```

WITH 子句使查询在逻辑上更加清晰,它还允许在一个查询内的多个地方使用临时表定义。

例 4.59　查询所有最低价格大于各类型商品最低价格均值的商品类别编号。

```
WITH catg_min(catgid, minp) AS
    (SELECT catgid, MIN(price) FROM goods GROUP BY catgid),
  catg_min_avg(min_avg) AS
    (SELECT AVG(minp) FROM catg_min)
  SELECT catgid FROM catg_min, catg_min_avg
  WHERE catg_min. minp ::NUMERIC > catg_min_avg.min_avg;
```

说明：临时表 catg_min 对应每类商品的最低价格查询结果,catg_min_avg 对应从临时表 catg_min 查询得到的各类型商品最低价格均值。临时表定义后即可以在其后面的子句中使用。当然也可以不用 WITH 子句来建立等价的查询,但是那样会复杂很多,而且也不易看懂。

2. WITH 中的数据修改语句

可以在 WITH 中使用数据修改语句(INSERT、UPDATE 或 DELETE)。这允许用户在同一个查询中执行多个不同操作。

例 4.60　将从订单表 Orders 中删除的 2020 年的订单信息插入新日志表 orders_log 中。

```
WITH moved_rows AS (
  DELETE FROM "orders" o
  WHERE o."submtime" BETWEEN '2020-1-1' AND '2020-12-31' RETURNING * )
INSERT INTO orders_log
SELECT * FROM moved_rows;
```

说明：这个查询实际上从 Orders 表中把行移动到 orders_log。WITH 中的 DELETE 语句删除来自 Orders 表的指定行，以 RETURNING 子句返回被删除的内容形式临时表，接着从该临时表查询所有数据并将其插入 orders_log。

正如上述例子所示，WITH 中的数据修改语句通常具有 RETURNING 子句，它形成了其他查询可以引用的临时表。如果一个 WITH 中的数据修改语句缺少一个 RETURNING 子句，则它形不成临时表并且不能在其他查询中被引用。但是这样的语句也将被执行。例如：

```
WITH t AS ( DELETE FROM orders )
DELETE FROM customers;
```

这个语句从表 Orders 和 Customers 中移除所有行。被报告给客户端的受影响行数目可能只包括从 Customers 中移除的行。

数据更新语句中不允许递归自引用。这时可以采取引用一个递归 WITH 的输出来实现，例如：

```
WITH RECURSIVE catg_hierarchy( catgid, parentid, curr_level, catgname) AS (
  SELECT catgid, parentid, 0 as curr_level, catgname FROM categories WHERE catgid = 1
  UNION ALL
  SELECT C.catgid, C.parentid, curr_level + 1, C.catgname
  FROM catg_hierarchy H, categories C WHERE H.catgid = C.parentid
)
DELETE FROM categories WHERE catgid IN (SELECT catgid FROM catg_hierarchy)
```

这个查询将删除商品种类 catgid 为 1 的所有直接或间接子类。

4.5 集合操作

集合操作符可以将两个或多个查询返回的行组合起来。表 4.3 给出了 4 种集合操作符。

表 4.3 4 种集合操作符

操 作 符	说 明
UNION ALL（全并）	返回各个查询检索出的所有行，包括重复的行
UNION（并）	返回各个查询检索出的所有行，不包括重复行
INTERSECT（交）	返回两个查询检索出的共有行
EXCEPT/MINUS（差）	返回从第一个查询检索出的行中减去第二个查询检索出的行之后剩余的行

当使用集合操作符的时候，必须牢记如下限制条件：所有查询返回的列数以及列的类型必须匹配，但列名可以不同。

本节将介绍该表中的每一种集合操作符。

4.5.1 使用 UNION ALL 操作符

UNION ALL 操作符返回查询检索出的所有行,包括重复的行,即相同行会同时保留。

例 4.61 查询顾客"程同光"和"邱涛"购买过的全部商品信息。

```
SELECT G.goodid, G.goodname, G.mfrs, G.brand, G.price
FROM goods G WHERE goodid in
  (SELECT goodid FROM orders OB, lineitems LB, customers CB
  WHERE OB.ordid = LB.ordid and OB.shopid = LB.shopid and
  OB.custid = CB.custid and CB.custname = '程同光')
UNION ALL
SELECT G.goodid, G.goodname, G.mfrs, G.brand, G.price
FROM goods G WHERE goodid in
  (SELECT goodid FROM orders OB, lineitems LB, customers CB
  WHERE OB.ordid = LB.ordid and OB.shopid = LB.shopid and
  OB.custid = CB.custid and CB.custname = '邱涛');
```

查询结果为:

```
     goodid     |    goodname    |   mfrs   |   brand   |  price
---------------+----------------+----------+-----------+----------
 100007325720 | 小迷糊护肤套装   | 小迷糊   | 小迷糊    | $119.90
 100012178380 | 小迷糊防晒霜     | 小迷糊   | 小迷糊    | $39.90
 7532692       | 小迷糊素颜霜     | 小迷糊   | 小迷糊    | $29.90
 100012178380 | 小迷糊防晒霜     | 小迷糊   | 小迷糊    | $39.90
 7532692       | 小迷糊素颜霜     | 小迷糊   | 小迷糊    | $29.90
 100007325720 | 小迷糊护肤套装   | 小迷糊   | 小迷糊    | $119.90
 100008048728 | 玖慕围巾         | 玖慕     | 玖慕      | $128.00
(7 rows)
```

注意顾客"程同光"购买过的商品信息和顾客"邱涛"购买过的商品信息全都被检索出来了,包括他们都购买过的也就是重复的行也被显示在结果中。

例 4.62 查询顾客"程同光"和"邱涛"购买过的全部商品信息,并按照商品编号进行排序。

```
SELECT G.goodid, G.goodname, G.mfrs, G.brand, G.price FROM goods G
WHERE goodid in (SELECT goodid FROM orders OB, lineitems LB, customers CB
          WHERE OB.ordid = LB.ordid and OB.shopid = LB.shopid and
          OB.custid = CB.custid and CB.custname = '程同光')
UNION ALL
SELECT G.goodid, G.goodname, G.mfrs, G.brand, G.price FROM goods G
WHERE goodid in (SELECT goodid FROM orders OB, lineitems LB, customers CB
          WHERE OB.ordid = LB.ordid and OB.shopid = LB.shopid and
          OB.custid = CB.custid and CB.custname = '邱涛')
ORDER BY 1;
```

查询结果为:

```
      goodid    |    goodname    |   mfrs    |   brand   | price
------------+----------------+-----------+-----------+---------
  100007325720 | 小迷糊护肤套装  | 小迷糊    | 小迷糊    | $119.90
  100007325720 | 小迷糊护肤套装  | 小迷糊    | 小迷糊    | $119.90
  100008048728 | 玖慕围巾        | 玖慕      | 玖慕      | $128.00
  100012178380 | 小迷糊防晒霜    | 小迷糊    | 小迷糊    | $39.90
  100012178380 | 小迷糊防晒霜    | 小迷糊    | 小迷糊    | $39.90
  7532692      | 小迷糊素颜霜    | 小迷糊    | 小迷糊    | $29.90
  7532692      | 小迷糊素颜霜    | 小迷糊    | 小迷糊    | $29.90
(7 rows)
```

4.5.2　使用 UNION 操作符

UNION 操作符返回查询检索出的所有非重复行。下面的例子使用了 UNION 操作符，与 UNION ALL 相比去除了结果中的重复行即相同行只保留一个。

例 4.63　查询顾客"程同光"和"邱涛"购买过的全部商品信息。

```
SELECT G.goodid, G.goodname, G.mfrs, G.brand, G.price FROM goods G
WHERE goodid in (SELECT goodid FROM orders OB, lineitems LB, customers CB
          WHERE OB.ordid = LB.ordid and OB.shopid = LB.shopid and
          OB.custid = CB.custid and CB.custname = '程同光')
UNION
SELECT G.goodid, G.goodname, G.mfrs, G.brand, G.price FROM goods G
WHERE goodid in (SELECT goodid FROM orders OB, lineitems LB, customers CB
          WHERE OB.ordid = LB.ordid and OB.shopid = LB.shopid and
          OB.custid = CB.custid and CB.custname = '邱涛');
```

查询结果为：

```
      goodid    |    goodname    |   mfrs    |   brand   | price
------------+----------------+-----------+-----------+---------
  100007325720 | 小迷糊护肤套装  | 小迷糊    | 小迷糊    | $119.90
  100008048728 | 玖慕围巾        | 玖慕      | 玖慕      | $128.00
  100012178380 | 小迷糊防晒霜    | 小迷糊    | 小迷糊    | $39.90
  7532692      | 小迷糊素颜霜    | 小迷糊    | 小迷糊    | $29.90
(4 rows)
```

顾客"程同光"和"邱涛"都购买过的商品信息只显示 1 次，因此只返回 4 行。

4.5.3　使用 INTERSECT 操作符

INTERSECT 操作符返回两个查询检索出的共有行。

例 4.64　查询顾客"程同光"和"邱涛"都购买过的全部商品信息。

```
SELECT G.goodid, G.goodname, G.mfrs, G.brand, G.price FROM goods G
WHERE goodid in (SELECT goodid FROM orders OB, lineitems LB, customers CB
          WHERE OB.ordid = LB.ordid and OB.shopid = LB.shopid and
          OB.custid = CB.custid and CB.custname = '程同光')
```

```
INTERSECT
SELECT G.goodid, G.goodname, G.mfrs, G.brand, G.price FROM goods G
WHERE goodid in (SELECT goodid FROM orders OB, lineitems LB, customers CB
            WHERE OB.ordid = LB.ordid and OB.shopid = LB.shopid and
            OB.custid = CB.custid and CB.custname = '邱涛');
```

查询结果为:

```
    goodid     |     goodname     | mfrs  | brand  | price
---------------+------------------+-------+--------+---------
 100007325720  | 小迷糊护肤套装     | 小迷糊 | 小迷糊 | $119.90
 100012178380  | 小迷糊防晒霜       | 小迷糊 | 小迷糊 | $39.90
 7532692       | 小迷糊素颜霜       | 小迷糊 | 小迷糊 | $29.90
(3 rows)
```

4.5.4　使用 EXCEPT 操作符

操作符返回从第一个查询检索出的行中减去第二个查询检索出的行之后剩余的行。

例 4.65　查询顾客"程同光"没有购买过而顾客"邱涛"购买过的全部商品信息。

```
SELECT G.goodid, G.goodname, G.mfrs, G.brand, G.price FROM goods G
WHERE goodid in (SELECT goodid FROM orders OB, lineitems LB, customers CB
            WHERE OB.ordid = LB.ordid and OB.shopid = LB.shopid and
            OB.custid = CB.custid and CB.custname = '邱涛')
EXCEPT
SELECT G.goodid, G.goodname, G.mfrs, G.brand, G.price FROM goods G
WHERE goodid in (SELECT goodid FROM orders OB, lineitems LB, customers CB
            WHERE OB.ordid = LB.ordid and OB.shopid = LB.shopid and
            OB.custid = CB.custid and CB.custname = '程同光');
```

查询结果为:

```
    goodid     | goodname  |    mfrs    |     brand      |  price
---------------+-----------+------------+----------------+-----------
 100008048728  | 玖慕围巾   |    玖慕     |    玖慕         | $128.00
(1 row)
```

说明:求差运算也可以用 MINUS 操作符,它的用法与作用与 EXCEPT 相同。

4.6　层次查询

层次结构的数据比较常见,例如,在 Seamart 数据库的商品类别表 Categories 中,catgid 为商品类别编号,catgname 为商品类别名,parentid 为当前类别的父类别编号,currlevel 为当前类别在该类别树中的层级。表中的数据之间存在层次关系,例如,在如表 4.4 所示的 Categories 表的数据中,catgid 为 2 的元组是 catgid 为 3 的元组的上层结点。层次可以用一个倒立的树结构表示。树由相互连接的结点组成。每个结点可能会连接 0 个或多个子结点。Categories 表数据的层次结构如图 4.1 所示。

表 4.4　Categories 表的数据

catgid	catgname	parentid	currlevel
1	图书、音像、电子书刊	NULL	1
2	电子书刊	1	2
3	电子书	2	3
4	网络原创	2	3
5	音像	1	2
6	音乐	5	3
7	影视	5	3
8	英文原版	1	2
9	少儿	8	3
10	商务投资	8	3

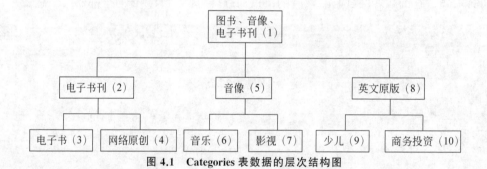

图 4.1　Categories 表数据的层次结构图

这里有一些技术术语,现介绍如下。

(1) 根结点。根结点是位于树最顶端的结点。

(2) 父结点。父结点是下层有一个或多个结点的结点。

(3) 子结点。子结点是其上层有一个结点的结点。

(4) 叶结点。叶结点是没有子结点的结点。

(5) 兄弟结点。兄弟结点是具有相同父结点的结点。

层次查询是一种特定类型的查询,用于在基于父子关系的数据中以层次顺序返回结果集中的记录。通常,在层次查询中,结果集的记录为一棵或多棵树中的结点。使用 SELECT 语句的 CONNECT BY 和 START WITH 子句可以实现层次化查询,接下来加以介绍。后面还将介绍如何使用 WITH 子句来执行层次化查询。

4.6.1　查询语法

层次查询的 SQL 基本语法为:

```
SELECT [LEVEL], column, expression, …
```

```
FROM table
[WHERE where_clause]
[[START WITH start_condition] [CONNECT BY prior_condition]];
```

该查询中 START WITH 子句用于指定层次化查询的开始结点,找到开始结点后按照一定的规则开始查找其子结点。例如,可以将 start_condition 定义为 catgid＝1,表示查询从 catgid 为 1 的结点开始。

CONNECT BY 子句通过 PRIOR 运算符指定用于查找子结点的规则。PRIOR 运算符用于在当前元组的父元组上求值,如果当前元组是根元组,则结果为 NULL。如果将具有层次关系的数据表示为树结构,例如,如图 4.1 所示的 Categories 表的树结构,可以按照从父结点到子结点的顺序自顶向下地查找树结构,也可以按照从子结点到父结点的顺序自底向上地查找树结构,得到的查询结果是一棵或多棵树(注意,结果树中结点之间的父子关系与原树结构中结点间的父子关系可能不一致)。PRIOR 运算符放置在连接关系(prior_condition)中的位置,以及父结点与子结点在 CONNECT BY PRIOR 子句中的顺序,能够决定查找树结构的顺序是自顶向下还是自底向上。本节中先介绍自顶向下查找树结构,后面再介绍自底向上查找树结构。

例 4.66　查看商品类别"图书、音像、电子书刊"(catgid＝1)的从属类别。

```
SELECT catgid, parentid, catgname FROM categories
START WITH catgid = 1
CONNECT BY PRIOR catgid = parentid;
```

查询结果为:

```
catgid  | parentid |      catgname
--------+----------+------------------------------
     1  |   NULL   |图书、音像、电子书刊
     8  |     1    |英文原版
    10  |     8    |商务投资
     9  |     8    |少儿
     5  |     1    |音像
     7  |     5    |影视
     6  |     5    |音乐
     2  |     1    |电子书刊
     4  |     2    |网络原创
     3  |     2    |电子书
( 10 rows )
```

说明:在 CONNECT BY PRIOR catgid = parentid 子句中,PRIOR 在"="的左边,可以将这里的"="理解为向右的单向箭头"→",即 catgid →parentid,表示查找规则为"作为父结点的当前结点的 catgid 指向其下层子结点的 parentid"(注意:这里的父结点与子结点指的是查询结果集中结点之间的层次关系)。对于 catgid = 1 的结点,按照该规则查找其所有子结点,分别得到查询结果中 catgid 为 2、5 和 8 的结点;再对这些结点按照同样的规则,分别查找其子结点,得到 catgid 为 3、4、6、7、9 和 10 的结点;再对得到的这些结点按照同

样的规则分别查找其子结点,如此重复下去,直到找不到满足规则的结点为止。

例4.66中的命令可以改为:

```
SELECT catgid, parentid, catgname FROM categories
START WITH catgid = 1
CONNECT BY parentid = PRIOR catgid;
```

在 CONNECT BY parentid = PRIOR catgid 子句中,PRIOR 在"="的右边,可以将这里的"="理解为向左的单向箭头"←",即 parentid←catgid,查找规则还是"作为父结点的当前结点的 catgid 指向其下层子结点的 parentid",所以查询结果同例4.66。

connect_by_root 操作符用于在当前层次查询的根(Root)元组上求值。用在列名之前表示取此行的根结点的相同列的值。

例4.67 查看以商品类别"图书、音像、电子书刊"(catgid=1)为根结点的层次树上的所有结点,并且在每个结点对应行中增加一列 rootid,值等于其父结点的 rootid。

```
SELECT  catgid,  parentid,  catgname,  connect _ by _ root  catgid  as  rootid
FROM categories
START WITH catgid = 1
CONNECT BY PRIOR catgid = parentid;
```

查询结果为:

```
catgid | parentid |     catgname      | rootid
------ +--------- +-------------------+---------------
    1  |   NULL   | 图书、音像、电子书刊 |       1
    8  |      1   | 英文原版           |       1
   10  |      8   | 商务投资           |       1
    9  |      8   | 少儿              |       1
    5  |      1   | 音像              |       1
    7  |      5   | 影视              |       1
    6  |      5   | 音乐              |       1
    2  |      1   | 电子书刊           |       1
    4  |      2   | 网络原创           |       1
    3  |      2   | 电子书            |       1
( 10 rows )
```

说明:当前查询的根结点是 catgid=1 的元组,所以查询结果中每一行的 rootid 都是1。

如果想查看以各商品类别结点为根结点的层次树上的所有结点,并且在每个结点对应行中增加一列 rootid,值等于其父结点的 rootid,将上述命令中的"START WITH catgid = 1"改为"START WITH NVL(parentid,0) = (select NVL(parentid,0) from categories)"即可。

对树进行遍历不一定要从根结点开始,可以使用 START WITH 子句指定任意开始结点。下面这个查询就是从"电子书刊"类别开始的。

例4.68 查询商品类别"电子书刊"的从属类别。

```
SELECT catgid, parentid, catgname FROM categories
START WITH catgname = '电子书刊'
CONNECT BY PRIOR catgid = parentid;
```

查询结果为：

```
catgid   | parentid |        catgname
---------+----------+--------------------------------
    2    |    1     |电子书刊
    4    |    2     |网络原创
    3    |    2     |电子书
(3 rows)
```

同样地，也可以指定电子书刊相应的类别 id 进行查询。上述命令可以改为：

```
SELECT catgid, parentid, catgname FROM categories
START WITH catgid = 2
CONNECT BY PRIOR catgid = parentid;
```

查询结果为：

```
catgid   | parentid |        catgname
---------+----------+--------------------------------
    2    |    1     |电子书刊
    4    |    2     |网络原创
    3    |    2     |电子书
 (3 rows)
```

4.6.2　伪列

在层次查询中使用伪列，可以更清楚地表达数据之间的层次关系。伪列与普通列十分相似，但其值并不在表中存储，只能用来查询，不能进行增删改操作。层次查询具有三个伪列，如表 4.5 所示。

表 4.5　层次查询的伪列列表

伪　　列	描　　述
LEVEL 伪列	描述当前元组所在的层
CONNECT_BY_ISLEAF 伪列	描述当前结点是否为叶结点。若是则为 1，否则为 0
CONNECT_BY_ISCYCLE 伪列	如果一个元组的 CONNECT_BY_ISCYCLE 值是 1，则代表这个元组有子元组，并且这个子元组又是它的祖先元组，即数据库中的数据成环；否则为 0

下面这个查询使用伪列 LEVEL 显示结点在树中的层次。

例 4.69　查看商品类别"图书、音像、电子书刊"（catgid＝1）的从属类别并标明当前类别层次。

```
SELECT LEVEL, catgid, parentid, catgname FROM categories
START WITH catgid = 1
CONNECT BY PRIOR catgid = parentid
ORDER BY LEVEL;
```

查询结果为：

```
level   | catgid  | parentid |  catgname
------+-------+--------+--------------------
    1 |     1 |   NULL  |图书、音像、电子书刊
    2 |     5 |      1  |音像
    2 |     2 |      1  |电子书刊
    2 |     8 |      1  |英文原版
    3 |     6 |      5  |音乐
    3 |     4 |      2  |网络原创
    3 |     3 |      2  |电子书
    3 |    10 |      8  |商务投资
    3 |     9 |      8  |少儿
    3 |     7 |      5  |影视
( 10 rows )
```

下面查询使用 count( )函数和 LEVEL 伪列获得树中的层次总数。

例 4.70　查询商品类别"图书、音像、电子书刊"(catgid＝1)类别树的层次总数。

```
SELECT count(DISTINCT LEVEL) FROM categories
START WITH catgid = 1
CONNECT BY PRIOR catgid = parentid;
```

查询结果为：

```
count
----------
      3
(1 row)
```

可以使用 CONNECT_BY_ISLEAF 伪列来判断当前结点是否为叶结点。若是则为 1，否则为 0。

例 4.71　查看商品类别"图书、音像、电子书刊"(catgid＝1)的从属类别并标明当前结点是否为叶结点。

```
SELECT CONNECT_BY_ISLEAF, catgid, parentid, catgname FROM "categories"
START WITH catgid = 1
CONNECT BY PRIOR catgid = parentid
ORDER BY catgid;
```

查询结果为：

```
connect_by_isleaf   | catgid | parentid |    catgname
-----------------+-------+--------+----------------
                0 |     1 |   NULL  |图书、音像、电子书刊
                0 |     2 |      1  |电子书刊
                1 |     3 |      2  |电子书
                1 |     4 |      2  |网络原创
                0 |     5 |      1  |音像
```

```
      1  |      6  |        5  | 音乐
      1  |      7  |        5  | 影视
      0  |      8  |        1  | 英文原版
      1  |      9  |        8  | 少儿
      1  |     10  |        8  | 商务投资
(10 rows)
```

下面使用 CONNECT_BY_ISCYCLE 伪列来判断表中是否存在环,若有环则为 1,否则为 0。

例 4.72 查看商品类别"图书、音像、电子书刊"(catgid＝1)的从属类别并标明当前结点是否存在环。

```
SELECT CONNECT_BY_ISCYCLE, catgid, parentid, catgname,
ltrim(sys_connect_by_path(catgid,'->'),'->') FROM "categories"
START WITH catgid = 1
CONNECT BY NOCYCLE PRIOR catgid = parentid
ORDER BY catgid;
```

查询结果为：

```
connect_by_iscycle | catgid | parentid |      catgname      | ltrim
-------------------+--------+----------+--------------------+-----------
               0   |     1  |   NULL   | 图书、音像、电子书刊 | 1
               0   |     2  |      1   | 电子书刊            | 1->2
               0   |     3  |      2   | 电子书              | 1->2->3
               0   |     4  |      2   | 网络原创            | 1->2->4
               0   |     5  |      1   | 音像                | 1->5
               0   |     6  |      5   | 音乐                | 1->5->6
               0   |     7  |      5   | 影视                | 1->5->7
               0   |     8  |      1   | 英文原版            | 1->8
               0   |     9  |      8   | 少儿                | 1->8->9
               0   |    10  |      8   | 商务投资            | 1->8->10
(10 rows)
```

说明：可以看到该层次结构的数据中并不存在环。其中,SYS_CONNECT_BY_PATH()函数的主要作用是可以把一个父结点下的所有子结点通过某个字符进行连接,然后在一个列中显示。而 ltrim()函数则是将该结果中最左侧的"－＞"字符去除,使得最终结果更规范美观。这样一个树状结构的数据就可以直观地观察。

4.6.3 结果格式化

通过使用 LEVEL 伪列和 LPAD()函数对层次查询结果进行格式化处理,可以更加直观地了解到数据之间的层次关系。

例 4.73 从商品类别"图书、音像、电子书刊"开始,其 catgid＝1,格式化输出类别信息。

```
SELECT LEVEL, LPAD(' ', 2 * LEVEL) || catgname AS catgname FROM categories
START WITH catgid = 1
```

```
CONNECT BY PRIOR catgid = parentid;
```

查询结果为：

```
level |          catgname
----- +-----------------------------
    1 | 图书、音像、电子书刊
    2 |   英文原版
    3 |     商务投资
    3 |     少儿
    2 |   音像
    3 |     影视
    3 |     音乐
    2 |   电子书刊
    3 |     网络原创
    3 |     电子书
( 10 rows )
```

说明：LPAD()函数用于在数据的左边填充字符，可以根据不同LEVEL填充不同个数的空格，从而缩进显示类别的名字。该例中，LPAD(' ', 2 * LEVEL)表示在数据左边填充2×LEVEL个空格。对查询结果进行格式化，使得各个商品类别间的层次关系更加清晰。

4.6.4　指定层次查询的开始结点

在START WITH子句中可以使用子查询来指定层次查询的开始结点。例如，可以先使用子查询来找到名为"TensorFlow知识图谱实战"的商品的类别id，而后传递给START WITH子句，从而得到该商品所属类别的层次关系。

例4.74　查询名为"TensorFlow知识图谱实战"的商品所属类别的所有下层结点。

```
SELECT LEVEL, LPAD(' ', 2 * LEVEL-1) || catgname AS catgname, currlevel
FROM categories
START WITH catgid = (
  SELECT catgid FROM goods WHERE goodname = 'TensorFlow知识图谱实战')
CONNECT BY PRIOR catgid = parentid;
```

查询结果为：

```
level |        catgname      | currlevel
----- +---------------------+---------------
    1 |图书、音像、电子书刊     |      1
    2 |  英文原版             |      2
    3 |    商务投资           |      3
    3 |    少儿              |      3
    2 |  音像               |      2
    3 |    影视              |      3
    3 |    音乐              |      3
    2 |  电子书刊            |      2
    3 |    网络原创          |      3
    3 |    电子书            |      3
( 10 rows )
```

可以看到名为"TensorFlow 知识图谱实战"的商品所属类别"图书、音像、电子书刊"之下包含当前 Categories 表的所有类别。

4.6.5　自底向上的层次查询

如需要按照从子结点到父结点的顺序查找树结构,可以交换父结点与子结点在 CONNECT BY PRIOR 子句中的顺序,或改变 PRIOR 的位置。

例 4.75　查询名为"TensorFlow 知识图谱实战"的商品所属类别的所有上层结点。

```
SELECT LEVEL, LPAD(' ', 2 * LEVEL-1) || catgname AS catgname, currlevel
FROM categories
START WITH catgid = (
    SELECT catgid FROM goods WHERE goodname = 'TensorFlow 知识图谱实战')
CONNECT BY PRIOR parentid = catgid;
```

查询结果为:

```
level |         catgname          | currlevel
------+---------------------------+---------------
    1 |图书、音像、电子书刊          |     1
(1 rows)
```

说明：①可以将这里的"="理解为向右的单向箭头"→",即 parentid→catgid,即查找规则为"作为父结点的当前结点的 parentid 指向其下层子结点的 catgid"。这里的父结点与子结点指的是查询结果集中结点之间的层次关系,与原始数据中结点之间的层次关系可能不一致。②"CONNECT BY PRIOR parentid = catgid"可以改为"CONNECT BY catgid = PRIOR parentid",查询结果相同。

这里需要注意的是,"图书、音像、电子书刊"作为此结果商品类别层次关系的最顶层,没有上层类别。

例 4.76　查询商品分类号为 10 的类别所属各级父类名称。

```
SELECT LEVEL, LPAD(' ', 2 * LEVEL-1) || catgname AS catgname, currlevel
FROM categories
START WITH catgid = 10
CONNECT BY PRIOR parentid = catgid;
```

查询结果为:

```
level |         catgname          | currlevel
------+---------------------------+---------------
    1 |商务投资                    |     3
    2 |  英文原版                  |     2
    3 |    图书、音像、电子书刊      |     1
(3 rows)
```

说明：从 level 列和 currlevel 列可知,该查询结果中结点的层次关系与 Categories 表中数据的层次关系正好相反。level 列表示的是查询结果中结点间的层次关系。

4.6.6 精简查询结果

如需要从层次查询结果中过滤某些结点，可以用 WHERE 子句来实现。当 SELECT 语句中同时包含 WHERE 子句、START WITH 子句和 CONNECT BY 子句时，会先执行 START WITH 和 CONNECT BY 子句得到层次查询结果，后执行 WHERE 子句对层次查询结果进行筛选。

例 **4.77** 格式化输出商品类别信息，从商品类别"图书、音像、电子书刊"开始，其 catgid＝1，同时去除"电子书刊"商品类别。

```
SELECT LEVEL, LPAD(' ', 2 * LEVEL-1) || catgname AS catgname
FROM categories WHERE catgname != '电子书刊'
START WITH catgid = 1
CONNECT BY PRIOR catgid = parentid;
```

查询结果为：

```
level |        catgname
----- +-----------------------------
    1 |图书、音像、电子书刊
    2 | 英文原版
    3 |  商务投资
    3 |  少儿
    2 | 音像
    3 |  影视
    3 |  音乐
    3 |  网络原创
    3 |  电子书
( 9 rows )
```

与例 4.74 相比，"电子书刊"被从结果中去除了，但是它的子结点"网络原创"和"电子书"等商品类别仍然在结果中。

如果要将整个分支都从查询结果中除去，可以在 CONNECT BY PRIOR 子句中使用 AND 子句加上筛选条件。

例 **4.78** 格式化输出类别信息，从商品类别"图书、音像、电子书刊"开始，其 catgid＝1，同时去除"电子书刊"类别及其下属类别。

```
SELECT LEVEL, LPAD(' ', 2 * LEVEL-1) || catgname AS catgname FROM categories
START WITH catgid = 1
CONNECT BY PRIOR catgid = parentid AND catgname != '电子书刊';
```

查询结果为：

```
level |        catgname
----- +-----------------------------
    1 |图书、音像、电子书刊
```

```
    2  |  英文原版
    3  |    商务投资
    3  |    少儿
    2  | 音像
    3  |  影视
    3  |  音乐
( 7 rows )
```

可以看到该查询将所有连接到类别名为"电子书刊"的结点以及本身类别名为"电子书刊"的结点从结果中去除了。

下面这个例子使用 WHERE 子句控制只显示当前层级 currlevel 小于或等于 2 的商品类别。

例 4.79 格式化输出类别信息,从商品类别"图书、音像、电子书刊"开始,其 catgid=1,查询当前层级 currlevel 小于或等于 2 的商品类别。

```
SELECT LEVEL, LPAD(' ', 2 * LEVEL-1) || catgname AS catgname, currlevel
FROM categories WHERE currlevel <= 2
START WITH catgid = 1
CONNECT BY PRIOR catgid = parentid;
```

查询结果为:

```
level  |        catgname
-------+--------------------------------------
    1  | 图书、音像、电子书刊
    2  |  英文原版
    2  |  音像
    2  |  电子书刊
(4 rows)
```

可以看到结果中只保留了商品类别"图书、音像、电子书刊"大类中第二层的类别。

4.6.7　查询分层数据

将子查询放在 WITH 子句中并在 WITH 子句的外部引用这些子查询,这就称为子查询因子化。递归子查询因子化是指使用 RECURSIVE,在 WITH 语句中的子查询引用它自己的输出,从而实现递归查询。

递归的 WITH 子句需要两个查询块:定位点成员和递归成员。这两个子查询块必须通过 UNION ALL 结合到一起,定位点成员在前,递归成员在后。

递归子查询因子化也可以实现查询分层数据。

下面的示例演示如何使用递归子查询因子化,它显示商品类别的层次结构以及输出层次。该例在 WITH 子句中包含名为 catg_hierarchy 的子查询。WITH 子句之外的主查询处理从 catg_hierarchy 子查询得到的结果集。

例 4.80 输出商品类别层级信息。

```
WITH RECURSIVE catg_hierarchy( catgid, parentid, curr_level, catgname) AS (
```

```
        SELECT catgid, parentid, 0 as curr_level, catgname
        FROM categories
        WHERE catgid = 1
    UNION ALL
    SELECT C.catgid, C.parentid, curr_level + 1, C.catgname
    FROM catg_hierarchy H, categories C WHERE H.catgid = C.parentid
)
    SELECT catgid, parentid, curr_level, catgname FROM catg_hierarchy
    ORDER BY catgid;
```

查询结果为:

```
catgid  | parentid | curr_level | catgname
--------+----------+------------+-----------------------
     1  |   NULL   |      0     | 图书、音像、电子书刊
     2  |     1    |      1     | 电子书刊
     3  |     2    |      2     | 电子书
     4  |     2    |      2     | 网络原创
     5  |     1    |      1     | 音像
     6  |     5    |      2     | 音乐
     7  |     5    |      2     | 影视
     8  |     1    |      1     | 英文原版
     9  |     8    |      2     | 少儿
    10  |     8    |      2     | 商务投资
(10 rows)
```

假如 Categories 表中并未设置当前类别的层级,可以使用该查询得到当前类别的层级 curr_level。

UNION 前的 SELECT 语句用 0 as curr_level 指定 catgid 为 1 的商品类别的层级为 0。 UNION 后的 SELECT 语句包含 curr_level + 1,它将层次结构中的后续层次增加 1。这意 味着在结果集中,catgid 为 1 的商品类别的子结点的商品类别层级均被设置为 1,而这些子 结点的层级也相应增加 1。

4.7 窗口函数

聚合函数对一组值执行计算并返回单一的值,如 SUM()、COUNT()、MAX()、MIN()、 AVG()等,这些函数常与 GROUP BY 子句连用。但有时候一组数据只返回一组值是不能 满足需求的,如我们经常想知道各个店铺或各个年度销售前几名的商品信息,这时候需要每 一组返回多个值。使用 SQL 的窗口函数解决这类问题非常方便。

4.7.1 概述

窗口函数,也叫 OLAP(Online Analytical Processing,联机分析处理)函数,可以对数据 库数据进行实时分析处理。

窗口函数提供在与当前查询行相关的行集合(称为窗口)上执行计算的能力。这与使用

聚集函数进行分组统计类似,但是窗口函数并不会将多行聚集成一个单独的输出行,而是可以同时得到所有行的详细数据。

窗口是对窗口函数调用时定义的,每一行限定在一个滑动窗口中。这些滑动窗口确定了用来计算当前行的数据行范围。每个窗口的大小可以由一定物理数量的数据行或者某种逻辑间隔(例如时间间隔)确定。

窗口函数的本质还是聚合运算,只不过它更具有灵活性,它对数据的每一行,都使用与该行相关的行进行计算并返回计算结果。使用窗口函数,可以避免对同一对象的重复访问,节约时间和资源。因为既可以返回明细数据,又可以返回分组统计后的值,窗口函数可以很方便地提供累计值、滑动平均值、中心值以及汇总报表。

窗口函数可以是以下两种函数。

(1) **专用窗口函数**:如 RANK、DENSE_RANK、ROW_NUMBER、CUME_DIST、NTILE、LAG、LEAD、FIRST_VALUE、LAST_VALUE、NTH_VALUE 等专用窗口函数。

(2) **聚合函数**:如 SUM、AVG、COUNT、MAX、MIN 等统计性聚集函数。

因为窗口函数是对 WHERE 或者 GROUP BY 子句处理后的结果进行操作,所以窗口函数原则上只能写在 SELECT 子句中。

4.7.2　调用窗口函数

窗口函数能够根据窗口函数调用的分组声明(PARTITION BY 列表)访问属于当前行所在分组中的所有行。窗口函数调用的基本语法:

```
Window_function(argument1, argument2, …, argumentN)
OVER ([PARTITION BY part_expr[, …]]
[ORDER BY ord_expr[, …]]
[frame_clause])
AS output_name
```

窗口函数总是包含 OVER 子句,它指定了窗口函数的名字和参数,也是由这个关键字来区分常规聚集函数和窗口函数。OVER 子句决定窗口函数即将处理的数据该如何划分。

PARTITION BY 子句指定将数据行按照分区列 part_expr 进行分区,可以省略,省略就是不指定分区。

ORDER BY 子句表示按照排序列 ord_expr 对所有行进行排序,由于窗口需要在结果集上按顺序移动,所以一旦行的顺序发生改变,结果也会发生改变,所以需要使用 ORDER BY 子句将行的顺序固定。

frame_clause 指定构成窗口的行集合,是当前分区的一个子集,窗口函数将作用在该窗口而不是整个分区。窗口会随着哪一行是当前行而变化。frame_clause 可以是:

```
[ROWS | RANGE] BETWEEN start_expr AND end_expr
```

start_expr 可以为 UNBOUNDED PRECEDING 或 CURRENT ROW 或 n PRECEDING 或 n FOLLOWING。UNBOUNDED PRECEDING 的一个 start_expr 表示该窗口开始于分区的第一行。

end_expr 可以为 UNBOUNDED FOLLOWING 或 CURRENT ROW 或 n PRECEDING 或 n FOLLOWING。UNBOUNDED FOLLOWING 的一个 end_expr 表示该窗口结束于分区的最后一行。PRECEDING 指定了窗口的上边界条件，FOLLOWING 或 CURRENT ROW 指定了窗口的下边界条件。

例 4.81 查询商品的编号、商品分类号、价格及其所属商品分类中所有商品的平均价格。

分析：这个查询要求结果集的一行中既有每个商品的详细信息，还有根据该商品分类号统计得到的商品平均价格，因此可以用窗口函数来实现。

```
SELECT  goodid, catgid, price, avg(price) OVER (PARTITION BY catgid) AS avg_price
FROM goods;
```

假设 Goods 表中的数据为：

```
   goodid      | goodname              |catgid | price
------------ +-------------------- + ----- +---------
100232901206 |猫咪零食冻干桶          |   359 | $98.00
12560557     |TensorFlow知识图谱实战 |     1 | $116.8
126063       |麋鹿马克杯             | NULL  | $25.90
68327953786  |猫咪专用羊奶粉          |   359 | $49.80
69488111449  |宠物眼药水             |   358 | $35.00
72082419757  |普安特宠物滴耳药        |   358 | $57.00
(6 rows)
```

则查询结果为：

```
   goodid    | catgid |  price  |     avg_price
----------+------+-------+------------------------------
12560557  |    1 | $116.80 |116.8000000000000000
69488111449 |  358 | $35.00 | 46.0000000000000000
72082419757 |  358 | $57.00 | 46.0000000000000000
100232901206|  359 | $98.00 | 73.9000000000000000
68327953786 |  359 | $49.80 | 73.9000000000000000
126063    |NULL  | $25.90 | 25.9000000000000000
(6 rows)
```

说明：聚集函数 AVG() 的含义没有变，仍然是求平均值。但和普通的聚集函数不同的是，它不再对表中所有的 price 求平均值，而是对同一商品分类（PARTITION BY 指定的 catgid）内的 price 求平均值，而且得到的结果由同一个商品分类内的所有行共享，并没有将这些行合并。

当然，该查询还可以用如下的子查询实现。

```
SELECT  goodid, catgid, price,
  (SELECT avg(price) from goods G2 WHERE NVL(G1.catgid,0) = NVL(G2.catgid,0))
FROM goods G1 order by catgid;
```

但该方法的效率远远低于前面用窗口函数的方法。

如果一个查询中包含多个窗口函数,那么可以写多个 OVER 子句,但如果这些窗口函数的作用域是一样的,那分开写多个既是一种重复性工作,而且也容易出错。这种情况下,可以将窗口里面的内容写成一个 WINDOW 子句,然后在多个 OVER 子句中引用。

例 4.82　查询商品的编号、商品分类号、价格及其所属商品分类中所有商品的平均价格、最高价格。

方法一:写多个 OVER 子句。

```
SELECT  goodid, catgid, price,
   avg(price) OVER (PARTITION BY catgid) AS avg_price,
   max(price) OVER (PARTITION BY catgid) AS max_price
FROM goods;
```

假设 Goods 表中的数据同例 4.81,则查询结果为:

```
   goodid    | catgid | price |    avg_price      | max_price
-------------+--------+-------+-------------------+-----------
12560557     |    1   | $116.80 |116.8000000000000000 | $116.80
69488111449  |   358  | $35.00 | 46.0000000000000000 | $57.00
72082419757  |   358  | $57.00 | 46.0000000000000000 | $57.00
100232901206 |   359  | $98.00 | 73.9000000000000000 | $98.00
68327953786  |   359  | $49.80 | 73.9000000000000000 | $98.00
126063       |  NULL  | $25.90 | 25.9000000000000000 | $25.90
(6 rows)
```

方法二:将窗口里面的内容写成一个 WINDOW 子句,然后在多个 OVER 子句中引用。

```
SELECT  goodid, catgid, price,
   avg(price) OVER w AS avg_price,
   max(price) OVER w AS max_price
FROM goods
Window w as (PARTITION BY catgid);
```

查询结果相同,但方法二更简洁一些。需要注意的是,如果查询有 ORDER BY 子句,需要将 WINDOW 子句放在 ORDER BY 子句前面。

4.7.3　标准聚合函数作为窗口函数

当一个聚集函数被用作窗口函数时,它将在当前行所在窗口的所有行上聚集。标准的聚合函数有 AVG、COUNT、SUM、MAX 和 MIN,接下来分别介绍这些聚合函数的窗口函数形式。

1. 使用 SUM()计算累计和

例 4.83　查询从 2021 年 1 月到 12 月的累计订单金额。

分析:该查询需要按照月份对所有订单进行分组,统计出每个月的合计订单金额,但查询要求的是统计每个月结束时从1月到该月的累计订单金额,所以需要对每个月的合计订单金额按照月份进行排序,将月份小于或等于当前月的各月的合计订单金额再进行汇总,这就需要定义窗口,窗口的起点是查询返回的结果集的第一行(月份最小的合计订单金额),终点是当前月份。

```
SELECT  DATE_PART('month',doe) AS month, SUM(finlbal) AS month_amount,
    SUM(SUM(finlbal)) OVER
    (ORDER BY DATE_PART('month',doe)
    ROWS BETWEEN UNBOUNDED PRECEDING AND CURRENT ROW)
    AS cumulative_amount
FROM orders WHERE DATE_PART('year',doe) = 2021
GROUP BY DATE_PART('month',doe);
```

查询结果为:

```
month  | month_amount | cumulative_amount
-----  +----------- +-------------------------
    3  |    $295.10 |          $295.10
    4  |    $156.80 |          $451.90
    5  |    $627.00 |        $1,078.90
    6  |    $164.75 |        $1,243.65
    8  |    $142.80 |        $1,386.45
    9  | $10,884.22 |       $12,270.67
   10  |     $26.90 |       $12,297.57
   11  |    $974.79 |       $13,272.36
   12  |    $374.00 |       $13,646.36
(9 rows)
```

说明:(1) SUM(finlbal)计算出每个月的合计订单金额。SUM(SUM(finlbal))函数计算当前窗口中所有行的累计订单金额。

(2) ORDER BY DATE_PART('month',doe)按照月份对每个月的合计订单金额排序。

(3) ROWS BETWEEN UNBOUNDED PRECEDING AND CURRENT ROW定义了窗口的起点和终点。起点设置为UNBOUNDED PRECEDING,这就意味着窗口的起点固定在查询返回的结果集的第一行。窗口的终点设置为CURRENT ROW,表示被处理的是结果集的当前行。在外部的SUM()函数计算并返回当前的累计订单金额之后,窗口的终点便向下移动一行。

注意不要混淆窗口的终点与结果集的终点。在上面这个例子中,每处理一行(即那个月的订单金额被加到累计和)之后,窗口的终点就在结果集中向下移动一行。在此例中,窗口的终点最初在第一行,那个月的订单金额被加到累计和之后,窗口的终点向下移动一行,即移到第二行。此时,在窗口中可以看见两行。再将这个月的订单金额加到累计和,然后窗口的终点再向下移动一行,即移到第三行。此时,窗口中可以看见三行。这一过程一直持续到第9行被处理为止。此时,在窗口中可以参见9行。

例4.84 查询2021年6月到12月的累计订单金额。

分析：与上例比，只需要统计 6～12 月份各月的合计订单金额，其他的都一样。

```
SELECT  DATE_PART('month',doe) AS month, SUM(finlbal) AS month_amount,
    SUM(SUM(finlbal)) OVER
      (ORDER BY DATE_PART('month',doe)
        ROWS BETWEEN UNBOUNDED PRECEDING AND CURRENT ROW)
    AS cumulative_amount
FROM orders WHERE DATE_PART('year',doe) = 2021
  AND DATE_PART('month',doe) BETWEEN 6 AND 12
GROUP BY DATE_PART('month',doe);
```

查询结果为：

```
month | month_amount | cumulative_amount
----- +---------- +------------------------
    6 |    $164.75 |            $164.75
    8 |    $142.80 |            $307.55
    9 | $10,884.22 |         $11,191.77
   10 |     $26.90 |         $11,218.67
   11 |    $974.79 |         $12,193.46
   12 |    $374.00 |         $12,567.46
(6 rows)
```

2. 使用 AVG() 计算移动平均值

例 4.85　计算各月与前 3 个月之间(共 4 个月)订单金额的移动平均值。

```
SELECT  DATE_PART('month',doe) AS month, SUM(finlbal) AS month_amount,
    AVG(SUM(finlbal)) OVER
      (ORDER BY DATE_PART('month',doe)
        ROWS BETWEEN 3 PRECEDING AND CURRENT ROW)
    AS moving_average
FROM orders WHERE DATE_PART('year',doe) = 2021
GROUP BY DATE_PART('month',doe)
ORDER BY DATE_PART('month',doe);
```

查询结果为：

```
month  | month_amount |      moving_average
----- +---------- +------------------------------------
    3 |    $295.10 | 295.1000000000000000
    4 |    $156.80 | 225.9500000000000000
    5 |    $627.00 | 359.6333333333333333
    6 |    $164.75 | 310.9125000000000000
    8 |    $142.80 | 272.8375000000000000
    9 | $10,884.22| 2954.6925000000000000
   10 |     $26.90 | 2804.6675000000000000
   11 |    $974.79 | 3007.1775000000000000
   12 |    $374.00 | 3064.9775000000000000
(9 rows)
```

说明：(1)SUM(amount)计算每个月的合计订单金额。AVG()函数计算平均值。

(2) ORDER BY month 按照月份对各月的合计订单金额排序。

(3) ROWS BETWEEN 3 PRECEDING AND CURRENT ROW 定义窗口的起点为当前行前面三行中的第 1 行(PRECEDING 意为前)；窗口的终点为被处理的当前行。

因此,整个表达式计算当前月份和此前 3 个月之间订单金额的移动平均值。由于最开始的 3 个月可用的数据少于 4 个月,因此它们的移动平均值只是基于可用的月份计算的。该窗口的起点和终点都是始于查询读取的第 1 行；每次处理一行后,窗口的终点就向下移动。但是只有当结果集中的第 4 行处理完毕之后,窗口的起点才向下移动。从此之后,每一行处理完毕时,窗口起点和终点都会向下移动一行。整个过程一直持续到结果集中的最后一行被处理为止。

3. 计算中心平均值

例 4.86 查询计算当前月份前后各一个月内(共 3 个月)订单金额的中心移动平均值。

```sql
SELECT  DATE_PART('month',doe) AS month, SUM(finlbal) AS month_amount,
    AVG(SUM(finlbal)) OVER
      (ORDER BY DATE_PART('month',doe)
      ROWS BETWEEN 1 PRECEDING AND 1 FOLLOWING)
    AS moving_average
FROM orders WHERE DATE_PART('year',doe) = 2021
GROUP BY DATE_PART('month',doe)
ORDER BY DATE_PART('month',doe);
```

查询结果为：

```
month  | month_amount |      moving_average
------ +------------ +----------------------------
    3  |   $295.10    |   225.9500000000000000
    4  |   $156.80    |   359.6333333333333333
    5  |   $627.00    |   316.1833333333333333
    6  |   $164.75    |   311.5166666666666667
    8  |   $142.80    | 3730.5900000000000000
    9  | $10,884.22   | 3684.6400000000000000
   10  |    $26.90    | 3961.9700000000000000
   11  |   $974.79    |   458.5633333333333333
   12  |   $374.00    |   674.3950000000000000
(9 rows)
```

说明：(1)SUM(amount)计算每个月的合计订单金额。AVG()函数计算平均值。

(2) ORDER BY month 按照月份对各月的合计订单金额排序。

(3) ROWS BETWEEN 1 PRECEDING AND 1 FOLLOWING 定义窗口的起点是当前行的前一行。窗口的终点是当前行的后一行。

所以整个表达式的意思就是计算当前月、前一个月、后一个月订单金额的移动平均值。由于第一个月和最后一个月可以参与计算的数据都少于三个月,因此移动平均值的计算只基于可用的数据。窗口的起点始于查询读取的第 1 行；窗口的终点从第 2 行开始,每当处理完一行后,就向下移动。只有当处理完第 2 行之后,窗口的起点才开始向下移动。当查询读取的最后一行处理完毕之后,移动过程停止。

4.7.4 排序窗口函数

下面介绍一些专用的排序函数。

row_number()、rank()、dense_rank()三个函数的作用都是返回相应规则的排序序号。

1. row_number()

对行进行排序,并且按照行在排序顺序中所处位置给每行一个唯一行号,具有相同排序值的不同的行将按照非确定的方式得到不同的行号。

例 4.87 查询商品的商品编号、商品名称、所属类别编号、价格以及结果集中各商品在其所属类别中按价格升序排序后的行号。

分析:要查询商品在其所属类别中按价格升序排序后的行号,需要把所有商品按类别进行分区,每个分区内的商品按价格进行升序排序。查询命令为:

```
SELECT row_number() OVER(partition by catgid order by price) as rowNO,
goodid, goodname, catgid, price FROM goods
```

假设 Goods 表的数据如下。

```
goodid        |goodname          |mfrs         |brand        |catgid |price
------------- +----------------- +------------ +------------ +------ +-----
12560557      |TensorFlow 知识图谱实战 |清华大学出版社 |清华大学出版社 |     1 |$116
68327953786   |猫咪专用羊奶粉       |麦德氏        |麦德氏        |   359 |$49.80
126063        |麋鹿马克杯         |萌舍          |萌舍         | NULL  |$25.90|
100232901206  |猫咪零食冻干桶      |麦富迪        |麦富迪        |   359 |$98.00
69488111449   |宠物眼药水         |普安特        |普安特        |   358 |$35.00
72082419757   |普安特宠物滴耳药    |普安特        |普安特        |   358 |$57.00
```

查询结果为:

```
rowNO  |goodid      |goodname          | catgid | price
------ +---------- +----------------- +------+---------
     1|12560557     |TensorFlow 知识图谱实战 |    1  |$116
     1|68327953786  |猫咪专用羊奶粉       |  359  |$49.80
     2|100232901206 |猫咪零食冻干桶      |  359  |$98.00
     1|69488111449  |宠物眼药水         |  358  |$35.00
     2|72082419757  |普安特宠物滴耳药    |  358  |$57.00
     1|126063       |麋鹿马克杯         | NULL  |$25.90
```

说明:如果没有 partition by catgid,则对查询结果的第 i 行来说,rowNO 就是 i。

2. rank()

使用 rank()函数可以生成当前行的排名,基本用法为:

```
rank() over([partition by 字段 1] order by 字段 2)
```

如果按字段 1 进行分组,对查询结果集中的每组数据来说,排序字段 2 的值相同的两行的序号是一样的,后面字段值不相同的序号将跳过相同的排名排下一个,即 rank() 函数生成的序号有可能是不连续的,即排名可能为 1、1、3。

例 4.88 查询商品的商品编号、商品名称、所属类别编号、价格以及各商品在其所属类别中按价格降序排序的序号。

分析:要查询的是商品在其所属类别中的价格排名,需要把所有商品按类别进行分区,每个分区内的商品按价格进行降序排序。查询命令为:

```
SELECT rank() OVER(partition by catgid order by price DESC) AS Prank,
    goodid, goodname, catgid, price FROM goods
```

假设 Goods 表的数据如下。

```
goodid          |goodname         |mfrs          |brand         |catgid |price
--------------+-----------------+-------------+-------------+------+------
12560557        |TensorFlow 知识图谱实战  |清华大学出版社 |清华大学出版社 |    1  |$116
68327953786     |猫咪专用羊奶粉     |麦德氏        |麦德氏        |  359  |$49.80
126063          |麋鹿马克杯        |萌舍         |萌舍         | NULL  |$25.90|
100232901206    |猫咪零食冻干桶     |麦富迪        |麦富迪        |  359  |$98.00
100232901207    |猫咪零食小银鱼     |麦富迪        |麦富迪        |  359  |$98.00
100232901208    |猫咪零食午餐肉     |麦富迪        |麦富迪        |  359  |$78.00
69488111449     |宠物眼药水        |普安特        |普安特        |  358  |$35.00
72082419757     |普安特宠物滴耳药   |普安特        |普安特        |  358  |$57.00
```

查询结果为:

```
Prank    | goodid       |goodname          | catgid |price
--------+------------+-----------------+------+---------
      1  |12560557      |TensorFlow 知识图谱实战 |    1  |$116
      1  |100232901206  |猫咪零食冻干桶     |  359  |$98.00
      1  |100232901207  |猫咪零食小银鱼     |  359  |$98.00
      3  |100232901208  |猫咪零食午餐肉     |  359  |$78.00
      4  |68327953786   |猫咪专用羊奶粉     |  359  |$49.80
      1  |126063        |麋鹿马克杯        | NULL  |$25.90
      1  |72082419757   |普安特宠物滴耳药   |  358  |$57.00
      2  |69488111449   |宠物眼药水        |  358  |$35.00
```

3. dense_rank()

dense_rank() 函数在生成序号时是连续的,当出现相同排名时,将不跳过相同排名号,有两个第一名时仍跟着第二名,即排名为 1、1、2。

对例 4.88 中的查询要求,当出现相同排名时,如果要求不跳过相同排名,只需要将查询命令中的 rank() 函数修改为 dense_rank():

```
SELECT dense_rank() OVER(partition by catgid order by price DESC) AS Prank,
    goodid, goodname, catgid, price FROM goods
```

查询结果为：

```
Prank     |goodid       |goodname           | catgid | price
--------+-----------+------------------+------+--------
       1 |12560557     |TensorFlow知识图谱实战 |    1 |$116
       1 |100232901206 |猫咪零食冻干桶       |   359 | $98.00
       1 |100232901207 |猫咪零食小银鱼       |   359 | $98.00
       2 |100232901208 |猫咪零食午餐肉       |   359 | $78.00
       3 |68327953786  |猫咪专用羊奶粉       |   359 | $49.80
       1 |126063       |麋鹿马克杯          | NULL | $25.90
       1 |72082419757  |普安特宠物滴耳药     |   358 | $57.00
       2 |69488111449  |宠物眼药水          |   358 | $35.00
```

4.7.5　分组排序窗口函数

如果有这样的需求：将数据排序并分为若干等份，业务人员只关心其中的某一份，这时就可以用 ntile() 函数。例如，查询订单金额最高的 25% 的用户时，需要将用户分成 4 组，取出第一组。基本用法为：

```
ntile(n) over(partition by 字段名 2 order by 字段名 3 asc/desc)
```

假设已建立了视图 V_Orders，视图所对应的数据如下。

```
ordid          | shopid | custid |totlbal
----------   +------+------ +-------
207048783788 |101136 |  2257 | $28.80
259460888797 |100688 |  4354 | $55.00
188176230255 |100688 |  1405 | $3.70
222353054300 |197133 |   108 | $35.90
222354004543 |197133 |   109 | $16.30
222355254000 |197133 |   110 | $42.50
222356005435 |197133 |   111 | $78.40
222357005400 |197133 |   112 | $61.90
222358054300 |197133 |   113 | $29.40
222359005353 |197133 |   114 | $46.80
222360004358 |197133 |   115 | $29.00
3523589784   |235898 |   351 | $20.00
578665999    |235898 |     1 | NULL
578665997    |235898 |     1 | NULL
```

　　例 4.89　从视图 V_Orders 中查询各店铺中商品总金额排名前 25% 的订单的订单编号、店铺编号、顾客编号、商品总金额以及各订单的排名。

　　分析：因为要查询每个店铺的商品总金额排名前 25% 的订单，因此需要将所有的订单按店铺编号分组，每组中的订单分为 4 组。命令如下。

```
SELECT ordid,shopid,custid,totlbal,
   ntile(4) OVER (PARTITION BY shopid ORDER BY totlbal desc) as quartile
FROM V_orders;
```

查询结果如下:

```
ordid          | shopid | custid | totlbal | quartile
---------------+--------+--------+---------+----------
207048783788   |101136  | 2257   | $28.80  |    1
259460888797   |100688  | 4354   | $55.00  |    1
188176230255   |100688  | 1405   |  $3.70  |    2
222356005435   |197133  |  111   | $78.40  |    1
222357005400   |197133  |  112   | $61.90  |    1
222359005353   |197133  |  114   | $46.80  |    2
222355254000   |197133  |  110   | $42.50  |    2
222353054300   |197133  |  108   | $35.90  |    3
222358054300   |197133  |  113   | $29.40  |    3
222360004358   |197133  |  115   | $29.00  |    4
222354004543   |197133  |  109   | $16.30  |    4
578665999      |235898  |    1   | NULL    |    1
578665997      |235898  |    1   | NULL    |    2
3523589784     |235898  |  351   | $20.00  |    3
```

说明：①ntile 返回当前行所属切片的序号。②切片如果不均匀,默认增加第一个切片的分布。例如上述结果中,对 shopid 为 101136 的所有订单,平均分成 4 个切片时,由于订单数为 1,所有只能分为 1 个切片;对 shopid 为 235898 的所有订单,平均分成 4 个切片时,由于订单数为 3,所有只能分为 3 个切片。③如果只查询每组排名前 25% 的订单,可以在上面的查询命令中加一个查询条件"WHERE quartile = 1"。

4.7.6 偏移分析窗口函数

lead() 和 lag() 函数是跟偏移量相关的两个分析函数,能够实现跨行引用。可以在一次查询中取出同一个字段的前 N 行(lag())和后 N 行(lead())的值作为独立的列,从而更方便地进行数据过滤。这种操作可以代替表的自连接,并且 lead() 和 lag() 的效率更高。

在实际应用当中,若要取间隔若干元组的两行中某字段的差值时,lead() 和 lag() 函数的应用就显得尤为重要了。基本用法为:

```
lag(exp_str, offset, defval) over(partition by … order by …)
lead(exp_str, offset, defval) over(partition by … order by …)
```

其中,exp_str 表示字段名称;offset 表示偏移量,默认为 1,假设当前行在表中排在第 5 行,offset 为 3,则表示我们所要找的就是表中第 2 行(即 5−3＝2)的 exp_str 值;defval 表示当没有符合条件的行时的默认值。

注意：lead() 和 lag() 函数始终与 over 子句一起使用。缺少 over 子句将引发错误。

例 4.90 从视图 V_Orders 中查询各订单的订单号、店铺编号、顾客编号、商品总金额以及属于同一顾客的距离当前订单最近的上一个订单和下一个订单的商品总金额。

分析：该查询需要按提交日期对所有订单进行升序顺序,然后将订单中的每一行、与其顾客编号相等的前一行、与其顾客编号相等的后一行放在一个窗口中,然后用 lead() 和 lag() 函数取当前行及其前一行和后一行的 totlbal 来形成结果集中的一行。

```
SELECT custid,shopid,submtime,totlbal,
   lag(totlbal,1, NULL) OVER(PARTITION BY custid ORDER BY submtime) as preTbal,
   lead(totlbal,1, NULL) OVER(PARTITION BY custid ORDER BY submtime) as postTbal
FROM orders;
```

假设 Orders 表的数据如下。

```
ordid       | custid | shopid | submtime               |totlbal
----------+-------+-----+-------------------+----------
140198766568 |    6   |191187  |2020-12-21 08:30:00+08  |$128.00
220561527602 |    6   |219442  |2020-04-05 09:31:00+08  |$142.80
138936479168 |   14   |465965  |2021-09-04 13:52:00+08  | $40.35
153007133086 |   14   |718527  |2021-04-06 09:58:00+08  |$169.00
156782625296 |   14   |785707  |2021-04-13 11:30:00+08  | $56.00
155925206744 |   32   |220140  |2020-09-06 21:05:00+08  | $99.00
152784390221 |   32   |249750  |2020-10-29 10:06:00+08  | $69.00
152865364996 |   32   |269028  |2020-10-30 08:25:00+08  |$108.00
151758912176 |   32   |307412  |2021-03-16 14:39:00+08  | $59.00
149859937268 |   32   |330415  |2021-02-26 23:11:00+08  |$119.00
156290541948 |   32   |404923  |2020-11-10 19:26:00+08  |$289.00
152010217561 |   32   |409654  |2020-10-19 16:34:00+08  | $58.00
152834927021 |   32   |763035  |2020-11-29 19:11:00+08  | $36.00
150096511529 |   32   |829099  |2021-02-28 15:58:00+08  |$164.00
```

查询结果如下。

```
custid |shopid |submtime            | totlbal | preTbal | postTbal
----- +----- +-------------------+------- +------ +-------------
   6   |219442 |2020-04-05 09:31:00+08 | $142.80 |  NULL   | $128.00
   6   |191187 |2020-12-21 08:30:00+08 | $128.00 | $142.80|  NULL
  14   |718527 |2021-04-06 09:58:00+08 | $169.00 |  NULL   | $56.00
  14   |785707 |2021-04-13 11:30:00+08 |  $56.00 | $169.00| $40.35
  14   |465965 |2021-09-04 13:52:00+08 |  $40.35 |  $56.00|  NULL
  32   |220140 |2020-09-06 21:05:00+08 |  $99.00 |  NULL   | $58.00
  32   |409654 |2020-10-19 16:34:00+08 |  $58.00 |  $99.00| $69.00
  32   |249750 |2020-10-29 10:06:00+08 |  $69.00 |  $58.00| $108.00
  32   |269028 |2020-10-30 08:25:00+08 | $108.00 |  $69.00| $289.00
  32   |404923 |2020-11-10 19:26:00+08 | $289.00 | $108.00| $36.00
  32   |763035 |2020-11-29 19:11:00+08 |  $36.00 | $289.00| $119.00
  32   |330415 |2021-02-26 23:11:00+08 | $119.00 |  $36.00| $164.00
  32   |829099 |2021-02-28 15:58:00+08 | $164.00 | $119.00| $59.00
  32   |307412 |2021-03-16 14:39:00+08 |  $59.00 | $164.00|  NULL
```

说明：该例中,偏移量设置为 1,defval 设置为 NULL,因此,对于每个分区中的第 1 行
(如上表中的第 1、3 和 6 行),由于它前面没有顾客号相等且订单提交日期小于或等于它的
行,pre_tbal 取 NULL;而对于每个分区中的最后 1 行(如上表中的第 2、5 和 14 行),由于它
后面没有顾客号相等且订单提交日期大于或等于它的行,post_tbal 取 NULL;其他行中的
pre_tbal 是当前行的前面一行中的 totlbal,post_tbal 是当前行的后面一行中的 totlbal。

4.7.7 用 first_value()和 last_value()获取第一行和最后一行

first_value()和 last_value()函数可以获取窗口中的第一行和最后一行数据。常用于计算排序后的结果集中的最大值和最小值。

例 4.91 查询 2021 年每个月的销售额,要求在每一行中同时列出当前月的销售额及其前两个月的第一个月和其后第三个月的销售额。

分析:查询 2021 年每个月的销售额,可以将 2021 年的所有订单按照月份分组,然后对finlbal 求和,但这样只能查询出每个月的销售额。因此需要在分组和排序后,将每一行及其前面两行和后面三行放在一个窗口中,用 first_value()和 last_value()获得窗口中的第一行(即前两个月的第一个月)和最后一行(即其后第三个月)的销售额。

```
SELECT   DATE_PART('month',doe) AS month, SUM(finlbal) AS month_amount,
    First_value(SUM(finlbal)) OVER w AS previous_month_amount,
    Last_value(SUM(finlbal)) OVER w AS next_3month_amount
FROM orders WHERE DATE_PART('year',doe) = 2021
GROUP BY DATE_PART('month',doe)
WINDOW w AS (ORDER BY DATE_PART('month',doe)
    ROWS BETWEEN 2 PRECEDING AND 3 FOLLOWING)
ORDER BY DATE_PART('month',doe);
```

查询结果为:

```
month  | month_amount | previous_month_amount | next_3month_amount
-----  +----------    +--------------------   +------------------------
    3 |     $295.10 |           $295.10 |         $164.75
    4 |     $156.80 |           $295.10 |         $142.80
    5 |     $627.00 |           $295.10 |       $11,027.02
    6 |     $164.75 |           $156.80 |          $26.90
    8 |     $142.80 |           $627.00 |         $974.79
    9 | $11,027.02 |           $164.75 |         $374.00
   10 |      $26.90 |           $142.80 |         $374.00
   11 |     $974.79 |        $11,027.02 |         $374.00
   12 |     $374.00 |            $26.90 |         $374.00
(9 rows)
```

说明:窗口中的数据行是按照月份排序的,用 first_value()获取当前月份的前两个月中的最小月份的销售额,用 last_value()获取当前月份的后三个月中的最大月份(其后第三个月)的销售额。

4.7.8 用 nth_value()函数获取第 n 行

例 4.92 查询 2021 年每个月的销售额,要求在每一行中同时列出当前月的销售额及所有月份中第二个月的销售额。

分析:查询 2021 年每个月的销售额,可以将 2021 年的所有订单按照月份分组,然后对finlbal 求和,但这样只能查询出每个月的销售额。因此需要在分组和排序后,将所有行放在一个窗口中,用 nth_value()获得窗口中第二行的销售额。

```
SELECT  DATE_PART('month',doe) AS month, SUM(finlbal) AS month_amount,
    nth_value(SUM(finlbal),2) OVER
       (ORDER BY DATE_PART('month',doe)
       ROWS BETWEEN UNBOUNDED PRECEDING AND
       UNBOUNDED FOLLOWING) AS nth_value
FROM orders WHERE DATE_PART('year',doe) = 2021
GROUP BY DATE_PART('month',doe)
ORDER BY DATE_PART('month',doe);
```

查询结果为：

```
month | month_amount | nth_value
------+----------- +---------------
    3 |      $295.10 |    $156.80
    4 |      $156.80 |    $156.80
    5 |      $627.00 |    $156.80
    6 |      $164.75 |    $156.80
    8 |      $142.80 |    $156.80
    9 | $10,884.22 |    $156.80
   10 |       $26.90 |    $156.80
   11 |      $974.79 |    $156.80
   12 |      $374.00 |    $156.80
(9 rows)
```

这里使用 nth_value(SUM(finlbal),2)进行检索。

4.7.9 Listagg()函数

在进行字符串处理时常常用到 listagg()函数,这个函数能够将来自多个行中的列值转换为列表格式。假如我们想把 Seamart 数据库中一个店铺的所有商品连起来,那么可以使用这个函数将所有商品名放到一个列表中。

该函数的语法格式如下。

```
listagg (measure_expr[,'delimiter']) WITHIN GROUP (order_by_clause)
[OVER query_partition_clause]
```

其中,measure_expr 是用于聚集的表达式。通常为列表达式,即需要进行连接的字符串或列名。delimiter 指定聚集表达式中间的分隔符。

listagg()函数的语法中使用 WITHIN GROUP (order_by_clause)子句声明排序顺序,这个子句与其他窗口函数中的 ORDER BY 子句类似。

需要注意的是,listagg()函数不支持开窗子句。

下面利用 listagg()函数把 Seamart 数据库中一个店铺所有商品连起来。

例 4.93 使用 listagg()函数将每个店铺中所有商品名称串接起来。

```
SELECT DISTINCT s."shopid", s2."shopname", listagg(g."goodname", ',')
WITHIN GROUP (ORDER BY s.shopid)
```

```
OVER (PARTITION BY s.shopid)
FROM "supply" s , "goods" g, "shopstores" s2
WHERE s."goodid" = g."goodid" AND s."shopid" = s2."shopid";
```

查询结果为：

```
shopid |        shopname        |                    listagg
------ +----------------------- +------------------------------------------------
763970 | 小虎家纺专营店          | 不锈钢保温瓶
197133 | 三只松鼠旗舰店          | 三只松鼠手撕鱿鱼片,三只松鼠蜀香牛肉,三只松鼠芒果干,
三只松鼠手剥巴旦木,三只松鼠碧根果,三只松鼠菠萝干,三只松鼠_酸辣粉,三只松鼠夏威夷果
199742 | 宏创数码专营店          | 联想电脑音响,奥克斯颈椎按摩器
100688 | 琴虞旗舰店              | 短袖衬衫,强力无痕挂钩
412075 | 吃货食品零食店          | 卫龙辣条零食大礼包,卫龙亲嘴烧辣条
563013 | 颜汐旗舰店              | 自粘式遮挡帘,夏凉被
193043 | Keep 京东自营旗舰店     | Keep B2 手环,运动手环
541042 | never 旗舰店            | never 金属中性笔,never 速干中性笔芯
404923 | somehowstudio          | 远山轻舟键盘
219442 | 小迷糊京东自营旗舰店     | 小迷糊素颜霜,小迷糊护肤套装,小迷糊防晒霜
118173 | 辉贞萍园林机械专营店     | 麋鹿马克杯
843421 | 英菲克旗舰店            | 英菲克鼠标,英菲克鼠标垫
172839 | genanx 旗舰店          | 闪电潮牌运动裤,秋季时尚夹克
194524 | 上海圣托尼食品专营店     | 日式豚骨拉面,川味红烧牛腩面
-- More --
```

可以看到，每个店铺中的所有商品都被用","连接显示在一行中。

4.8 ROLLUP 和 CUBE

在购物系统中，往往需要查询每个店铺每个月的销售情况，以便于调整店铺的经营策略。本节以对销售数据的分析为例来讲解多维数据分析的实现方法，为了使各示例查询命令简洁明了，先使用如下语句建立 shop_orders 视图，将 Seamart 数据库中店铺表 Shopstores、订单表 Orders 以及订单明细表 Lineitems 连接得到 2021 年较为详细的销售数据。本节后面的示例都从该视图查询数据。

```
CREATE VIEW shop_orders AS (
SELECT o."shopid", s."shopname", o."ordid", DATE_PART('month', o."doe") AS
month,o."finlbal", l."goodid", l."saleprice" * l."saleamt" AS good_bal
FROM "orders" o, "shopstores" s, "lineitems" l
WHERE DATE_PART('year',doe) = 2021 AND o."shopid" = s."shopid"
  AND o."shopid" = l."shopid" and o."ordid" = l."ordid"
ORDER BY month, o.ordid, l.goodid);
```

假设查询 shop_orders 得到的所有数据如下。

shopid	shopname	ordid	months	finlbal	goodid	good_bal
193043	Keep 京东自营旗舰店	139669523450	5	$199.00	100237322228	$199.00
193043	Keep 京东自营旗舰店	149859937268	5	$119.00	100237322209	$119.00
852145	益慧坊旗舰店	150096511529	5	$121.30	600007309	$77.60
852145	益慧坊旗舰店	150096511529	5	$121.30	600007908	$43.70
219442	小迷糊京东自营旗舰店	151758912176	5	$35.00	7532692	$35.00
115923	G2000 官方旗舰店	153007133086	5	$128.00	5602026	$61.88
115923	G2000 官方旗舰店	153007133086	5	$128.00	5602041	$66.12
101195	蓝月亮京东自营旗舰店	165397831280	5	$19.80	100010234302	$19.80
197133	三只松鼠旗舰店	222358054300	5	$29.40	45735764241	$29.40
193043	Keep 京东自营旗舰店	183694045250	6	$239.00	100237322209	$89.30
193043	Keep 京东自营旗舰店	183694045250	6	$239.00	100237322228	$149.30
101195	蓝月亮京东自营旗舰店	188176230274	6	$33.06	100010234302	$33.06
115923	G2000 官方旗舰店	188176230275	6	$33.06	5602041	$33.06
115923	G2000 官方旗舰店	188176230276	6	$68.06	5602026	$68.06
197133	三只松鼠旗舰店	222353054300	6	$35.90	571511639661	$35.90
219442	小迷糊京东自营旗舰店	219441537701	9	$142.80	100007325720	$95.90
219442	小迷糊京东自营旗舰店	219441537701	9	$142.80	100012178380	$33.00
219442	小迷糊京东自营旗舰店	219441537701	9	$142.80	7532692	$17.50
219442	小迷糊京东自营旗舰店	220561527602	9	$142.80	100007325720	$95.90
219442	小迷糊京东自营旗舰店	220561527602	9	$142.80	100012178380	$33.00
219442	小迷糊京东自营旗舰店	220561527602	9	$142.80	7532692	$17.50
197133	三只松鼠旗舰店	222354004543	9	$16.30	560823257520	$16.30
197133	三只松鼠旗舰店	222359005353	9	$46.80	560823257520	$46.80
115923	G2000 官方旗舰店	224703000540	9	$108.00	5602041	$108.00
101195	蓝月亮京东自营旗舰店	225143348139	9	$26.90	100010234342	$26.90
219442	小迷糊京东自营旗舰店	143541285991	11	$140.00	100007325720	$89.00
219442	小迷糊京东自营旗舰店	143541285991	11	$140.00	100012178380	$51.00
197133	三只松鼠旗舰店	222355254000	11	$42.50	527338012559	$42.50
197133	三只松鼠旗舰店	222357005400	11	$61.90	562465178375	$61.90
852145	益慧坊旗舰店	230376000000	11	$46.80	100010231001	$8.00
852145	益慧坊旗舰店	230376000000	11	$46.80	600007309	$38.80
101195	蓝月亮京东自营旗舰店	230407649462	11	$97.99	100010234302	$19.80
101195	蓝月亮京东自营旗舰店	230407649462	11	$97.99	100010234342	$78.19
193043	Keep 京东自营旗舰店	78959784	11	$36.00	100237321200	$36.00
193043	Keep 京东自营旗舰店	122139784	12	$44.00	100237321106	$44.00
197133	三只松鼠旗舰店	222356005435	12	$78.40	562395925542	$78.40
219442	小迷糊京东自营旗舰店	545243384	12	$11.00	100012178380	$11.00
219442	小迷糊京东自营旗舰店	548447142	12	$79.00	100012178380	$79.00
852145	益慧坊旗舰店	68668784	12	$23.00	600007309	$38.80
101195	蓝月亮京东自营旗舰店	784213447	12	$8.00	100010231001	$8.00

　　说明：结果集中的 finlbal 是每个订单去除折扣后的最终销售金额,good_bal 是每个订单中每种商品的销售额。

　　下面介绍一下数据立方体。在实际应用中,统计分析通常需要对多个属性进行分组。对于一个用于数据分析的表/视图,可以把其中的某些属性看作**度量属性**,因为可以在其上进行聚集操作。例如,shop_orders 视图中的 finlbal 属性和 good_bal 属性,因为它度量了订单的实际销售金额和订单中某种商品的销售金额。关系中的某些属性可看作**维属性**,因为它们定义了度量属性以及度量属性的汇总可以在其上进行观察的各个维度。例如,在 shop_orders 视图中,月份、店铺编号、店铺名称以及商品编号是维属性。

像 shop_orders 视图一样,能够模式化为维属性和度量属性的数据统称为**多维数据**。

有时候需要从多个维属性观察分析数据,由两个维属性组成的表就称为交叉表,相当于是两个属性的不同取值相互交叉得到的。如表 4.6 所示就是一个交叉表,是从订单所属店铺 shopid 以及订单成交月份 month 两个维度进行交叉统计得到店铺对应月份的销售额,这样的表称为**转轴表**(pivot-table)。

表 4.6　视图 shop_orders 的关于 shopid 和 month 的交叉表

| | | month | | | | | | | | |
		May	June	July	Aug	Sep	Oct	Nov	Dec	总计
shopid	101195	$19.80	$33.06	null	null	$26.90	null	$97.99	$8.00	$185.75
	115923	$128.00	$101.12	null	null	$108.00	null	null	null	$337.12
	193043	$318.00	$239.00	null	null	NULL	null	$36.00	$44.00	$637.00
	197133	$29.40	$35.90	null	null	$63.10	null	$104.40	$78.40	$311.20
	219442	$35.00	null	null	null	$285.60	null	$140.00	$90.00	$550.6
	852145	$121.30	null	null	null	null	null	$46.80	$23.00	$191.1
	总计	$680.30	$409.08	null	null	$483.60	null	$425.19	$243.40	$2241.57

在表 4.6 中,交叉表还另有一行和一列,用来存储一行/一列中所有单元格的总和,大多数的交叉表中都有这样的汇总行和列。

还可以将二维的交叉表推广到 n 维,即将 n 个维属性交叉在一起,可以视作一个 n 维立方体,称为**数据立方体**。

在 SQL 中,可以使用 grouping SETS、ROLLUP 子句和 CUBE 子句基于原始表生成数据立方体。它们都是对 GROUP BY 的扩展。GROUP BY 能够按照其后的属性列表进行分组,但是只展现数据表中出现过的属性列组合值对应的分组统计值。grouping SETS、ROLLUP 与 CUBE 可以实现所有分组列的分层次组合/所有组合对应的分组统计值。

4.8.1　grouping SETS

使用 GROUP BY 子句实现分组,例如,使用如下语句可以从 shop_orders 视图中得到各店铺每个月的销售额。

```
SELECT so."shopid" , so."month", sum(so."finlbal") AS month_finlbal
FROM "shop_orders" so GROUP BY so."shopid", so."month" ORDER BY so."shopid" ;
```

GROUP BY 子句被用来把表中在列 shopid、month 上具有相同值的行分在一起。这些列的列出顺序对结果没有什么影响,其效果是把每组具有相同值的行组合为一个组行,之后聚集函数 sum()对这个组行中的订单成交金额进行求和运算得到该月的销售额。

仅使用 GROUP BY 子句一次仅能显示一维的分析结果,即按照 shopid 和 month 的组合值进行分组。假如还想同时看到其他维的分析结果,例如,每个店铺 2021 年度即所有月份的销售额或者每个月所有店铺的销售额,仅使用 GROUP BY 子句便做不到了。这时可以搭配使用 grouping SETS 分组集来同时显示多维的分析结果,实现更复杂的分组操作。由 FROM 和 WHERE 子句选出的数据被按照每一维指定的分组集单独分组,按照简单 GROUP BY 子句对每一个分组计算聚集,然后返回结果。下面使用分组集来实现从 shop_orders 视图中得到每个店铺每个月的销售额。

例 4.94 使用分组集实现从 shop_orders 视图中得到 2021 年度每个店铺每个月的销售额。

分析:该查询要求从"店铺、月份"维度对销售额进行统计分析,可以使用 grouping SETS 子句来实现,其中,"店铺、月份"维度需要按 shopid 和 month 两个属性的组合值进行分组并汇总各组的销售额。视图 shop_orders 中对应的是 2021 年各店铺各订单中的商品销售数据,所以该查询直接从 shop_orders 中查询数据即可。

```
SELECT so."shopid" , so."month", sum(so."finlbal") AS month_finlbal
  FROM "shop_orders" so
  GROUP BY grouping SETS ((so."shopid",so."month")) ORDER BY so."shopid" ;
```

查询结果为:

```
shopid  | month | month_finlbal
------ +-----+--------------------
101195  |   5 |       $19.80
101195  |   6 |       $33.06
101195  |   9 |       $26.90
101195  |  11 |       $97.99
101195  |  12 |        $8.00
115923  |   5 |      $128.00
115923  |   6 |      $101.12
115923  |   9 |      $108.00
193043  |   5 |      $318.00
193043  |   6 |      $239.00
193043  |  11 |       $36.00
193043  |  12 |       $44.00
197133  |   5 |       $29.40
197133  |   6 |       $35.90
197133  |   9 |       $63.10
197133  |  11 |      $104.40
197133  |  12 |       $78.40
219442  |   5 |       $35.00
219442  |   9 |      $285.60
219442  |  11 |      $140.00
219442  |  12 |       $90.00
852145  |   5 |      $121.30
852145  |  11 |       $46.80
852145  |  12 |       $23.00
```

由于 grouping SETS 中只有一个分组集,还是只进行一维的分析,所以与前面不用 grouping SETS 的分组统计语句结果相同。还可以向分组集中添加分组以得到想要的信息。

例 4.95 统计 2021 年度每个店铺每个月的销售额、每个店铺这一整年的销售额,以及所有店铺这一整年的销售额。

分析:该查询要求从"店铺、月份""店铺"和"所有数据的全体"三个维度对销售额进行统计分析,可以使用 grouping SETS 子句来实现,其中,"店铺、月份"维度需要按 shopid 和 month 两个属性的组合值进行分组并汇总各组的销售额,"店铺"维度需要按 shopid 属性值进行分组并汇总各组的销售额,"所有数据的全体"这个维度不需要进行分组,所以三个维度的分组集分别为(shopid,month)、(shopid)和()。

```sql
SELECT so."shopid" , so."month", sum(so."finlbal") AS month_finlbal
FROM "shop_orders" so
GROUP BY grouping SETS ((so."shopid",so."month"), (so."shopid"), ())
ORDER BY so."shopid" ;
```

查询结果为:

```
shopid | month | month_finlbal
------ +-----+--------------------
101195 |    5 |         $19.80
101195 |    6 |         $33.06
101195 |    9 |         $26.90
101195 |   11 |         $97.99
101195 |   12 |          $8.00
101195 | NULL |        $185.75
115923 |    5 |        $128.00
115923 |    6 |        $101.12
115923 |    9 |        $108.00
115923 | NULL |        $337.12
193043 |    5 |        $318.00
193043 |    6 |        $239.00
193043 |   11 |         $36.00
193043 |   12 |         $44.00
193043 | NULL |        $637.00
197133 |    5 |         $29.40
197133 |    6 |         $35.90
197133 |    9 |         $63.10
197133 |   11 |        $104.40
197133 |   12 |         $78.40
197133 | NULL |        $311.20
219442 |    5 |         $35.00
219442 |    9 |        $285.60
219442 |   11 |        $140.00
219442 |   12 |         $90.00
219442 | NULL |        $550.60
852145 |    5 |        $121.30
852145 |   11 |         $46.80
852145 |   12 |         $23.00
852145 | NULL |        $191.10
  NULL | NULL |      $2,241.57
```

说明：（1）grouping SETS 的每一个子列表可以指定一个或者多个列或者表达式，它们将按照直接出现在没有 grouping SETS 的 GROUP BY 子句中同样的方式被解释。分组集（）表示所有的行都要被聚集到该分组中（即使没有输入行存在也会被输出），这就与没有 GROUP BY 子句的聚集函数的情况一样。

（2）对于某个分组列或表达式，如果一个输出的结果行不是来自该分组集，该行中该分组列或表达式的值是 NULL。例如，上例结果集中对应分组集 so.shopid 的 6 行数据（'101195'，NULL，$185.75）、（'219442'，NULL，$550.60）、（'852145'，NULL，$191.10）等，它们不来自分组集 so.month，所以这些行中的 so.month 的值为 NULL。有时，数据表中分组列的取值可能会包含 NULL，那么按该分组列进行统计汇总时，也会有一行该分组列或表达式的值为 NULL。如何区分这样的行是不是该分组列的一个取值对应的统计结果，可以使用 grouping（）函数，将在后面介绍。

4.8.2 使用 ROLLUP 子句

除了可以使用 grouping SETS 分组集来任意指定想要的分组，Kingbase 还为我们提供了两种常用的分组集定义方法，即 ROLLUP 子句及 CUBE 子句。先来看一下 ROLLUP 子句。

ROLLUP 子句扩展了 GROUP BY 子句，可以对分组的结果进行汇总，并为每个分组返回一行小计，同时为全部分组返回总计。

GROUP BY 可以将行划分成列值相同的块，ROLLUP 则对这些块的结果进行汇总。

假如给定如下 ROLLUP 子句：

```
ROLLUP ( Exp1, Exp2, … , Expn )
```

它等价于如下分组集：

```
grouping SETS (
    (Exp1, Exp2, … , Expn),
    (Exp1, Exp2, … , Expn-1),
    …
    (Exp1, Exp2),
    (Exp1),
    ( )
)
```

Exp 可以是表达式或者用小括号括起来的元素子列表。在后一种情况中，子列表被当作一个整体来对待。例如，如下 ROLLUP 子句：

```
ROLLUP ( a, (b, c), d )
```

等效于：

```
grouping SETS (
    ( a, b, c, d ),
```

```
    ( a, b, c  ),
    ( a       ),
    (         )
)
```

现在想得到各种商品每个月的销售金额和(或)各月的销售总额,则需要使用 ROLLUP 分别按月份、商品编号及其组合进行分组统计。

1. 一维统计汇总

有时需要按一个属性(一维)进行分组统计汇总。

例 4.96 查询 2021 年每种商品的销售总额,并对 2021 年所有商品的销售金额进行汇总。

```
SELECT goodid, sum(good_bal) FROM shop_orders
GROUP BY ROLLUP(goodid) ORDER BY goodid;
```

查询结果为:

```
goodid         |sum
---------------+---------------
100007325720   |  $287.70
100010231001   |   $16.00
100010234302   |   $72.66
100010234342   |  $107.60
100012178380   |  $211.00
100237321106   |   $44.00
100237321200   |   $36.00
100237322209   |  $208.30
100237322228   |  $348.30
45735764241    |   $29.40
527338012559   |   $42.50
5602026        |  $129.94
5602041        |  $207.18
560823257520   |   $65.20
562395925542   |   $78.40
562465178375   |   $61.90
571511639661   |   $35.90
600007309      |  $155.20
600007908      |   $43.70
7532692        |   $70.00
 NULL          |$2,250.88
(41 rows)
```

说明:最后一行是对分组结果的汇总,这便是 ROLLUP 的作用。该汇总行不是按 goodid 进行分组统计得到的结果行,所以其中 goodid 属性对应的值为 NULL。

2. 多维统计汇总

如果按照多个属性(多维)进行分组,ROLLUP 子句将会对每一维分组的结果进行汇总。

例 4.97 查询 2021 年每种商品每个月的销售金额,并计算 2021 年每种商品的销售总额以及所有商品的销售总额。

```
SELECT goodid, month, sum(good_bal) FROM shop_orders
GROUP BY ROLLUP(goodid, month) ORDER BY goodid, month;
```

查询结果为:

```
goodid        |month |    sum
--------------+------+--------------
100007325720  |    9 |   $191.80
100007325720  |   11 |    $95.90
100007325720  | NULL |   $287.70
100010231001  |   11 |     $8.00
100010231001  |   12 |     $8.00
100010231001  | NULL |    $16.00
100010234302  |    5 |    $19.80
100010234302  |    6 |    $33.06
100010234302  |   11 |    $19.80
100010234302  | NULL |    $72.66
100010234342  |    9 |    $26.90
100010234342  |   11 |    $80.70
100010234342  | NULL |   $107.60
......
571511639661  |    6 |    $35.90
571511639661  | NULL |    $35.90
600007309     |    5 |    $77.60
600007309     |   11 |    $38.80
600007309     |   12 |    $38.80
600007309     | NULL |   $155.20
600007908     |    5 |    $43.70
600007908     | NULL |    $43.70
7532692       |    5 |    $35.00
7532692       |    9 |    $35.00
7532692       | NULL |    $70.00
 NULL         | NULL |$2,250.88
(56 rows)
```

说明:可以这样理解,GROUP BY 子句将订单按照 goodid 列值相同进行分组划分为一个大组,而后按照 month 将每一个大组再次进行分组,即按照括号内列值的顺序,先按照排在前面的属性划分为大的组别,之后将每个大组按照之后的属性进行分组,即在按照 goodid 列值分好的每一个组内,对按照 month 列值进行分组的结果进行汇总。而 ROLLUP 子句对每次的分组结果进行统计,并返回一行统计结果放于该分组最后,该行中的分组属性取值为 NULL。

假如先按照月份而后按照商品编号进行分组,同时 ROLLUP 子句将返回每个月的订单总额以及最终各组的订单总额。

例 4.98 查询 2021 年每个月每种商品的销售金额,并计算 2021 年每个月的销售金额以及所有商品的销售总额。

```
SELECT goodid, month, sum(good_bal)
FROM shop_orders
GROUP BY ROLLUP(month, goodid)
ORDER BY month, goodid;
```

查询结果为:

```
goodid        | month |sum
----------    +------+-------------
100010234302  |    5 |    $19.80
100237322209  |    5 |   $119.00
100237322228  |    5 |   $199.00
45735764241   |    5 |    $29.40
5602026       |    5 |    $61.88
5602041       |    5 |    $66.12
600007309     |    5 |    $77.60
600007908     |    5 |    $43.70
7532692       |    5 |    $35.00
 NULL         |    5 |   $651.50
100010234302  |    6 |    $33.06
100237322209  |    6 |    $89.30
100237322228  |    6 |   $149.30
5602026       |    6 |    $68.06
5602041       |    6 |    $33.06
571511639661  |    6 |    $35.90
 NULL         |    6 |   $408.68
......
100010231001  |   12 |     $8.00
100012178380  |   12 |    $90.00
100237321106  |   12 |    $44.00
562395925542  |   12 |    $78.40
600007309     |   12 |    $38.80
 NULL         |   12 |   $259.20
 NULL         | NULL |$2,250.88
(41 rows)
```

任何聚合函数都可以和 ROLLUP 一起使用。

4.8.3　使用 CUBE 子句

CUBE 子句也是对 GROUP BY 进行扩展,返回 CUBE 中所有分组集的组合的小计信息,同时在最后显示总计信息。

假如给定如下 CUBE 子句:

```
CUBE ( e1, e2, … )
```

表示按照给定的列表及其可能的子集(即幂集)进行分组。因此如下形式的 CUBE 子句:

```
CUBE ( a, b, c )
```

等效于:

```
grouping SETS (
    ( a, b, c ),
    ( a, b   ),
    ( a,    c ),
    ( a      ),
    (   b, c ),
    (   b    ),
    (      c ),
    (        )
)
```

而 CUBE 子句:

```
CUBE ( (a, b), (c, d) )
```

等效于:

```
grouping SETS (
    ( a, b, c, d ),
    ( a, b      ),
    (      c, d ),
    (           )
)
```

例 4.99 查询 2021 年每个店铺每种商品的销售总额,并分别汇总 2021 年所有商品的销售额和所有店铺的销售额。

```
SELECT shopname,goodid,sum(good_bal) FROM shop_orders
GROUP BY CUBE(shopname,goodid) ORDER BY shopname,goodid;
```

查询结果为:

```
shopname            | goodid        | sum
--------------------+---------------+---------------
G2000 官方旗舰店     |5602026        | $129.94
G2000 官方旗舰店     |5602041        | $207.18
G2000 官方旗舰店     |    NULL       | $337.12
Keep 京东自营旗舰店  |100237321106   | $44.00
Keep 京东自营旗舰店  |100237321200   | $36.00
Keep 京东自营旗舰店  |100237322209   | $208.30
Keep 京东自营旗舰店  |100237322228   | $348.30
```

```
Keep 京东自营旗舰店      |   NULL        |  $636.60
三只松鼠旗舰店          |45735764241    |   $29.40
三只松鼠旗舰店          |527338012559   |   $42.50
三只松鼠旗舰店          |560823257520   |   $65.20
三只松鼠旗舰店          |562395925542   |   $78.40
三只松鼠旗舰店          |562465178375   |   $61.90
三只松鼠旗舰店          |571511639661   |   $35.90
三只松鼠旗舰店          |   NULL        |  $313.30
小迷糊京东自营旗舰店    |100007325720   |  $287.70
小迷糊京东自营旗舰店    |100012178380   |  $211.00
小迷糊京东自营旗舰店    |7532692        |   $70.00
小迷糊京东自营旗舰店    |   NULL        |  $568.70
益慧坊旗舰店            |100010231001   |    $8.00
益慧坊旗舰店            |600007309      |  $155.20
益慧坊旗舰店            |600007908      |   $43.70
益慧坊旗舰店            |   NULL        |  $206.90
蓝月亮京东自营旗舰店    |100010231001   |    $8.00
蓝月亮京东自营旗舰店    |100010234302   |   $72.66
蓝月亮京东自营旗舰店    |100010234342   |  $107.60
蓝月亮京东自营旗舰店    |   NULL        |  $188.26
NULL                   |100007325720   |  $287.70
NULL                   |100010231001   |   $16.00
NULL                   |100010234302   |   $72.66
NULL                   |100010234342   |  $107.60
NULL                   |100012178380   |  $211.00
NULL                   |100237321106   |   $44.00
NULL                   |100237321200   |   $36.00
NULL                   |100237322209   |  $208.30
NULL                   |100237322228   |  $348.30
NULL                   |45735764241    |   $29.40
NULL                   |527338012559   |   $42.50
NULL                   |5602026        |  $129.94
NULL                   |5602041        |  $207.18
NULL                   |560823257520   |   $65.20
NULL                   |562395925542   |   $78.40
NULL                   |562465178375   |   $61.90
NULL                   |571511639661   |   $35.90
NULL                   |600007309      |  $155.20
NULL                   |600007908      |   $43.70
NULL                   |7532692        |   $70.00
NULL                   |   NULL        |$2,250.88
(48 rows)
```

说明：销售额是根据 shopname 和 goodid 计算的，CUBE 在各分组内显示每个店铺中每一种商品的销售额，在每一种 shopname 分组结束后都返回一行，表示该店铺销售额，同时统计每一种商品的销售额并返回（这些行中的 shopname 属性值为 NULL），最后还增加一行显示所有店铺所有商品的销售总额（其中的 shopname 和 goodid 取值均为 NULL）。

例 4.100 查询 2021 年每种商品每个月的销售金额，并计算 2021 年每种商品的销售总额、每个月的销售总额以及所有商品的销售总额。

```
SELECT goodid, month, sum(good_bal) FROM shop_orders
GROUP BY CUBE(goodid, month) ORDER BY goodid, month;
```

查询结果为：

```
goodid       | month |    sum
-------------+-------+--------------
100007325720 |     9 | $191.80
100007325720 |    11 | $95.90
100007325720 |  NULL | $287.70
100010231001 |    11 | $8.00
100010231001 |    12 | $8.00
100010231001 |  NULL | $16.00
100010234302 |     5 | $19.80
......
600007309    |     5 | $77.60
600007309    |    11 | $38.80
600007309    |    12 | $38.80
600007309    |  NULL | $155.20
600007908    |     5 | $43.70
600007908    |  NULL | $43.70
7532692      |     5 | $35.00
7532692      |     9 | $35.00
7532692      |  NULL | $70.00
 NULL        |     5 | $651.50
 NULL        |     6 | $408.68
 NULL        |     9 | $492.90
 NULL        |    11 | $438.60
 NULL        |    12 | $259.20
 NULL        |  NULL |$2,250.88
(61 rows)
```

比较该例与例 4.99，可以发现，该例多了每个月的统计信息（共 5 行）。因为 CUBE 的参数为（goodid，month），因此数据库会分别按（goodid，month）分组集、goodid 分组集和 month 分组集进行统计，并返回一行总计信息（最后一行）。如何区分结果集中的一行来自于哪个分组集？可以使用 grouping()函数。

4.8.4　分组操作函数 grouping()

grouping()函数可以帮我们区分分组统计结果集中一个特定的输出行来自于哪个分组集。grouping()函数只能与 ROLLUP 或 CUBE 同时使用。当需要在返回空值的地方显示某个值时，grouping()函数就非常有用。

1. 在 ROLLUP 中对单列使用 grouping()函数

grouping()函数的参数可以是 GROUP BY 子句中给定的一个分组属性。对结果中的一行，如果该属性对应的列值为 NULL，即该行不来自该分组，则返回 1;否则，返回 0。

例 **4.101** 使用 ROULLUP 子句分析 2021 年度各店铺每个月的销售额,并判断结果中的每一行是否是按店铺进行分组统计的结果。

```
SELECT shopid,"month", grouping(shopid) as gr_sh, sum(finlbal) AS month_finlbal
FROM shop_orders GROUP BY ROLLUP(shopid, "month") ORDER BY shopid, "month";
```

查询结果为:

```
shopid | month |gr_sh |month_finlbal
------ +-----+---- +-----------------
 101195 |    5 |   0 |       $19.80
 101195 |    6 |   0 |       $33.06
 101195 |    9 |   0 |       $26.90
 101195 |   11 |   0 |      $195.98
 101195 |   12 |   0 |        $8.00
 101195 | NULL |   0 |      $283.74
 115923 |    5 |   0 |      $256.00
 115923 |    6 |   0 |      $101.12
 115923 |    9 |   0 |      $108.00
 115923 | NULL |   0 |      $465.12
 193043 |    5 |   0 |      $318.00
 193043 |    6 |   0 |      $478.00
 193043 |   11 |   0 |       $36.00
 193043 |   12 |   0 |       $44.00
 193043 | NULL |   0 |      $876.00
 197133 |    5 |   0 |       $29.40
 197133 |    6 |   0 |       $35.90
 197133 |    9 |   0 |       $63.10
 197133 |   11 |   0 |      $104.40
 197133 |   12 |   0 |       $78.40
 197133 | NULL |   0 |      $311.20
 219442 |    5 |   0 |       $35.00
 219442 |    9 |   0 |      $856.80
 219442 |   11 |   0 |      $280.00
 219442 |   12 |   0 |       $90.00
 219442 | NULL |   0 |    $1,261.80
 852145 |    5 |   0 |      $242.60
 852145 |   11 |   0 |       $93.60
 852145 |   12 |   0 |       $23.00
 852145 | NULL |   0 |      $359.20
  NULL  | NULL |   1 |    $3,557.06
(31 rows)
```

说明:可以看到,结果中按照(shopid,"month")和 shopid 进行分组的行对应的 gr_sh 值均为 0,最后一行为对分组统计结果的汇总,不是按照 shopid 进行分组的,其 gr_sh 值为 1。

2. 使用 CASE 转换 grouping( )函数的返回值

使用 CASE 表达式可以将 grouping( )函数的返回值分别转换为有意义的值。

例 4.102   使用 CASE 表达式将例 4.101 中 grouping 函数返回的 1 和 0 分别转换为 shopid 和 "所有店铺"。

```
SELECT
CASE grouping(shopid) WHEN 1 THEN '所有店铺' ELSE shopid END as shopid,
"month", grouping("month") as gr_m, sum(finlbal) AS month_finlbal FROM shop
_orders
GROUP BY ROLLUP(shopid, "month") ORDER BY shopid, "month";
```

查询结果为：

```
shopid   | month | gr_m |month_finlbal
------   +-----+----+----------------
101195   |    5 |    0 |       $19.80
101195   |    6 |    0 |       $33.06
101195   |    9 |    0 |       $26.90
101195   |   11 |    0 |      $195.98
101195   |   12 |    0 |        $8.00
101195   | NULL |    1 |      $283.74
115923   |    5 |    0 |      $256.00
115923   |    6 |    0 |      $101.12
115923   |    9 |    0 |      $108.00
115923   | NULL |    1 |      $465.12
193043   |    5 |    0 |      $318.00
193043   |    6 |    0 |      $478.00
193043   |   11 |    0 |       $36.00
193043   |   12 |    0 |       $44.00
193043   | NULL |    1 |      $876.00
197133   |    5 |    0 |       $29.40
197133   |    6 |    0 |       $35.90
197133   |    9 |    0 |       $63.10
197133   |   11 |    0 |      $104.40
197133   |   12 |    0 |       $78.40
197133   | NULL |    1 |      $311.20
219442   |    5 |    0 |       $35.00
219442   |    9 |    0 |      $856.80
219442   |   11 |    0 |      $280.00
219442   |   12 |    0 |       $90.00
219442   | NULL |    1 |    $1,261.80
852145   |    5 |    0 |      $242.60
852145   |   11 |    0 |       $93.60
852145   |   12 |    0 |       $23.00
852145   | NULL |    1 |      $359.20
所有店铺 | NULL |    1 |    $3,557.06
(31 rows)
```

说明：只有最后一行是对分组统计结果的汇总，不是按照 shopid 进行分组的，grouping (shopid) 函数的返回值为 1，所以 shopid 列的值为 "所有店铺"。month 列为 NULL 的行不是按照 month 进行分组的，所以 gr_m 列的值为 1；month 列不为 NULL 的那些行，是按照

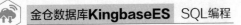

(shopid，month)属性组进行分组的，所以 gr_m 列的值为 0。

3. 使用 CASE 和 grouping()函数转换多个列的值

例 4.103   重新实现例 4.102 并同时使用 CASE 表达式将 gr_m 列的 1 和 0 分别转换为 month 和"2021 年"。

```
SELECT
  CASE grouping(shopid) WHEN 1 THEN '所有店铺' ELSE shopid END as shopid,
  CASE grouping("month") WHEN 1 THEN '全年' ELSE to_char("month") END as months,
    sum(finlbal) AS month_finlbal FROM shop_orders
    GROUP BY ROLLUP(shopid,"month") ORDER BY shopid, "month";
```

查询结果为：

```
shopid  | months |month_finlbal
------ +----- +------------------
101195  |    5   |      $19.80
101195  |    6   |      $33.06
101195  |    9   |      $26.90
101195  |   11   |     $195.98
101195  |   12   |       $8.00
101195  |全年    |     $283.74
115923  |    5   |     $256.00
115923  |    6   |     $101.12
115923  |    9   |     $108.00
115923  |全年    |     $465.12
193043  |    5   |     $318.00
193043  |    6   |     $478.00
193043  |   11   |      $36.00
193043  |   12   |      $44.00
193043  |全年    |     $876.00
197133  |    5   |      $29.40
197133  |    6   |      $35.90
197133  |    9   |      $63.10
197133  |   11   |     $104.40
197133  |   12   |      $78.40
197133  |全年    |     $311.20
219442  |    5   |      $35.00
219442  |    9   |     $856.80
219442  |   11   |     $280.00
219442  |   12   |      $90.00
219442  |全年    |   $1,261.80
852145  |    5   |     $242.60
852145  |   11   |      $93.60
852145  |   12   |      $23.00
852145  |全年    |     $359.20
所有店铺 |全年    |   $3,557.06
(31 rows)
```

4. CUBE 与 grouping() 函数结合

grouping() 函数可以与 CUBE 结合使用。

例 4.104　实现例 4.102,并将 goodid 和 month 列的空值分别替换为"所有商品"和"全年"。

```
SELECT
  CASE grouping(goodid) WHEN 1 THEN '所有商品' ELSE goodid END as goodid,
  CASE grouping("month") WHEN 1 THEN '全年' ELSE to_char("month") END as months,
sum(good_bal)
FROM shop_orders GROUP BY CUBE(goodid, month) ORDER BY goodid, month;
```

查询结果为:

```
goodid        | months | sum
--------------+--------+----------------
100007325720  |    9   | $191.80
100007325720  |   11   | $95.90
100007325720  | 全年   | $287.70
100010231001  |   11   | $8.00
100010231001  |   12   | $8.00
100010231001  | 全年   | $16.00
100010234302  |    5   | $19.80
100010234302  |    6   | $33.06
100010234302  |   11   | $19.80
100010234302  | 全年   | $72.66
100010234342  |    9   | $26.90
100010234342  |   11   | $80.70
100010234342  | 全年   | $107.60
100012178380  |    9   | $66.00
100012178380  |   11   | $55.00
100012178380  |   12   | $90.00
100012178380  | 全年   | $211.00
......
600007309     |    5   | $77.60
600007309     |   11   | $38.80
600007309     |   12   | $38.80
600007309     | 全年   | $155.20
600007908     |    5   | $43.70
600007908     | 全年   | $43.70
7532692       |    5   | $35.00
7532692       |    9   | $35.00
7532692       | 全年   | $70.00
所有商品      |    5   | $651.50
所有商品      |    6   | $408.68
所有商品      |    9   | $492.90
所有商品      |   11   | $438.60
所有商品      |   12   | $259.20
所有商品      | 全年   |$2,250.88
(61 rows)
```

5. 使用 grouping_id() 函数

在使用 ROLLUP 或 CUBE 子句进行分组统计时, 如果要将结果中不包含小计或总计的行删除, 可以使用 grouping_id() 函数借助 HAVING 子句对统计得到的行进行过滤来实现。grouping_id() 函数的参数可以是一个或多个分组属性, 返回 grouping 位向量的十进制值。grouping 位向量的计算方法是按照顺序分别对每个列 (即分组属性) 调用 grouping() 函数并将其返回值组合起来。当列值为空时, grouping() 函数返回 1; 当列值非空时, 返回 0。

例 4.105 统计 2021 年度各店铺每个月的销售额、各店铺的年销售额、每个月的销售总额以及所有店铺全年的销售总额, 并区分统计结果中的各行分别对应哪个分组属性并返回参数为 shopid 和 month 的 grouping_id 函数值。

```
SELECT shopid, "month", grouping(shopid) as grp_shop,
    grouping("month") as grp_month, grouping_id(shopid, "month") as grp_id,
    sum(finlbal) AS tot_finlbal
FROM shop_orders GROUP BY CUBE(shopid, "month") ORDER BY shopid, "month";
```

查询结果为:

```
shopid |months |grp_shop |grp_month |grp_id |tot_finlbal
------ +------+--------+--------- +----- +--------------
101195 |    5 |      0 |       0 |    0 |     $19.80
101195 |    6 |      0 |       0 |    0 |     $33.06
101195 |    9 |      0 |       0 |    0 |     $26.90
101195 |   11 |      0 |       0 |    0 |    $195.98
101195 |   12 |      0 |       0 |    0 |      $8.00
101195 | NULL |      0 |       1 |    1 |    $283.74
115923 |    5 |      0 |       0 |    0 |    $256.00
115923 |    6 |      0 |       0 |    0 |    $101.12
115923 |    9 |      0 |       0 |    0 |    $108.00
115923 | NULL |      0 |       1 |    1 |    $465.12
193043 |    5 |      0 |       0 |    0 |    $318.00
193043 |    6 |      0 |       0 |    0 |    $478.00
193043 |   11 |      0 |       0 |    0 |     $36.00
193043 |   12 |      0 |       0 |    0 |     $44.00
193043 | ROLLUP |    0 |       1 |    1 |    $876.00
197133 |    5 |      0 |       0 |    0 |     $29.40
197133 |    6 |      0 |       0 |    0 |     $35.90
197133 |    9 |      0 |       0 |    0 |     $63.10
197133 |   11 |      0 |       0 |    0 |    $104.40
197133 |   12 |      0 |       0 |    0 |     $78.40
197133 | NULL |      0 |       1 |    1 |    $311.20
219442 |    5 |      0 |       0 |    0 |     $35.00
219442 |    9 |      0 |       0 |    0 |    $856.80
219442 |   11 |      0 |       0 |    0 |    $280.00
219442 |   12 |      0 |       0 |    0 |     $90.00
219442 | NULL |      0 |       1 |    1 |  $1,261.80
852145 |    5 |      0 |       0 |    0 |    $242.60
```

```
852145 |   11 |      0 |      0 |   0 |    $93.60
852145 |   12 |      0 |      0 |   0 |    $23.00
852145 | NULL |      0 |      1 |   1 |   $359.20
NULL   |    5 |      1 |      0 |   2 |   $900.80
NULL   |    6 |      1 |      0 |   2 |   $648.08
NULL   |    9 |      1 |      0 |   2 | $1,054.80
NULL   |   11 |      1 |      0 |   2 |   $709.98
NULL   |   12 |      1 |      0 |   2 |   $243.40
NULL   | NULL |      1 |      1 |   3 | $3,557.06
(36 rows)
```

说明：本例中，grouping_id 函数的参数为 shopid 和 "month"，分别对它们调用 GROUPING()函数的结果有以下 4 种情况。

（1）shopid 和 "month" 两列的值都非空，GROUPING()函数对每个列都返回 0，组合起来形成位向量 00，它等于十进制的 0，因此 grouping_id()函数返回 0。

（2）shopid 列的值非空，grouping()函数返回 0；"month" 列的值为空，grouping()函数返回 1，组合起来形成位向量 01，它等于十进制的 1，因此 grouping_id()函数返回 1。

（3）shopid 列的值为空，grouping()函数返回 1；"month" 列的值非空，grouping()函数返回 0，组合起来形成位向量 10，它等于十进制的 2，因此 grouping_id()函数返回 2。

（4）shopid 和 "month" 两列的值都为空，grouping()函数对每个列返回 1，组合起来形成位向量 11，它等于十进制的 3，因此 grouping_id()函数返回 3。

例 4.106　实现例 4.105 的功能，并将结果中不包含小计或总计的行删除。

```
SELECT shopid, "month", grouping(shopid) as grp_shop,
    grouping("month") as grp_month, grouping_id(shopid, "month") as grp_id,
    sum(finlbal) AS tot_finlbal FROM shop_orders
GROUP BY CUBE(shopid, "month") HAVING grouping_id(shopid, "month")>0
ORDER BY shopid, "month";
```

查询结果为：

```
shopid | month | grp_shop |grp_month |grp_id |tot_finlbal
------ +----- +------- +------- +----- +---------------
101195 | NULL |      0 |      1 |   1 |   $283.74
115923 | NULL |      0 |      1 |   1 |   $465.12
193043 | NULL |      0 |      1 |   1 |   $876.00
197133 | NULL |      0 |      1 |   1 |   $311.20
219442 | NULL |      0 |      1 |   1 | $1,261.80
852145 | NULL |      0 |      1 |   1 |   $359.20
NULL   |    5 |      1 |      0 |   2 |   $900.80
NULL   |    6 |      1 |      0 |   2 |   $648.08
NULL   |    9 |      1 |      0 |   2 | $1,054.80
NULL   |   11 |      1 |      0 |   2 |   $709.98
NULL   |   12 |      1 |      0 |   2 |   $243.40
NULL   | NULL |      1 |      1 |   3 | $3,557.06
(12 rows)
```

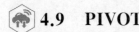

4.9 PIVOT 和 UNPIVOT

PIVOT 和 UNPIVOT 是 SELECT 的一种扩展查询方式。PIVOT 可以在查询输出中将行转换为列,并在必要时对最终输出中所需的其余任何列值进行聚合统计。UNPIVOT 是 PIVOT 的相反操作,它可以在查询输出中将列转换为行。

PIVOT 和 UNPIVOT 对于了解大量数据的总体趋势(例如,某一段时间的销售额)是非常有用的。

4.9.1 PIVOT 行转列

PIVOT 操作是将查询结果集进行行转列,基本语法为:

```
SELECT select_list FROM table_expression
[ PIVOT aggfunction FOR column… IN (('column_const','column_const'…) [AS
alais], …) ]
```

下面通过一个例子来了解 PIVOT 子句的作用。

例 4.107　查询 2021 年第 4 季度使用京东快递、申通快递、圆通快递三种快递的订单金额,即每种快递类型在每个月的订单金额。

```
SELECT * FROM (
  SELECT DATE_PART('month',doe) AS month, exprname, finlbal FROM orders
  WHERE DATE_PART('year',doe) = 2021
          AND exprname IN ('京东快递', '申通快递', '圆通快递')
)
PIVOT ( SUM(finlbal) FOR month IN (10 AS Oct, 11 AS Nov, 12 AS Dec))
ORDER BY exprname;
```

查询结果为:

```
exprname  |  oct  |  nov  |  dec
--------+------+------+---------
 京东快递 | $26.90| $97.99|
 申通快递 |       | $98.70| $149.00
 圆通快递 |       | $140.00|
(3 rows)
```

在上述查询结果中可以很清晰地了解到每种快递各个月的订单金额。从输出结果的第一行可以看出:10 月份使用京东快递的订单金额是 $26.90,11 月份使用京东快递的订单金额是 $97.99,其余内容以此类推。DATE_PART()函数可以抽取出 date 类型中需要的部分,如此例中的月份。

我们将这个例子分解成以下结构元素。

(1)一个内查询和一个外查询。内查询从 Orders 表中得到月份、订单使用的快递类型和订单金额,并将结果返回给外部查询。

(2) SUM(finlbal) FOR month IN (10 AS Oct，11 AS Nov，12 AS Dec)，这一行属于 PIVOT 子句。SUM()函数计算出每种快递类型在这后四个月(月份列在 IN 部分中)的订单金额。在输出结果中，返回的并不是 10 月、11 月和 12 月，AS 关键字将这些数字重新命名为 Oct、Nov 和 Dec，以提高输出结果中月份的可读性。同时，将 Orders 表中的 month 属性作为被转的列，这就意味着在输出结果中，month 属性的每个月份值对应一列。

PIVOT 可以帮助用户更加清楚地了解各种快递被使用的情况以及订单成交的金额，并给出了一种随时间的变化趋势。

4.9.2 转换多列

也可以使用 PIVOT 子句转换多个列，只要将这些列放在 PIVOT 的 FOR 部分即可。

例 4.108 查询圆通快递在 9、11 月份，京东快递在 10 月份以及申通快递在 12 月份的订单金额，并以表格形式输出。

```
SELECT * FROM (
    SELECT DATE_PART('month',doe) AS month, exprname, finlbal
    FROM orders
    WHERE DATE_PART('year',doe) = 2021
          AND exprname IN ('京东快递', '申通快递', '圆通快递')
)
PIVOT ( SUM(finlbal) FOR (month, exprname) IN ( (9, '圆通快递') AS Sep_yt,
    (10, '京东快递') AS Oct_jd, (11, '圆通快递') AS Nov_yt, (12, '申通快递') AS Dec_
st)
);
```

查询结果为：

```
 sep_yt | oct_jd | nov_yt  | dec_st
----- +----- +------ +---------
 $22.92 | $26.90 | $140.00 | $149.00
(1 row)
```

说明：(1)该例子转换 month 和 exprname 两列，它们在 FOR 部分被引用。注意 PIVOT 的 IN 部分中的值列表包含 month 和 exprname 这两列的一个值。输出数据展示了每种快递在指定月份的订单金额总和(要查询的快递类型和月份放在 IN 部分的值列表中)。从这一查询输出结果中可以看出下面的订单金额信息。

① 圆通快递在 9 月份的订单金额是 $22.92。

② 京东快递在 10 月份的订单金额是 $26.90。

③ 圆通快递在 11 月份的订单金额是 $140.00。

④ 申通快递在 12 月份的订单金额是 $149.00。

(2) 需要注意的是，由于将 exprname 属性值转换为了列，所以与例 4.107 相比也就没有了最后的 ORDER BY exprname 按快递类型对输出数据排序。

可以将任何值放在 IN 部分中，以便得到自己感兴趣的值。在下面这个例子中，将放到 IN 部分的快递公司和月份值更改了，以得到这些快递在指定月份的订单金额。

例 4.109 查询圆通快递在 10 月份,京东快递在 9 月份以及申通快递在 11、12 月份的订单金额,并以表格形式输出。

```
SELECT * FROM (
  SELECT DATE_PART('month',doe) AS month, exprname, finlbal FROM orders
  WHERE DATE_PART('year',doe) = 2021
       AND exprname IN ('京东快递', '申通快递', '圆通快递')
)
PIVOT ( SUM(finlbal) FOR (month, exprname) IN ( (9, '京东快递') AS Sep_jd,
    (10, '圆通快递') AS Oct_yt, (11, '申通快递') AS Nov_st, (12, '申通快递') AS Dec_
st));
```

查询结果为:

```
sep_jd   | oct_yt | nov_st | dec_st
---------+--------+--------+----------
         |        | $98.70 | $149.00
(1 row)
```

从这一查询输出结果中可以看出下面的订单金额信息。

(1) 京东快递在 9 月份的订单金额是 $ 0。

(2) 圆通快递在 10 月份的订单金额是 $ 0。

(3) 申通快递在 11 月份的订单金额是 $ 98.70。

(4) 申通快递在 12 月份的订单金额是 $ 149.00。

4.9.3 在转换中使用多个聚集函数

在转换中可以使用多个聚合函数。例如,下面这个查询使用 SUM()函数得到快递类型在 9 月份和 10 月份的订单金额,用 AVG()函数得到在该月订单金额的平均值。

例 4.110 查询京东快递、申通快递和圆通快递在 9、10 月份的订单金额,以及这两个月的平均订单金额,并以表格形式输出。

```
SELECT * FROM (
    SELECT DATE_PART('month',doe) AS month, exprname, finlbal FROM orders
    WHERE DATE_PART('year',doe) = 2021
         AND exprname IN ('京东快递', '申通快递', '圆通快递')
)
PIVOT ( SUM(finlbal) AS sum_amount, AVG(finlbal) AS avg_ampunt
      FOR month IN (9 AS Sep, 10 AS Oct ));
```

查询结果为:

```
exprname  | sep_sum_amount | sep_avg_ampunt   | oct_sum_amount | oct_avg_ampunt
----------+----------------+------------------+----------------+----------------
京东快递  |                |                  |        $26.90  | 26.90000000000
申通快递  |      $188.20   | 94.10000000000   |                |
圆通快递  |       $22.92   | 22.92000000000   |                |
(3 rows)
```

可以看出,输出结果的第一行展示了京东快递的以下信息。

(1) 9 月份总订单金额为 0,平均订单金额也为 0。

(2) 10 月份总订单金额为 $ 26.90,平均订单金额为 26.90。

输出结果的第二行展示了申通快递的以下信息。

(1) 9 月份总订单金额为 $ 188.20,平均订单金额为 94.10。

(2) 10 月份总订单金额为 0,平均订单金额为 0。

其余内容以此类推。

4.9.4　UNPIVOT 列转行

UNPIVOT 是 PIVOT 的反操作,它是将列转换为行,它的基本语法为:

```
SELECT select_list FROM table_expression
[UNPIVOT new_column… FOR new_column… IN ((column,…) [AS alais], ….) ]
```

本节中的例子使用名为 pivot_sales_data 的表,由如下的命令创建。

```
CREATE TABLE pivot_sales_data AS
SELECT * FROM (
    SELECT DATE_PART('month',doe) AS month, exprname, finlbal FROM orders
    WHERE DATE_PART('year',doe) = 2021
            AND exprname IN ('京东快递', '申通快递', '圆通快递'))
PIVOT ( SUM(finlbal) FOR month IN (9 AS Sep, 10 AS Oct, 11 AS Nov, 12 AS Dec))
ORDER BY exprname;
```

pivot_sales_data 表通过一个查询来填充,此查询返回将列转换为行后的订单金额与相对应的快递类型数据。

下面这个查询返回 pivot_sales_data 表的内容。

```
SELECT * FROM pivot_sales_data;
```

查询结果为:

```
exprname | sep | oct | nov | dec
-------- +------+----- +------ +----------
 京东快递 |        | $26.90 | $97.99 |
 申通快递 | $188.20 |        | $98.70 | $149.00
 圆通快递 | $22.92 |        | $140.00 |
(3 rows)
```

例 4.111　使用 UNPIVOT 从 pivot_sales_data 表得到将列旋转为行的订单数据。

```
SELECT * FROM pivot_sales_data
UNPIVOT ( finlbal FOR month IN (sep, oct, nov, dec))
ORDER BY exprname;
```

查询结果为:

```
exprname  | month | finlbal
----------+-------+-----------
 京东快递 | nov   | $97.99
 京东快递 | oct   | $26.90
 申通快递 | dec   | $149.00
 申通快递 | sep   | $188.20
 申通快递 | nov   | $98.70
 圆通快递 | nov   | $140.00
 圆通快递 | sep   | $22.92
(7 rows)
```

说明：（1）每月订单金额总计在结果集中垂直地显示。可将这个结果集与上一个查询的结果集进行比较，在那个结果集中，每月销售额总计水平地显示。

（2）可以看到此查询中 finlbal 是我们自己指定的一个属性名，用于指代快递类型 exprname 与月份的交叉部分，也就是对应的订单金额。

（3）month 同样是我们自己指定的属性名，用于指代我们需要将其进行列转行的月份，而该属性对应的列值放到了 IN 部分，它们将在结果中垂直显示。

（4）最后是 ORDER BY exprname 子句，将结果按照没有进行列转行的 exprname 属性排序。

第 5 章

KingbaseES 的 DML 语句

数据操作语言（Data Manipulating Language，DML）是对基本表中的数据进行查询（SELECT）、插入（INSERT）、修改（UPDATE）、删除（DELETE）等操作的 SQL。SELECT 不修改数据，不改变数据库的状态，因而执行时数据库系统不进行完整性约束检查；而 INSERT、UPDATE 和 DELETE 要修改数据，改变数据库的状态，因而执行时数据库系统将进行完整性约束检查，满足相应的完整性约束，则可以成功执行，否则不能成功执行。

DML 语句操作对象主要是数据库基本表，也可以对视图、物化视图进行操作。

5.1 插入语句

在数据库中，一个表被创建后，表中并不包含数据。因此用户在创建表后要使用数据插入语句（INSERT）向表中插入数据。

INSERT ON CONFLICT 是一种特殊的更新，是 INSERT 和 UPDATE 的组合。ON CONFLICT 可以用来指定发生唯一约束或者排除约束违背错误时的替换动作。在关系数据库的上下文中，如果表中已经存在指定值，则更新现有行，如果指定值不存在，则插入新行。

INSERT 符合 SQL 标准，但是 RETURNING 子句是一种 KingbaseES 扩展，在 INSERT 中使用 WITH 也是，用 ON CONFLICT 指定一个替代动作也是扩展。

5.1.1 基本插入与批量插入

1. 基本插入

在进行 INSERT 操作时，数据是以元组的形式被插入表中的。可以一次插入一个元组，也可以插入多个元组或者更多由值表达式指定的元组，或者插入来自一个查询的元组。语法为：

```
INSERT INTO TABLE( [column1, column2, …]) values ( value1, value2, …);
```

属性列与值必须要一一对应。如果任意列的值不是正确的数据类型，将会尝试自动类型转换。对每一个没有出现在显式或者隐式列列表中的列，如果为该列声明过默认值则用默认值填充，否则用空值填充。但要注意，在表定义时说明了 NOT NULL 的列不能取空值,否则会出错。

如果 INTO 子句中没有指明任何列名,则新插入的元组必须在每个属性列上都有值。

向表中插入数据时,必须拥有表上的 INSERT 特权;若一个列列表被指定,只需要列上的 INSERT 特权。

例 5.1 使用 INSERT 命令向 Categories 表中添加一条数据。

```
INSERT INTO Categories VALUES (1, '图书,音像', 1, 1);
```

说明:若未指定属性列,数据的值按照这些列在表中出现的顺序列出,并且用逗号分隔。通常,数据的值是常量,但也允许使用标量表达式。此语法的缺点是必须知道表中列的顺序和各列的数据类型。

例 5.2 显式地列出属性列,并分别向部分列和全部属性列插入数据。

```
INSERT INTO Categories (catgid, catgname, currlevel) VALUES (2, '电子书刊', 2);
INSERT INTO Categories (catgid, catgname, parentid, currlevel) VALUES (3, '电子书', 2, 3);
```

插入成功后查询此表的数据内容:

```
SELECT * FROM Categories WHERE catgid in (2, 3);
```

查询结果如下。

```
 catgid |  catgname  | parentid | currlevel
 ------ +---------- +------- +-----------
     2  |电子书刊    |  NULL   |     2
     3  |电子书      |   2     |     3
(2 行记录)
```

说明:该例的第一个 INSERT 语句中省略了 currlevel 列,系统自动赋值 NULL。

例 5.3 插入一个完全由默认值构成的行。

```
INSERT INTO Categories DEFAULT VALUES;
```

执行结果如下。

```
错误:  在字段 "catgid" 中空值违反了非空约束
描述:  失败, 行包含(null, null, null, null).
原因:由于定义了主码,主码不能取空值,所以插入失败。
```

创建从 1 开始的序列 CATEGORIES_SEQ,创建表 Categories2,主码 catgid 的默认值为 CATEGORIES_SEQ 上的值,如下。

```
CREATE SEQUENCE CATEGORIES_SEQ START WITH 1;
CREATE TABLE Categories2(                              /* 商品分类 */
/* 分类编码 category id* /
```

```
catgid INTEGER PRIMARY KEY DEFAULT NEXTVAL('CATEGORIES_SEQ'),
catgname VARCHAR(128),                              /*分类名称*/
parentid INTEGER REFERENCES Categories(catgid),     /*父类编码*/
currlevel INTEGER                           /*当前层级 current level*/ );
```

现在向表中插入默认值：

```
INSERT INTO Categories2 DEFAULT VALUES;
```

插入成功后查询此表的数据内容：

```
SELECT * FROM Categories2;
```

查询结果如下。

```
 catgid | catgname | parentid | currlevel
------ +------- +------- +-----------
    1  | NULL     | NULL     | NULL
(1 行记录)
```

2. 批量插入

有时，KingbaseES 数据库需要在单个或最少的步骤中导入大量数据，这通常称为批量数据导入。其中，数据源通常是一个或多个大文件，这个过程有时可能非常慢。

为了兼容 Oracle 特性，KingbaseES 提供了一种将数据同时插入到多个目标表的功能。命令为 INSERT ALL/FIRST。下面介绍四种实现方法。

方法一：使用多行 VALUES 语法向一个表中插入多个行，各行之间用逗号分隔，基本语法为：

```
INSERT INTO tablename(column1,column2,…)VALUES(),(),(),…
```

例 5.4　向 Adminaddrs 表中添加多行数据。

```
INSERT ALL INTO Adminaddrs VALUES (33,'布隆迪',33,0), (35,'喀麦隆',35,0),
 (37,'佛得角',37,0);
```

多行 VALUES 方法的性能受现有索引的影响。建议在运行命令之前删除索引，并在之后重新创建索引。

方法二：通过子查询或函数批量插入数据，基本语法为：

```
INSERT INTO … SELECT …
```

例 5.5　创建一张表结构和 Adminaddrs 相同的表并插入 Adminaddrs 表的全部数据。

```
CREATE TABLE Adminaddrs_batch(           /*行政区划地址 administration address*/
  addrid VARCHAR(12) PRIMARY KEY,        /*地址编码*/
```

```
   addrname VARCHAR(40),                              /*地址名称*/
   parentid VARCHAR(12) REFERENCES Adminaddrs(addrid),  /*父地址编码*/
   currlevel INTEGER                             /*当前层级 current level*/);
INSERT INTO Adminaddrs_batch (addrid, addrname, parentid, currlevel)
SELECT addrid, addrname, parentid, currlevel FROM Adminaddrs;
```

说明：表 Adminaddrs_batch 的数据与表 Adminaddrs 相同。

方法三：使用 INSERT ALL 将每行数据同时插入到满足条件的多个目标表中。我们可以插入一个或者多个由值表达式指定的行，或者插入某个查询的结果。INSERT ALL 可以使用条件表达式，或者不使用条件表达式。基本语法为：

```
INSERT ALL into_clause [into_clause]…  subquery;
into_clause ::= INTO [schema.]{table_name|view_name}[t_alias]
  [(column_name [,column_name]..)] [values_clause]
values_clause ::= VALUES ({expre|default}[,{expre|default}]…)
```

例 5.6 向 Adminaddrs、Adminaddrs1 表中分别添加一行数据。

```
INSERT ALL INTO Adminaddrs VALUES(22, '贝宁', 22, 0)
  INTO Adminaddrs1 VALUES(22, '贝宁', 22, 0)
SELECT * FROM DVAL;
```

查询数据是否正确插入，Adminaddrs 表中的数据：

```
SELECT * FROM Adminaddrs;
```

查询结果如下。

```
addrid |  addrname | parentid | currlevel
----- +--------- +------- +-----------
    1 |阿富汗     |     1    |    0
    2 |阿尔巴尼亚 |     2    |    0
    3 |安道尔     |     3    |    0
   33 |布隆迪     |    33    |    0
   35 |喀麦隆     |    35    |    0
   37 |佛得角     |    37    |    0
   22 |贝宁       |    22    |    0
(7 行记录)
```

Adminaddrs1 表中的数据：

```
SELECT * FROM Adminaddrs1;
```

查询结果如下。

```
 addrid | addrname | parentid | currlevel
------ +------- +------- +-----------
   22 |贝宁      |    22    |     0
(1 行记录)
```

例 5.7 向表 Adminaddrs 和表 Adminaddrs1 分别插入一行新的数据。

```
INSERT ALL INTO Adminaddrs (addrid, addrname, parentid) VALUES (173, '卢旺达', 173)
INTO Adminaddrs1 (addrid, addrname, parentid, currlevel) VALUES (182, '新加坡',
182, 0)
SELECT * FROM DVAL;
```

查询数据是否正确插入,Adminaddrs 表中的数据:

```
SELECT * FROM Adminaddrs;
```

查询结果如下。

```
 addrid |  addrname  | parentid | currlevel
------- +---------- +-------- +-----------
      1 | 阿富汗      |     1    |     0
      2 | 阿尔巴尼亚  |     2    |     0
      3 | 安道尔      |     3    |     0
     33 | 布隆迪      |    33    |     0
     35 | 喀麦隆      |    35    |     0
     37 | 佛得角      |    37    |     0
     22 | 贝宁        |    22    |     0
    173 | 卢旺达      |   173    |   NULL
(8 行记录)
```

查看 Adminaddrs1 表中的数据:

```
SELECT * FROM Adminaddrs1;
```

查询结果如下。

```
 addrid | addrname | parentid | currlevel
------- +-------- +-------- +-----------
     22 | 贝宁      |    22    |     0
    182 | 新加坡    |   182    |     0
(2 行记录)
```

例 5.8 向 Adminaddrs 表中插入包含不同列的多行数据,也可使用 INSERT ALL 语句。

```
INSERT ALL INTO Adminaddrs (addrid, addrname, parentid)
        VALUES (187, '苏丹', 187)
     INTO Adminaddrs (addrid, addrname, parentid, currlevel)
        VALUES (190, '瑞典', 190,0)
SELECT * FROM DVAL;
```

查询数据是否正确插入:

```
SELECT * FROM Adminaddrs;
```

查询结果如下。

```
 addrid |  addrname  | parentid | currlevel
------ +---------- +------- +------------
     1 |阿富汗      |       1 |        0
     2 |阿尔巴尼亚  |       2 |        0
     3 |安道尔      |       3 |        0
    33 |布隆迪      |      33 |        0
    35 |喀麦隆      |      35 |        0
    37 |佛得角      |      37 |        0
    22 |贝宁        |      22 |        0
   173 |卢旺达      |     173 |     NULL
   187 |苏丹        |     187 |     NULL
   190 |瑞典        |     190 |        0
(10 行记录)
```

方法四：使用 INSERT FIRST 将每行数据插入第一个满足条件的目标表。INSERT FIRST 必须和 WHEN 条件表达式结合使用。基本语法为：

```
INSERT {ALL|FIRST} condition_clause [condition_clause] condition_else_clause
subquery;
condition_clause ::= WHEN condition_expr THEN into_clause [, into_clause, …]
condition_else_clause ::= [ELSE into_clause [, into_clause, …]]
```

假设 Categories 表中已插入如下数据。

```
catgid |   catgname   | parentid | currlevel
----- +-------------+------- +------------
     1 |图书,音像     |    NULL |        1
     2 |电子书刊      |       1 |        2
     7 |音像          |       1 |        2
    11 |英文原版      |       1 |        2
    18 |文艺          |       1 |        2
     3 |电子书        |       2 |        3
    10 |教育音像      |       7 |        3
    13 |商务投资      |      11 |        3
    20 |文学          |      18 |        3
    21 |青春文学      |      20 |        4
    23 |传记          |      21 |        5
(11 行记录)
```

例 5.9　假设已新建了两个与 Categories 表结构相同的空表 Categories1、Categories2，现要从 Categories 表中查询 parentid ＜ 20 的数据，并将 parentid ＜ 10 的行插入到 Categories1 中、将 parentid 介于 10～20 的行插入到 Categories2 中。

```
INSERT FIRST
    WHEN parentid < 10 THEN INTO Categories1
    WHEN parentid > 10 AND parentid < 20 THEN INTO Categories2;
```

命令执行后,查看 Categories1 表的数据:

```
SELECT * FROM Categories1;
```

查询结果如下。

```
catgid |   catgname  | parentid | currlevel
----- +-----------+-------+-----------
    2 |电子书刊    |    1    |    2
    7 |音像       |    1    |    2
   11 |英文原版    |    1    |    2
   18 |文艺       |    1    |    2
    3 |电子书     |    2    |    3
   10 |教育音像    |    7    |    3
(6 行记录)
```

查看 Categories2 表的数据:

```
SELECT * FROM Categories2;
```

查询结果如下。

```
catgid |   catgname  | parentid | currlevel
------ +-----------+-------+-----------
   13 |商务投资    |   11    |    3
   20 |文学       |   18    |    3
(2 行记录)
```

例 5.10 删除 Categories1 和 Categories2 表中的数据,从 Categories 表中查询 currlevel < 5 的所有行,将其中 currlevel <= 2 的行插入 Categories1,其他行插入 Categories2。

```
INSERT FIRST
    WHEN currlevel <= 2 THEN INTO Categories1
    ELSE INTO Categories2
SELECT * FROM Categories WHERE currlevel < 5;
```

命令执行后,查看 Categories1 表中的数据:

```
SELECT * FROM Categories1;
```

查询结果如下。

```
catgid |   catgname  | parentid | currlevel
----- +-----------+-------+-----------
    1 |图书,音像   |  NULL   |    1
    2 |电子书刊    |    1    |    2
    7 |音像       |    1    |    2
```

```
     11   | 英文原版      |     1   |      2
     18   | 文艺          |     1   |      2
(5 行记录)
```

查看 Categories2 表中的数据:

```
SELECT * FROM Categories2;
```

查询结果如下。

```
 catgid |   catgname    | parentid | currlevel
--------+---------------+----------+-----------
      3 | 电子书        |       2  |        3
     10 | 教育音像      |       7  |        3
     13 | 商务投资      |      11  |        3
     20 | 文学          |      18  |        3
     21 | 青春文学      |      20  |        4
(5 行记录)
```

5.1.2 INSERT ON CONFLICT

用类似 5.1.1 节所介绍的插入命令时,如果插入的数据违反了被更新表上的完整性约束时,数据库管理系统会拒绝执行相应的数据插入命令并给出错误提示。如果要插入行违反了主码约束或唯一性约束时,用户希望数据库管理系统不给出错误提示,将该数据插入操作改为数据更新操作,更新与要插入行冲突的已有行,就可以使用带 ON CONFLICT 子句的 INSERT 命令进行数据插入。这种方式对于嵌入在高级程序设计语言或用户自定义函数中的数据插入命令,既可以避免多线程之间的竞争问题,又可以减少代码量,并且会更高效。ON CONFLICT 子句基本语法为:

```
ON CONFLICT [ conflict_target ] conflict_action
```

conflict_target 可以是具有唯一约束或排除约束的属性(组)或约束名称,用来指明要插入的行中哪些约束违反时会执行 conflict_action 指定的替换动作。对于 ON CONFLICT DO NOTHING 来说,"conflict_target"可以省略。在被省略时,与所有有效约束(以及唯一索引)冲突的行都会被处理。对于 ON CONFLICT DO UPDATE,必须提供一个"conflict_target"。

"conflict_action"指定一个可替换的 ON CONFLICT 动作。它可以是 DO NOTHING,也可以是 DO UPDATE 子句。UPDATE 中的 SET 和 WHERE 子句能够使用被插入表的名称(或者别名)访问表中已存在的行,并且可以用 EXCLUDED 临时表访问要插入的行。这个动作要求被排除列所在目标表的任何列上的 SELECT 特权。

例 5.11 假设 Adminaddrs 中已存在 addrid 为 1 的记录(1,'阿富汗', 1, 0),现要插入一条 addrid 为 1 的记录(1,'丹麦', 2, 0)。

分析:因为 addrid 是 Adminaddrs 表的主码,addrid 取值不能重复,用基本的 INSERT

语句会出现错误,因此可以用下面的命令:

```
INSERT INTO Adminaddrs(addrid,addrname,parentid) VALUES(1, '丹麦', 2)
   ON CONFLICT(addrid) do update
     set addrname = EXCLUDED.addrname, parentid = EXCLUDED.parentid;
```

命令执行后查看表中数据:

```
SELECT * FROM Adminaddrs WHERE addrid=1;
```

查询结果如下。

```
addrid |  addrname  | parentid | currlevel
------ +---------- +-------- +-----------
    1  | 丹麦       |    2     |    0
(1 行记录)
```

可以看到该命令将 Adminaddrs 中 addrid 为 1 的记录的"阿富汗"更新为"丹麦"。

例 5.12   在 Adminaddrs 表中插入 addrid 为 19999 的记录。

分析: 当不确定 Adminaddrs 中是否存在 addrid 为 19999 的记录时,可以用如下命令。

```
INSERT INTO Adminaddrs (addrid, addrname, parentid, currlevel)
  VALUES (19999, '西湖', 19999, 20000) ON CONFLICT do nothing;
```

说明: 当表中不存在 addrid 为 19999 的记录时,会插入该记录;如果已存在,因为 conflict_action 是 DO NOTHING,所以也不会给出错误提示。

5.1.3 RETURNING 子句返回值

在用户自定义函数中经常会涉及对表的增、删、改操作,并且在对表操作后,需要获取操作行的某些列的值,或者获取操作行的所有数据,这时就可以在 INSERT、UPDATE、DELETE 命令中使用 RETURNING 或 RETURN 子句来获取这些值。

只能返回被成功地插入或者更新的行。可以在 RETURNING/RETURN 后列出需要返回值的部分列名或所有列名,也可以用 * 代替所有列名。使用 RETURNING 子句需要 RETURNING 中提到的所有列的 SELECT 权限。

例 5.13   在 INSERT 语句中仅返回插入行中一个属性列的值。

```
INSERT INTO Categories (catgid, catgname, parentid, currlevel)
  VALUES ( 106, '对讲机电池', 102, 3) ON CONFLICT(catgid)
  DO UPDATE SET catgname=EXCLUDED.catgname RETURNING catgid, catgname;
```

执行该插入命令前查询 Categories 表中 Categories=106 的记录:

```
SELECT addrid, addrname, parentid FROM Categories=106;
```

查询结果如下。

```
catgid |    catgname   | parentid | currlevel
----- +------------ +------- +-----------
  106 | 对讲机配件    |   102  |      3
(1 行记录)
```

执行该插入命令后查询的结果：

```
catgid |    catgname
----- +------------------
  106 | 对讲机电池
 (1 行记录)
```

说明：用户需要具有 catgid,catgname 属性上的 SELECT 权限,才能成功执行该命令。

例 5.14　在 INSERT 语句中使用返回所有属性列的值。

```
INSERT INTO Adminaddrs(addrid, addrname, parentid) VALUES (3, '安道尔', 3)
  RETURNING * ;
```

执行插入命令后的查询结果：

```
 addrid | addrname | parentid
------ +------- +-----------
     3 | 安道尔   |     3
(1 行记录)
```

说明：由于 Adminaddrs 表中没有 addrid=3 的记录,该命令能成功执行返回插入行的所有值。当 Adminaddrs 表中有 addrid=3 的记录时,该命令不能成功执行,不会返回任何值。

5.2　更新语句

5.2.1　UPDATE 更新语句

修改已经存储在数据库中的数据的行为叫作更新。在进行更新操作时,可以分别更新每个属性列而其他属性列不受影响;可以通过指定被更新的行必须满足的条件,来更新单行或多行的数据。UPDATE 语句的基本语法为：

```
UPDATE <表名> SET <列名> = <表达式>[,<列名> = <表达式>] [where <条件表达式>];
```

其功能是修改指定表中满足 WHERE 子句条件的行。其中,SET 子句给出<表达式>的值用来取代相应的列值。如果省略 WHERE 子句,则修改表中的所有行。

例 5.15　将表 Categories 中 catgname 为"电子书"的改为"四大名著"。

```
UPDATE Categories SET catgname = '四大名著' WHERE catgname = '电子书';
```

说明：Categories 中只有一行的 catgname ='电子书',所以该命令只修改了一行数据。

例 5.16　将表 Categories 中 currlevel 为 2 的改为 0。

```
UPDATE Categories SET currlevel = 0 WHERE currlevel = 2;
```

说明：该命令会将表 Categories 中 currlevel 为 2 的所有行的 currlevel 都改为 0。

例 5.17　将 Categories2 表中所有行的 parentid 改为 25、currlevel 改为 5。

```
UPDATE Categories2 SET parentid = 25, currlevel = 5;
```

说明：该命令修改了多个属性列的值。

当要修改数据的表和修改条件涉及的表不是同一个时，可以使用带子查询的修改命令。

例 5.18　将"水云阁旗舰店"所销售的产品的折扣降低 10%。

分析：店铺销售的产品信息存储在 supply 表中，需要将 supply 表的 discount 属性的值改为原来的 90%，但是修改的条件是店铺的名称为"水云阁旗舰店"，而店铺名称只存储在 shopstores 表中，这两个表通过 shopid 关联，所以需要用如下命令。

```
UPDATE supply s SET discount = discount * 0.9 WHERE '水云阁旗舰店'=
    (select shopname from shopstores sh where s.shopid=sh.shopid;
```

5.2.2　RETURNING 子句的返回值

可以使用 RETURNING 子句返回被更新行的部分或全部属性值。

例 5.19　将 Categories 表中 currlevel 为 4 的行的 currlevel 改为 99，并返回这些行的 catgname 值。

```
UPDATE Categories SET currlevel = 4 WHERE currlevel = 99 RETURNING catgname;
```

结果为：

```
 catgname
--------------
 国风杂志
(1 行记录)
UPDATE 1
```

例 5.20　将 Adminaddrs 表中 addid 为 3 的行 parentid 改为 2，并返回这些行的所有属性值。

```
UPDATE Adminaddrs SET parentid=2 WHERE addrid=3 RETURNING * ;
```

结果为：

```
 addrid | addrname | parentid | currlevel
------ +------- +------- +-----------
     3 |安道尔   |    2    |    0
(1 行记录)
```

5.3　删除语句

在本节内容中,主要涉及三种删除数据的方法以及 DELETE 语句的 RETURNING 子句的返回值。DELETE 命令符合 SQL 标准,不过 RETURNING 子句是 KingbaseES 扩展,在 DELETE 中使用 WITH 也是扩展。

5.3.1　删除数据的三种命令

删除数据有三种方法,分别是 DELETE 语句、TRUNCATE 语句以及 DROP 语句。只有表的拥有者、模式拥有者和超级用户能删除一个表。

1. DELETE 命令
基本语法为:

```
DELETE FROM table_name where 条件表达式;
```

删除满足 WHERE 子句的行。如果没有 WHERE 子句条件限制,将会删除表中所有行。删除元组只能通过指定被删除元组必须匹配的条件进行。可以删除匹配条件的一个元组,也可以一次从表中删除所有元组。若要删除表中的行数据,要有 DELETE 特权。

例 5.21　删除表 Categories 中 catgid 为 7 的商品类别。

```
DELETE FROM Categories1 WHERE catgid = 7;
```

说明:WHERE 条件中指定了 Categories 表的主码值,所以只能删除 1 行。如果 Goods 表中在 catgid 属性上建立了外码,参照了 Categories 的主码值,同时指定了 ON DELETE NO ACTION,并且 Goods 表中有 catgid 为 7 的商品信息,则该命令不能成功执行。

例 5.22　删除表 Categories 中 parentid <10 的多行数据。

```
DELETE FROM Categories WHERE parentid < 10;
```

例 5.23　删除 Categories 表中的所有数据。

```
DELETE FROM Categories;
```

2. TRUNCATE 命令
移除表中所有行的快速机制,表的结构和索引不会变。基本语法为:

```
TRUNCATE  table_name;
```

例 5.24　删除表 Adminaddrs 与表 Customers 中的所有数据。

```
TRUNCATE Adminaddrs;
TRUNCATE Customers;
```

说明：若要清空一个表中的所有行但是不销毁该表，可以使用 DELETE 命令或者 TRUNCATE 命令。二者的区别为：DELETE 不会改变自增的计数器的当前值，会将操作记录日志文件；TURNCATE 可使自增的计数器回到初始计数状态，不记录日志文件，且不会对事务有影响，但速度更快。

3. DROP 命令

删除表的定义和数据，即移除目标表的任何索引、规则、触发器和约束，然后释放空间。依赖于该表的存储过程/函数将被保留，但其状态会变为 invalid。

例 5.25　删除表 Categories 中的数据及表的定义。

```
DROP TABLE Categories;
```

由于 DROP 命令不会保存表的结构，所以再查询表中数据：

```
SELECT * FROM Categories;
```

则会出现错误提醒：该表不存在！

说明：在 KingbaseES 中，三种操作的执行速度排序为 DROP＞TRUNCATE＞DELETE。DELETE 操作会放到 ROLLBACK 中，事务提交之后才生效；若有相应的触发器事件，执行的时候将被触发。TRUNCATE、DROP 操作立即生效，不能回滚。

注意：在删除数据时应考虑表上定义的外码约束，否则 DBMS 将会提示"错误：在＜table_name＞上的更新或删除操作违反了在＜table_name＞上的外码约束"。

5.3.2　RETURNING 子句的返回值

可以使用 RETURNING 子句返回被删除行的部分或全部属性值。

例 5.26　在 DELETE 语句中返回被删除行的某个属性列值。

```
DELETE FROM Categories WHERE currlevel = 4 RETURNING catgid;
```

结果为：

```
 catgid
------------
   107
(1 行记录)
```

例 5.27　在 DELETE 语句中返回被删除行的所有属性列的值。

```
DELETE FROM Adminaddrs WHERE parentid=187 RETURNING *;
```

结果为：

```
 addrid | addrname | parentid | currlevel
------ +-------- +------- +-----------
  187  |苏丹     |   187   | NULL
(1 行记录)
```

5.4 归并语句

使用 MERGE 可合并 UPDATE 和 INSERT 语句,实现在一次扫描过程中根据连接条件对目标表执行插入或修改操作的功能。通过 MERGE 语句,根据一张表(或视图)的连接条件对另外一张表(或视图)进行查询,连接条件匹配上的执行 UPDATE(可能含有DELETE),无法匹配的执行 INSERT。其中数据表可以是普通表或分区表。

当根据备份表中的数据更新当前表时,使用 UPDATE 批量更新大量的数据,会出现效率低下甚至卡死的情况,这时用 MERGE INTO 代替 UPDATE 执行批量更新,会提升执行效率。MERGE INTO 的基本语法为:

```
MERGE INTO {目标表} USING {源表} ON ( condition_expression )
  [WHEN MATCHED THEN
   UPDATE SET column = {expr | DEFAULT }[,column = { expr | DEFAULT}]…
   [ where_clause ] [ delete_clause ]]
 [WHEN NOT MATCHED THEN
   INSERT [ ( column [, column ]…) ]
     VALUES ({ expr | DEFAULT }[, { expr | DEFAULT } ]…)
   [ where_clause ]];
```

如果目标表与源表之间的连接条件(condition_expression)为真,且指定了 WHENMATCHED THEN UPDATE 子句,则对匹配到的目标表的该元组执行更新操作;否则,如果该条件为假且指定了 WHEN NOT MATCHED THEN INSERT 子句,则对目标表执行插入操作。执行更新操作时,对更新后的记录,还可以用 DELETE 子句删除目标表和源表中使连接条件为真并且在更新后符合删除条件的记录。如果连接条件为真,但是不符合更新条件,并没有更新数据,那么 DELETE 将不会删除任何数据。

如果指定了 UPDATE/INSERT 子句,则要求用户拥有该表的 UPDATE/INSERT 权限,如果在 UPDATE 子句中指定了 DELETE 子句,则还需要具有该表的 DELETE 权限。

目标表可以是表、水平分区表或可更新视图。不可以是继承表和垂直分区表。如果目标表上有约束或目标视图的定义中有 WITH CHECK OPTION,则对目标表所做的更新要满足基表上的约束条件或视图定义的校验条件。

如果源表中有多行与目标表中的一行匹配,并且同时指定了 WHEN MATCHEDTHEN UPDATE 子句则报错,因为同一元组不能被重复更新。

更新的列不能是 ON 条件中被引用的列,更新时可以通过 WHERE 条件指明要更新的行,条件中既可以包含源表的列,也可以包含目标表的列。在 VALUES 子句的值表达式中不能引用目标表中的列。

例 5.28 某基于 Seamart 数据库的应用中要经常查询各店铺每年每月的销售总额,为了提高查询效率,可以将统计结果进行存储。由于店铺的销售数据随着时间不断发生变化,所以需要周期性(例如每天/每周)地对存储的统计结果进行更新。

分析:由于更新周期通常不会超过 1 个月,如果当前更新日期是月末,当前月的销售额在统计表中可能已经存在,这时需要用新统计出来的当月销售额替换原来存储的当月销售额；如果当前的更新日期是月初，当前月的销售额在统计表中可能不存在，这时就需要将新统计出来的当月销售数据添加到汇总表中。因此使用 merge 语句对目标表进行插入或修改。

　　假设用来存储各店铺每年每月销售额的统计数据的表是 shop_sum，其中存储了截至 2022 年 4 月的统计结果。更新命令为：

```
merge into shop_sum using
   (select shopid, year(paytime) year, month(paytime) month, sum(finlbal)
as finlbal
      from orders where year(paytime)>=2022 and month(paytime)>=4
      group by shopid,year(paytime),month(paytime)
   ) as new_shop_sum
  on (shop_sum.shopid = new_shop_sum.shopid and
    shop_sum.year = new_shop_sum.year and
    shop_sum.month = new_shop_sum.month )
when matched then
update set finlbal = new_shop_sum.finlbal
  where shop_sum.shopid = new_shop_sum.shopid and
    shop_sum.year = new_shop_sum.year and
    shop_sum.month = new_shop_sum.month
when not matched then
insert values(new_shop_sum.shopid, new_shop_sum.year, new_shop_sum.month, new_
shop_sum.finlbal );
```

假设更新前 shop_sum 表中已有如下数据：

```
shopid | year | month | finlbal
------ +----+-----+----------
100688 |2021 |    6 |   $3.07
100688 |2022 |    4 |  $48.35
117449 |2022 |    1 |   $4.64
117449 |2022 |    4 |  $11.12
193043 |2021 |    2 | $199.00
193043 |2022 |    4 | $269.00
197133 |2021 |   11 | $340.20
219442 |2021 |    8 | $142.80
219442 |2021 |    9 | $142.80
235898 |2021 |    8 | $260.20
235898 |2021 |   11 |  $20.00
235898 |2021 |   12 | $120.80
(12 行记录)
```

假设

```
SELECT shopid, year(paytime) year,
month(paytime) month,sum(finlbal) as finlbal FROM orders
WHERE year(paytime)>=2022 and month(paytime)>=4
GROUP BY shopid,year(paytime),month(paytime)
```

的查询结果为：

```
shopid | year | month | finlbal
----- +----+-----+----------
100688 |2022 |    4 |$96.35
117449 |2022 |    4 |$116.12
193043 |2022 |    4 |$269.00
197133 |2022 |    4 |$220.20
219442 |2022 |    5 |$178.80
235898 |2022 |    4 |$190.20
(6 行记录)
```

则执行 Merge 命令之后 shop_sum 表中的数据为：

```
shopid | year | month | finlbal
----- +----+-----+----------
100688 |2021 |    6 |  $3.07
100688 |2022 |    4 | $96.35
117449 |2022 |    1 |  $4.64
117449 |2022 |    4 |$116.12
193043 |2021 |    2 |$199.00
193043 |2022 |    4 |$269.00
197133 |2021 |   11 |$340.20
219442 |2021 |    8 |$142.80
219442 |2021 |    9 |$142.80
219442 |2022 |    5 |$178.80
235898 |2021 |    8 |$260.20
235898 |2021 |   11 | $20.00
235898 |2021 |   12 |$120.80
235898 |2022 |    4 |$190.20
 (14 行记录)
```

说明：①MERGE 语法仅需要一次全表扫描就完成了全部工作，执行效率要高于 INSERT＋UPDATE；②MERGE 也是一个 DML 语句，和其他的 DML 语句一样需要通过 ROLLBACK 和 COMMIT 语句结束事务。

5.5 数据导入导出

COPY 用于在文件和表之间移动数据。

1. COPY TO 用于把表中的数据复制到文件中
基本语法为：

```
COPY {table_name [(column_name[, …])] | (query)}
TO {'filename' | PROGRAM 'command' | STDOUT} [ [WITH] (option[, …]) ]
```

说明：(1) COPY TO 将 table_name 表中用 column_name 列表指定的数据或 query 的查询结果复制到指定文件 filename。当指定了 PROGRAM 时，服务器执行给定的命令并且从该程序的标准输出读取或者写入到该程序的标准输入。该程序必须以服务器的视角指定，并且必须是 KingbaseES 用户可执行的。在指定 STDIN 或者 STDOUT 时，数据会通过客户端和服务器之间的连接传输。

(2) 文件 filename 必须是 KingbaseES 用户(运行服务器的用户 ID)可访问的并且应该以服务器的视角来指定其名称。输出文件 filename 必须采用绝对路径。Windows 用户需要使用单引号将文件名括起来，并且双写路径名称中使用的任何反斜线。

(3) 在 WITH 子句中：

① 可以用 FORMAT text/csv/binary 指定输出文件是 text、csv 还是 binary 格式，默认是 text。

② 可以用"HEADER"选项指定输出文件是否包含标题行，即表的列名。HEADER TRUE/ON/1 表示包含标题行，HEADER FALSE/OFF/0 表示不包含标题行。只有使用 CSV 格式时才允许这个选项。

③ 可以用 DELIMITER 选项指定分隔文件每行中各列的字符。文本格式中默认分隔符是一个制表符，而 CSV 格式中默认分隔符是一个逗号。KingbaseES 支持设置不大于 8B 的分隔符。使用 binary 格式时不允许该选项。

④ 可以用 TERMINATOR 选项指定文本中每行中换行的字符。默认换行符为\r、\n、\r\n。

⑤ 可以用 NULL 选项指定表示空值 NULL 的字符串 null_string。数据中的所有空值都将被转换为这个串。文本格式中默认是'\N'(反斜线-N)，CSV 格式中默认是一个未加引用的空串。使用 binary 格式时不允许这个选项。

⑥ 可以使用 ENCODING 'encoding_name'指定文件的编码格式，如果省略，将使用当前客户端编码。

(4) Query 可以是 SELECT、VALUES、带 RETURNING 子句的 INSERT 或 UPDATE 或者 DELETE 命令。注意查询周围的圆括号是必要的。

(5) COPY TO 只能被用于表，不能用于视图。必须拥有被 COPY TO 读取的表上的 SELECT 权限。

例 5.29 把表 Categories 中 currlevel 为 2 的数据复制到 CSV 格式的文件 Categories_batch 中，包含列标题，编码方式设置为 GBK。

```
COPY (SELECT * FROM Categories WHERE currlevel=2) TO 'c:\\Categories_batch.csv'
  (FORMAT CSV, HEADER 1, NULL '', ENCODING GBK);
```

生成的文件如图 5.1 所示。

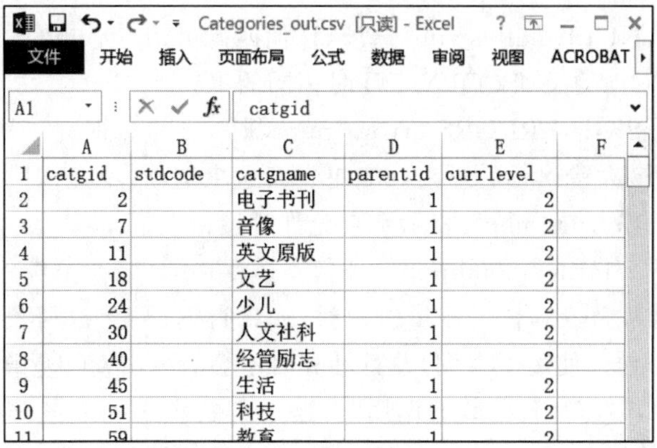

	A	B	C	D	E	F
1	catgid	stdcode	catgname	parentid	currlevel	
2	2		电子书刊	1	2	
3	7		音像	1	2	
4	11		英文原版	1	2	
5	18		文艺	1	2	
6	24		少儿	1	2	
7	30		人文社科	1	2	
8	40		经管励志	1	2	
9	45		生活	1	2	
10	51		科技	1	2	
11	59		教育	1	2	

图 5.1　Categories_batch.csv 文件

说明：可以看出，Categories_batch.csv 文件中包含列标题；Categories 表中 stdcode 属性的值都为空，而 COPY 命令中设置了 NULL ""，所以生成的 Categories_batch.csv 文件中的 stdcode 列值都是空白串。

例 5.30 将 Categories 表中 currlevel＝2 的所有数据复制到文本文件 Categories_out1 中。

```
COPY (SELECT * FROM Categories WHERE currlevel=2)
    TO 'Desktop/Categories_out1.txt' (DELIMITER '|');
```

生成的文件如图 5.2 所示。

说明：可以看出，Categories_out1.txt 文件中没有包含列标题；由于设置了 DELIMITER 为'|'，所以各列之间用'|'进行分隔；Categories 表中 stdcode 属性的值都为空，而 COPY 命令中没有设置 NULL 选项，所以生成的 Categories_out.csv 文件中的 stdcode 列值都是'\N'。

2. COPY FROM 用于从文件复制数据到表（追加数据到表中）

基本语法为：

```
COPY table_name [ ( column_name [, …] ) ]
FROM { 'filename' | PROGRAM 'command' | STDIN }
[ [ WITH ] ( option [, …] ) ]
[ WHERE condition ]
```

图 5.2　Categories_out1.txt 文件

说明：（1）COPY FROM 将指定文件 filename 或客户端应用 STDIN 中的数据复制到 table_name 表的 column_name 列中。

（2）文件名称可以采用绝对路径或相对路径。如果输入文件中包含标题行，需要指定 HEADER ON/TRUE/1。在输入时，第一行会被忽略。只有使用 CSV 格式时才允许这个选项。

（3）如果表中有列不在列列表中，COPY FROM 将会为那些列插入默认值。COPY FROM 可以被用于普通表、外部表、分区表或者具有 INSTEAD OF INSERT 触发器的视图。必须拥有被 COPY FROM 插入的表上的 INSERT 权限。

（4）如果设置了 NULL null_string 选项，任何匹配 null_string 的数据项将被存储为空值，所以应该确定你使用的是和 COPY TO 时相同的串。

（5）如果设置了 SKIP_ERRORS errors_num，则导入数据时允许跳过的最大错误行数为 errors_num，超过最大错误行后退出。如果省略这个选项，不允许跳过，出错退出。如果指定该选项，但不指定 errors_num，表示一直允许跳过错误行。

（6）如果指定了 WHERE condition。任何不满足 condition 条件的行都不会被插入到表中。当实际的行值被替换为任何变量引用时，如果行返回 true，则满足该条件。目前，在 WHERE 表达式中不允许使用子查询，并且计算时不会看到由 COPY 本身所做的任何更改（当表达式包含对 VOLATILE 函数的调用时，这一点很重要。

假设已经创建了与表 Categories 结构相同的测试表 Categories_test 和 Categories_

test1。

例 5.31 从 Categories_out1.txt 文件中复制数据到 Categories_test 表中。

分析：在例 5.30 中生成 Categories_out1.txt 文件时设置了 DELIMITER 为'|',那么从该文件将数据导入到 Categories_test 表时也必须用相同的设置。命令如下。

```
COPY Categories_test from 'c:\\Categories_out1.txt' ( DELIMITER '|');
```

说明：如果用"COPY Categories_test from 'c:\\Categories_out1.txt'"命令则会出错。

例 5.32 将例 5.29 中生成的 Categories_batch.csv 文件中 catgid=2 的数据据复制到 Categories_test1 表中。

```
COPY Categories_test1 from 'c:\\Categories_batch.csv'
  ( format CSV, HEADER ON, NULL '', ENCODING gbk) WHERE catgid = '2';
```

说明：生成 Categories_batch.csv 文件时设置了 format、header、NULL 和 ENCODING 选项,则从该文件复制数据到目标表中时必须使用相同的选项和设置值,否则会出错误。

需要注意的是：

(1) COPY 命令中提到的文件会被服务器(而不是客户端应用)直接读取或写入。因此它们必须位于数据库服务器(不是客户端)的机器上或者是数据库服务器可以访问的。类似地,用 PROGRAM 指定的命令也会由服务器(不是客户端应用)直接执行,它也必须是 KingbaseES 用户可以执行的。只允许数据库超级用户或者授予了默认角色 sys_read_server_files、sys_write_server_files 及 sys_execute_server_program 之一的用户使用 COPY 命令。

(2) 不要把 COPY 和 ksql 指令\copy 弄混。\copy 会调用 COPY FROM STDIN 或者 COPY TO STDOUT,然后读取/存储一个 ksql 客户端可访问的文件中的数据。因此,在使用\copy 时,文件的可访问性和访问权利取决于客户端而不是服务器。

(3) 我们推荐在 COPY 中使用的文件名总是指定为一个绝对路径。在 COPY TO 的情况下服务器会强制这一点,但是对于 COPY FROM 可以选择从一个用相对路径指定的文件中读取。该路径将根据服务器进程(而不是客户端)的工作目录(通常是集簇的数据目录)解释。

(4) COPY FROM 将调用目标表上的任何触发器和检查约束。但是它不会调用规则。

(5) 对于标识列,COPY FROM 命令将总是写上输入数据中提供的列值,这和 INSERT 的选项 OVERRIDING SYSTEM VALUE 的行为一样。

(6) COPY 输入和输出受到 DateStyle 的影响。为了确保到其他可能使用非默认 DateStyle 设置的 KingbaseES 安装的可移植性,在使用 COPY TO 前应该把 DateStyle 设置为 ISO。避免转储把 IntervalStyle 设置为 sql_standard 的数据也是一个好主意,因为负的区间值可能会被具有不同 IntervalStyle 设置的服务器解释错误。

(7) COPY 会在第一个错误处停止操作。这在 COPY TO 的情况下不会导致问题,但是在 COPY FROM 中目标表将已经收到了一些行。这些行将不会变得可见或者可访问,但是它们仍然占据磁盘空间。如果在一次大型的复制操作中出现错误,这可能浪费相当可观的磁盘空间。可以调用 VACUUM 来恢复被浪费的空间。

（8）在以文本格式导入数据时，KingbaseES 总是尝试将以"\0"开始的字符串转换为八进制数据，转换时会尝试读取"\0"后面的两个 0～7 的数字字符，例如，当读到"\040"时，会转为空格（0x20 字节）。如果想在文本方式导入时，使用"\0"表示 0x00 字节，避免使用二进制工具编辑 0x00 字节，KingbaseES 提供了 guc 变量 ignore_char_converter 来控制，当此变量设置为打开状态时，遇到"\0"将不会尝试八进制转换，而认为是 0x00 字节，此变量默认值为关闭状态。

经验技巧和分析：

（1）UNLOGGED 模式可确保 KingbaseES 不会将表写入操作发送到预写日志（WAL），这可以使加载过程明显加快。但是，由于不记录操作，因此如果在加载期间服务器崩溃或不干净，则无法恢复数据。KingbaseES 将在重新启动后自动截断任何未记录的表。将数据大容量插入到 UNLOGGED 的表中，做好以下工作。

① 在将表和数据更改为未记录模式之前，对其进行备份。

② 在数据加载完成后，重新创建到备用服务器的任何复制。

③ 对可以轻松重新填充的表，使用 UNLOGGED 的批量插入（例如，大型查找表或维度表）。

（2）COPY 命令可以实现从一个或多个文件加载数据并且针对大容量数据加载进行了优化。比起运行大量 INSERT 语句，或者多值 INSERT 更有效。

（3）在一次性插入大量数据时，考虑使用 COPY 命令。它不如 INSERT ALL|FIRST 命令那么灵活，但是更高效。

第 6 章

KingbaseES 的事务处理

本章介绍事务定义及其特性,着重介绍 KingbaseES 支持的事务提交与回滚、保存点、事务隔离级别等事务处理技术及应用。

 ## 6.1 事务概述

6.1.1 事务的定义

事务(Transaction)是由一个或多个 SQL 语句序列结合在一起的一个逻辑单元,也是访问并可能更新数据库中各种数据项的一个程序执行单元。一个事务可以是一条 SQL 语句、一组 SQL 语句或整个程序。在 KingbaseES 中,事务由开始(BEGIN)和提交(COMMIT)之间执行的所有操作组成,一组被 BEGIN 和 COMMIT 包围的语句也被称为一个事务块。通常,事务由使用高级数据操作语言(通常为 SQL)或编程语言(例如 C++ 或 Java)编写的用户程序启动,在交互式 SQL 环境或者在 JDBC 或 ODBC 中进行嵌入式数据库访问。

事务将多个 SQL 语句捆绑成了一个单一的执行单元,要么全部执行,事务成功提交,数据库将从一个一致性状态 A 转换到另外一个一致性状态 B;要么全不执行,事务失败回滚,数据库仍然回到执行前的一致性状态 A(如图 6.1 所示)。事务执行过程中的中间状态对于其他并发事务是不可见的,如果产生错误导致事务不能完成,则其中任何一个已经成功执行的步骤都会撤销,从而导致整个事务撤销,不会对数据库造成实质影响。

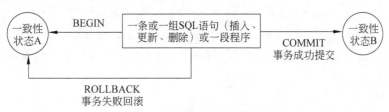

图 6.1 事务执行过程示意图

例如,对于 Seamart 数据库,顾客购买商品,订单里增加所购商品数量,店铺里该商品的库存就应该减少相应的数量,正如顾客从银行取钱,要生成一条顾客取款记录,同时顾客的账户余额要相应减少取款金额,这些操作要么全部成功执行,要么全部不执行,否则系统中就会出现商品数少了,或者存款少了等数据不一致性问题。

6.1.2　事务的特性

数据库事务具有原子性(Atomicity)、一致性(Consistency)、隔离性(Isolation)、持久性(Duration)四个特性,简称 ACID 特性,分别介绍如下。

1. 原子性

事务的原子性指整个事务是数据库的不可分割的逻辑工作单位,事务中包含的操作要么全部执行,事务执行成功提交;要么全部不执行,事务执行失败,数据库会回滚到事务开始之前的状态,所有的操作就像没有发生一样。数据库系统的备份和恢复机制保证了事务的原子性。

2. 一致性

事务的一致性是指一个事务的执行不能破坏数据库的完整性和一致性,一个事务在执行之前和执行之后,数据库均必须处于一致性状态,即事务中执行的操作必须符合数据库所有的预设规则,满足完整性和一致性要求。事务执行成功,数据库将从一个一致性状态变到另一个一致性状态,如事务执行失败,数据库将回到事务执行之前的一致性状态。数据库系统的备份和恢复机制、并发控制机制保证了事务的一致性。

3. 隔离性

事务的隔离性是指多个并发执行的事务是相互隔离、互不影响的,一个事务的执行不能影响其他事务的执行,也不能被其他事务干扰。事务之间相互不可见,即一个事务内部的操作及对数据项的更新对其他并发事务是隔离的。数据库系统的并发控制机制保证了事务的隔离性。

4. 持久性

事务的持久性是指事务一旦成功执行提交后,执行结果将永久保存在数据库中,即使存在系统故障,它对数据库所做的更改也会保持不变。数据库系统的备份和恢复机制保证了事务的持久性。

事务处理(Transaction Processing)就是对提交给数据库管理系统的各种事务进行资源分配、合理调度的数据库管理子系统,其作用是通过确保事务的 ACID 特性,从而确保数据库数据的一致性、多用户访问数据的并发性和数据库数据更新的持久性。

KingbaseES 完全支持事务的 ACID 特性,采用多版本并发控制(MVCC)协议实现事务并发调度执行,实现事务三种数据隔离级别。版本(Version)是指数据库中数据对象的一个快照,记录了数据对象某个时刻的状态,为数据库中数据对象保留多个版本,以提高系统的并发操作程度。

6.2　事务的提交与回滚

事务按定义方式划分可以分为显式事务和隐式事务。

(1) 显式事务:当数据库自动提交事务状态关闭时(SET AUTOCOMMIT OFF),用户或者应用程序需要显式地使用 BEGIN 命令开始一个事务,使用 COMMIT 或 ROLL BACK 命令显式地结束一个事务。

（2）隐式事务：当数据库自动提交事务状态打开时（SET AUTOCOMMIT ON），数据库系统将在提交或回滚当前事务后自动启动新事务，无须使用 BEGIN 开始新事务，系统也会自动提交事务。KingbaseES 将每一个 SQL 语句都作为一个事务来执行，每个独立的语句都会被隐式地加上一个 BEGIN 以及 COMMIT。

事务可以在交互式 SQL、PL/SQL、嵌入式 SQL，以及 C、Java、Python 等各种高级编程语言和应用场景中嵌入并执行。在分布式环境下，KingbaseES 执行两阶段提交事务（two Phrase Commit，2PC）事务。

提交事务意味着在该事务中所做的所有更新都要写到数据库中去；而回滚事务意味着由未提交的 SQL 语句对数据库所做的任何更新都将被撤销。数据库系统允许任何未提交的事务回滚，但不同的数据库系统其事务处理模型也有所不同。Oracle 的事务处理模型不需要显式的事务开始语句，第一个允许的 SQL 自动作为事务的开始，事务以 COMMIT 或者 ROLLBACK 结束，所有的 DDL 语句自动提交，客户端工具在使用时可能会自动发出 COMMIT 或者 ROLLBACK 语句。相比于 Oracle 而言，KingbaseES 事务处理不支持语句级回滚（但可以使用 Savepoint 模拟），对 DDL 的事务处理不同。实际上，KingbaseES 的事务处理模型支持隐式事务和显式事务，对于不在事务块中的每一个 SQL 语句，都会被加上一个隐式的 BEGIN 命令从而自动在系统内部开启一个事务，执行该 SQL 语句，执行正确则自动提交，执行失败则自动回滚。

例 6.1　购买某商品：订单明细增加十件，商品库存减少十件，成功提交事务。

```
BEGIN;
    INSERT INTO lineitems(ordid, shopid, goodid, saleprice, saleamt)
        VALUES('236995464477','102108','694888111449','$35.00',10);
    UPDATE supply SET totlwhamt = totlwhamt-10
        WHERE shopid = '102108' and goodid = '694888111449';
    SELECT totlwhamt FROM Supply
        WHERE shopid = '102108' and goodid = '694888111449';
COMMIT;
```

说明：INSERT 给订单明细增加一个相应的商品购买明细记录，然后 UPDATE 语句修改要购买商店的指定商品库存，这两个操作必须同时完成，COMMIT 提交成功的事务。

例 6.2　购买某商品：订单明细增加十件，库存减少十件，库存不足，事务失败回滚。

```
BEGIN;
    INSERT INTO lineitems(ordid, shopid, goodid, saleprice, saleamt)
        VALUES('236995464477','102108','694888111449','$35.00',10);
    UPDATE supply SET totlwhamt = totlwhamt-10
        WHERE shopid = '102108' and goodid = '694888111449';
    SELECT totlwhamt FROM Supply
        WHERE shopid = '102108' and goodid = '694888111449';
ROLLBACK;
```

说明：INSERT 给订单明细增加一个相应的商品购买明细记录，相应的商品的库存量减少，如果最后查询总的库存量小于零，则表示库存不足，可以使用 ROLLBACK 回滚事务，INSERT 插入订单明细和库存的更新也将被撤销。

6.3 保存点

当事务执行过程中出现问题(如购买商品事务中商品供应量小于购买量)需要撤销该事务,即回滚到事务尚未发生的状态,那么此时该事务对数据库的所有更新操作将被撤销,但是,我们若是想保存该事务的部分更新操作,或者跳过发生问题的部分继续执行该事务,这时就可以在事务中建立保存点来满足这种需求。特别是对于"长"事务(由许多SQL语句构成的事务)来说,当事务快结束时发生错误,就要撤销整个事务,损失比较大,使用保存点就可以尽量减少损失,提高事务执行效率。

保存点(Savepoint)是事务过程中的一个逻辑点,记录了数据库执行事务一组操作后的一致性状态,保存了在保存点之前事务对数据库的更新操作。事务发生错误时,可以把事务回滚到这个保存点,而不必回滚整个事务。

在一个事务中可以建立多个保存点,将一个事务中的操作分为不同的操作组,利用保存点来更细粒度地控制事务中的SQL语句。保存点允许有选择性地放弃事务的一部分而提交剩下的部分。回滚到保存点之后,事务将从该保存点记录的数据库状态继续执行事务的剩余操作,而该事务中位于保存点和回滚点之间的数据库修改都会被放弃,但是早于该保存点的修改则会被保存。图6.2演示了具有保存点的事务执行的过程。

在回滚到保存点之后,该保存点的定义依然存在,因此可以多次回滚到它。如果确定不再需要回滚到特定的保存点,可以释放该保存点以便释放一些系统资源。由于上述操作发生在一个事务块内,因此这些操作对于其他数据库会话来说都不可见。当提交整个事务块时,被提交的动作将作为一个单元变得对其他会话可见。

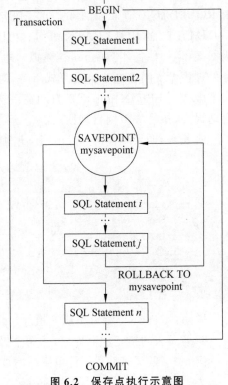

图 6.2 保存点执行示意图

1. 建立保存点

建立保存点的 SQL 基本语法如下。

```
SAVEPOINT savepoint_name;
```

该命令在事务中定义一个名为 savepoint_name 的保存点。在相应的事务操作组里,保存点的名称必须是唯一的,但其名称可以与表或其他对象的名称相同。

2. 使用保存点

使用保存点的 SQL 基本语法如下。

```
ROLLBACK TO savepoint_name;
```

该命令回滚到一个预先已经定义好的 savepoint_name 保存点。ROLLBACK TO 是重新控制由于错误被系统置为中断状态的事务块的唯一途径,而不是完全回滚它并重新启动。

3. 释放保存点

释放保存点的 SQL 基本语法如下。

```
RELEASE SAVEPOINT savepoint_name;
```

该命令释放 savepoint_name 保存点,该保存点被释放之后,就不能再利用 ROLLBACK TO 命令来撤销这个保存点之后的事务操作了。利用这个命令可以避免意外地回滚到某个不再需要的保存点。

例 6.3　在线购物应用中使用保存点。

分析:假设一个用户购买多个店铺的商品,系统根据店铺将该订单自动分成多个子订单,如果前面几个店铺都没问题,即可以成功生成子订单,但此时生成最后一个,或者中间某个店铺的子订单时出现问题,订单无法生成,就可以利用保存点回滚到上一个成功的子订单。

```
SET SEARCH_PATH to Sales ;
BEGIN
  SAVEPOINT savepoint_oder1;
  INSERT INTO Orders(ordid, custid, shopid, submtime)
      VALUES('N001', '1', '104142', CURRENT_DATE);
SAVEPOINT savepoint_oder1_1;
INSERT INTO lineitems(ordid,shopid,goodid,saleprice,saleamt)
      VALUES('N001','104142', '12560557','$116.8',10);
SAVEPOINT savepoint_oder1_2;
  UPDATE supply SET totlwhamt = totlwhamt-10
    WHERE shopid = '104142' and goodid = '12560557';
SELECT totlwhamt FROM Supply
WHERE shopid = '104142'and goodid = '12560557';

  SAVEPOINT savepoint_oder2;
  INSERT INTO Orders(ordid, custid, shopid, submtime)
      VALUES('N002', '1', '102108', CURRENT_DATE);
  SAVEPOINT savepoint_oder2_1;
INSERT INTO lineitems(ordid,shopid,goodid,saleprice,saleamt)
      VALUES('N002','102108','69488111449','$35.00',10);
  SAVEPOINT savepoint_oder2_2;
UPDATE supply SET totlwhamt = totlwhamt-10
    WHERE shopid = '102108' and goodid = '69488111449';
  SELECT totlwhamt FROM Supply
WHERE shopid = '102108' and goodid = '69488111449';
  ROLLBACK TO savepoint_oder2;
COMMIT;
```

说明：①在每个 DML 语句之前设置一个保存点，这样可以根据情况回滚每个语句，即利用 SAVEPOINT 模拟语句级回滚；②该例子事务中生成两个订单，第一个订单成功，第二个订单库存量不足不成功，则回滚第二个订单即可；③最后 COMMIT 提交整个事务，第一个订单成功生成。

6.4 事务的隔离级别

6.4.1 事务隔离级别概述

DBMS 对并发事务不同的调度可能会产生不同的结果。一般来说，串行调度即多个事务顺序执行的结果是正确的，因此，把执行结果等价于某个串行调度的调度称为可串行化(Serializable)调度，这种执行结果与按某一次序串行地执行这些事务时的结果相同的性质称为可串行性(Serializability)。可串行性确保事务并发执行时也具有一致性，然而对于某些应用，保证事务调度可串行性的协议可能只允许极小的并发度。事务隔离级别可以满足不同的并发度需求，同时为了有效保证并发读取数据的正确性。为了提高事务并发度，应采用较弱级别的数据库一致性；为了保证数据库的正确性，使用较弱级别的一致性给程序员增加了额外负担。

SQL 标准定义了以下 4 种隔离级别。

(1) 读未提交(read uncommitted)：允许读取未提交数据。这是 SQL 允许的最低一致性级别，也是最弱的事务隔离级别。

(2) 读已提交(read committed)：只允许读取已提交数据，即一个 SQL 语句只能看到在它开始前提交的记录；但不要求可重复读，例如，在事务两次读取一个数据项期间，另一个事务更新了该数据并提交。

(3) 可重复读(repeatable read)：只允许读取已提交数据，当前事务的所有语句只能看到这个事务中执行的第一个查询或者数据修改语句之前提交的记录，而且在一个事务两次读取一个数据项期间，其他事务不得更新该数据。但该事务不要求与其他事务可串行化。

(4) 可串行化(serializable)：当前事务的所有语句只能看到这个事务中执行的第一个查询或者数据修改语句之前提交的记录。保证可串行化调度，这是最严格的事务隔离级别。

表 6.1 列出了 SQL 标准定义的 4 种隔离级别解决事务并发执行可能导致数据不一致性问题的能力。以上所有隔离性级别都不允许脏写(dirty write)，即不允许丢失修改，即如果一个数据项已经被另外一个尚未提交或中止的事务写入，则不允许对该数据项执行写操作。

表 6.1 SQL 标准事务隔离级别解决并发不一致问题对照表

隔 离 级 别	脏读	不可重复读	幻读
读未提交(READ UNCOMMITTED)	可能	可能	可能
读已提交(READ COMMITTED)	不可能	可能	可能
可重复读(REPEATABLE READ)	不可能	不可能	可能
可串行化(SERIALIZABLE)	不可能	不可能	不可能

许多数据库系统运行时的默认隔离性级别是已提交读，也可以通过 SET TRANSACTION ISOLATIONLEVEL 显式地设置事务隔离级别。在 KingbaseES 中，允许设置 SQL 标准定义的 4 种事务隔离级别中的任意一种，但是内部只实现了 3 种不同的隔离级别，KingbaseES 的读未提交模式的行为与读已提交相同，另外，KingbaseES 在可重复读隔离级别中已实现不允许幻读（如表 6.2 所示）。

表 6.2　KingbaseES 事务隔离级别解决并发不一致性问题对照表

隔 离 级 别	脏读	不可重复读	幻读	串行化异常
读已提交（READ COMMITTED）	不可能	可能	可能	可能
可重复读（REPEATABLE READ）	不可能	不可能	不可能	可能
可串行化（SERIALIZABLE）	不可能	不可能	不可能	不可能

6.4.2　设置事务隔离级别

KingbaseES 中每个事务都自动使用默认的隔离级别，参数 default_transaction_isolation 用于设置数据库的默认事务隔离级别，用户也可以手动修改事务的隔离级别。

事务隔离级别一旦设定，在一个事务执行了第一个查询或者数据修改语句（SELECT、INSERT、DELETE、UPDATE、FETCH 或 COPY）之后就无法更改事务隔离级别。

例 6.4　查看数据库默认的隔离级别。

```
SHOW default_transaction_isolation ;
```

运行结果如下。

```
default_transaction_isolation
-------------------------------
 read committed
(1 row)
```

说明：可以看到数据库默认的隔离级别是读已提交（READ COMMITTED），可能会存在着重复读、幻读以及串行化异常化问题。

例 6.5　修改数据库默认的事务隔离级别。

```
ALTER SYSTEM SET default_transaction_isolation='repeatable read';
SELECT sys_reload_conf();
SHOW default_transaction_isolation ;
```

运行结果如下。

```
default_transaction_isolation
-------------------------------
 repeatable read
(1 row)
```

说明：该语句将数据库默认的事务隔离级别修改为可重复的读（REPEATABLE READ），然后使用 sys_reload_conf() 函数重新装载系统配置，使得修改生效。

例 6.6 修改会话的隔离级别。

```
SET SESSION CHARACTERISTICS AS TRANSACTION ISOLATION LEVEL
SERIALIZABLE ;
  SHOW transaction_isolation ;
```

运行结果如下。

```
transaction_isolation
------------------------
 serializable
(1 row)
```

说明：当前会话的隔离级别修改了，不影响其他会话的隔离级别，也不影响数据库默认的事务隔离级别。

例 6.7 设置当前事务的隔离级别。

```
BEGIN TRANSACTION ISOLATION LEVEL REPEATABLE READ;
  SHOW transaction_isolation ;
COMMIT;
```

运行结果如下。

```
transaction_isolation
------------------------
 repeatable read
(1 row)
```

当前事务结束后，再执行如下命令。

```
SHOW transaction_isolation ;
```

运行结果如下。

```
transaction_isolation
----------------------------------
 read committed
(1 row)
```

说明：通过 BEGIN 或 START 显式地开启事务并设置事务的隔离级别时，只会影响此事务，此事务的隔离级别只在自己的范围内起作用，而不会影响其他事务或者数据库的默认隔离级别。

事务的访问模式决定该事务是读/写或者只读。读/写是默认值。当一个事务为只读时，如果 SQL 命令 INSERT、UPDATE、DELETE 和 COPY FROM 要写的表不是一个临时表,则它们不被允许。不允许 CREATE、ALTER 以及 DROP 命令。不允许 COMMENT、GRANT、REVOKE、TRUNCATE。如果 EXPLAIN ANALYZE 和 EXECUTE 要执行的命令是上述命令之一,则它们也不被允许。这是一种高层的只读概念,它不能阻止所有对磁盘的写入。

只有事务的隔离级别设置为 SERIALIZABLE 以及事务的访问模式设置为 READ ONLY 时,事务的 DEFERRABLE 属性才会有效。当一个事务的所有这三个属性都被选择时,该事务在第一次获取其快照时可能会阻塞,之后它运行时就不会有 SERIALIZABLE 事务的开销并且不会有任何牺牲或者被一次序列化失败取消的风险。这种模式很适合于长时间运行的报表或者备份等事务。

SET TRANSACTION SNAPSHOT 命令允许新的事务使用与一个现有事务相同的快照运行。已经存在的事务必须已经把它的快照用 sys_export_snapshot()函数(见快照同步函数)导出。该函数会返回一个快照标识符,SET TRANSACTION SNAPSHOT 需要被给定一个快照标识符来指定要导入的快照。在这个命令中该标识符必须被写成一个字符串,如'000003A1-1'。SET TRANSACTION SNAPSHOT 只能在一个事务的开始执行,并且要在该事务的第一个查询或者数据修改语句(SELECT、INSERT、DELETE、UPDATE、FETCH 或 COPY)之前执行。此外,该事务必须已经被设置为 SERIALIZABLE 或者 REPEATABLE READ 隔离级别(否则,该快照将被立刻抛弃,因为 READ COMMITTED 模式会为每一个命令取一个新快照)。如果导入事务使用了 SERIALIZABLE 隔离级别,那么导入快照的事务必须也使用该隔离级别。另外,一个非只读可序列化事务不能导入来自只读事务的快照。

6.4.3　READ COMMITTED 隔离级别

1. 避免"脏读"

假如有事务 T1 和 T2,其中,T1 要连续两次查询顾客表中 custid 为 1 的顾客姓名,而 T2 要修改顾客编号 custid 为 1 的顾客姓名,两个事务调度顺序如表 6.3 所示。

表 6.3　READ COMMITTED 隔离级别避免"脏读"

序号	事务 T1	事务 T2
step1	BEGIN ISOLATION LEVEL READ COMMITTED ; 　SELECT custname 　FROM sales.customers 　WHERE custid = 1;	
step2		BEGIN ISOLATION LEVEL READCOMMITTED; 　UPDATE sales.customers 　SET custname='test' 　WHERE custid=1;
step3	SELECT custname FROM sales.customers WHERE custid = 1;	

说明：事务 T1 两次读到的顾客姓名相同，不读取事务 T2 未提交的顾客新姓名，说明 READ COMMITTED 隔离级别可避免"脏读"。

2. 出现"不可重复读"

假设在事务 T1 执行过程中事务 T2 修改记录并提交自己的修改，则此时会出现事务 T1 两次读到的结果不同的情况，两个事务调度顺序如表 6.4 所示。

表 6.4　READ COMMITTED 隔离级别可能出现"不可重复读"

序号	事务 1	事务 2

step1	`BEGIN ISOLATION LEVEL`
	`READ COMMITTED ;`
	`  SELECT custname`
	`  FROM sales.customers`
	`  WHERE custid = 1;`	

step2		`BEGIN;`
		`  UPDATE sales.customers`
		`  SET custname = 'test'`
		`  WHERE custid=1;`
		`COMMIT;`

step3	`SELECT custname`
	`FROM sales.customers`
	`WHERE custid = 1;`	

说明：事务 T1 两次读到的顾客姓名不相同，T1 第二次读取的顾客姓名是事务 T2 提交的数据，该例说明 READ COMMITTED 隔离级别会出现"不可重复读"的数据不一致情况。

3. 出现"幻读"

假设在事务 T1 执行过程中事务 T2 插入新记录并提交自己的修改，则此时会出现事务 T1 两次读到结果不同的情况，两个事务调度顺序如表 6.5 所示。

表 6.5　READ COMMITTED 隔离级别可能出现"幻读"

序号	事务 T1	事务 T2

step1	`BEGIN ISOLATION LEVEL`
	`READ COMMITTED ;`
	`  SELECT custname`
	`  FROM sales.customers`
	`  WHERE custid >= 5000;`	

step2		`BEGIN;`
		`  INSERT INTO sales.customers`
		`    (custid, custname)`
		`  VALUES(5001, 'testname');`
		`COMMIT;`

step3	`SELECT custname`
	`FROM sales.customers`
	`WHERE custid >= 5000;`	

　　说明：事务 T1 第二次读到了第一次读时不存在的顾客新记录，多出了一行，说明
READ COMMITTED 隔离级别会出现"幻读"。

　　4. READ COMMITTED 隔离级别的写冲突

　　READ COMMITTED 隔离级别写冲突原则如下。

　　（1）并发更新同一条元组时，第一个获取锁的事务（假设是 T1）对元组进行更新，其他
事务等待 T1 结束。

　　（2）如果 T1 提交，则下一个获取锁的事务继续更新该元组的新版本。

　　（3）如果 T1 回滚，则下一个获取锁的事务继续更新该元组。

　　假如有事务 T1 与事务 T2 均想修改 shopid 为 104142 的店铺下 goodid 为 12560557 的
商品在供应表 Supply 中的总供应量 totlwhamt，区别在于事务 T1 将该商品的总供应量
totlwhamt 减 200，而事务 T2 将该商品的总供应量 totlwhamt 加 300，这时事务 T1 与事务
T2 之间便存在着写冲突，它们将遵循上述原则执行，具体过程如表 6.6 所示。

表 6.6　READ COMMITTED 隔离级别可能出现"写冲突"

序号	事务 T1	事务 T2
step1	BEGIN ISOLATION LEVEL READ COMMITTED ; 　UPDATE sales.supply 　SET totlwhamt = totlwhamt -200 　WHERE shopid = 104142 　　　AND goodid = 12560557;	
step2		BEGIN ISOLATION LEVEL READ COMMITTED ; 　UPDATE supply 　SET totlwhamt = totlwhamt +300 　WHERE shopid = 104142 　　　AND goodid = 12560557;
step3	COMMIT;	
step4		//获得锁，更新成功 COMMIT; SELECT totlwhamt FROM supply WHERE shopid = 104142 　　　AND goodid = 12560557;

　　说明：假设指定商品的库存量为 1000，则 T1 更新后为 800，T2 在 800 的基础上加 300，
最后结果为 1100，即在事务 T1 还未提交时，事务 T2 对 totlwhamt 的修改语句不会立即起
作用而是会等待事务 T1 提交之后才会执行。

6.4.4　REPEATABLE READ 隔离级别

1. 避免"脏读"

REPEATABLE READ 隔离级别与 READ COMMITTED 隔离级别避免"脏读"的原

理一样(参见表 6.3)。

2. 避免"不可重复读"

与 READ COMMITTED 隔离级别不同,如果把表 6.4 中事务 T1 的隔离级别设为
REPEATABLE READ 隔离级,当在事务 T1 执行过程中事务 T2 提交自己的修改,事务 T1
两次读到的结果是相同的,即可以实现重复读。

3. 避免"幻读"

与 READ COMMITTED 隔离级别不同,如果把表 6.5 中事务 T1 的隔离级别设为
REPEATABLE READ 隔离级,当在事务 T1 执行过程中事务 T2 提交自己的插入新记录修
改,事务 T1 两次读到的结果是相同的,即避免了"幻读"。

4. REPEATABLE READ 隔离级别的写冲突

REPEATABLE READ 隔离级别写冲突原则如下。

(1) 并发更新同一条元组时,第一个获取锁的事务(假设是 T1)对元组进行更新,其他
事务等待 T1 结束。

(2) 如果 T1 提交,则其他事务回滚。

(3) 如果 T1 回滚,则下一个获取锁的事务继续更新该元组。

同样是有事务 T1 与事务 T2 均想修改 shopid 为 104142 的店铺下 goodid 为 12560557
的商品在供应表 Supply 中的总供应量 totlwhamt,区别在于事务 T1 将该商品的总供应量
totlwhamt 减 200,而事务 2 将该商品的总供应量 totlwhamt 加 300,这时事务 T1 与事务
T2 之间便存在着写冲突,它们将遵循上述原则执行,具体过程如表 6.7 所示。

表 6.7 REPEATABLE READ 隔离级别写冲突示例

序号	事务 T1	事务 T2
step1	BEGIN ISOLATION LEVEL REPEATABLE READ; 　UPDATE supply 　SET totlwhamt = totlwhamt - 200 　WHERE shopid = 104142 　　AND goodid = 12560557;	
step2		BEGIN ISOLATION LEVEL REPEATABLE READ ; 　UPDATE supply 　SET totlwhamt = totlwhamt + 300 　WHERE shopid = 104142 　　AND goodid = 12560557;
step3	COMMIT;	
step4		ROLLBACK; SELECT totlwhamt FROM supply WHERE shopid = 104142 　AND goodid = 12560557;

　　说明：在事务 T1 还未提交时，事务 T2 对 totlwhamt 的修改语句不会立即起作用而是产生等待，在事务 T1 提交后，根据可重复读事务隔离级别写冲突原则，事务 T2 抛出错误，事务 T2 回滚，最后 SELECT 语句查询到事务 T1 提交的结果。

5. REPEATABLE READ 隔离级别会导致"写偏斜"

　　"写偏斜"可以理解为事务 COMMIT 之前写前提被破坏，导致写入了违反业务一致性的数据。例如，一个事务读出某些数据，作为另一些写入的前提条件，但是在提交前，读入的数据就已被别的事务修改并提交，这个事务并不知道，然后 COMMIT 了自己的另一些写入，写前提在 COMMIT 前就被修改，导致写入结果违反业务一致性。

　　例 6.8　查询供应表中折扣为 0.83 的商品的在售状态(status)。

```
SELECT goodid, status FROM supply WHERE discount = 0.83;
```

查询结果如下。

```
   goodid  | status
-----------+---------
 4965      | t
 9566      | f
 5602041   | f
(3 rows)
```

　　假设要对上述商品在售状态 status 进行修改，事务 T1 将 status 为 f 的修改为 t，即将不在售的商品改为在售，而事务 T2 正相反，事务 T2 将 status 为 t 的修改为 f，即将在售的商品改为不在售，事务 T1 与事务 T2 执行过程如表 6.8 所示。

表 6.8　可重复读隔离级别会导致"写偏斜"

序号	事务 T1	事务 T2
step1	BEGIN ISOLATION LEVEL REPEATABLE READ; 　SELECT goodid, status FROM supply 　WHERE discount = 0.83;	
step2		BEGIN ISOLATION LEVEL REPEATABLE READ; 　SELECT goodid, status FROM supply 　WHERE discount = 0.83;
step3	UPDATE supply SET status = true WHERE status = false 　　AND discount = 0.83; SELECT goodid, status FROM supply WHERE discount = 0.83;	

续表

序号	事务 T1	事务 T2
step4		UPDATE supply SET status = false WHERE status = true AND discount = 0.83; SELECT goodid, status FROM supply WHERE discount = 0.83;
step5	COMMIT;	
step6		COMMIT;
step7	SELECT goodid, status FROM supply WHERE discount = 0.83;	
step8		SELECT goodid, status FROM supply WHERE discount = 0.83;

说明：事务 T2 读出在售状态，将在售状态为 t 的修改成 f，但是在提交前，读入的在售状态就已被事务 T1 修改并提交，事务 T1 将在售状态为 f 的修改为 t，事务 T2 并不知道，然后 COMMIT 了自己的另一些写入，写前提在 COMMIT 前就被修改，导致写入结果违反业务一致性。

6.4.5 SERIALIZABLE 隔离级别

SERIALIZABLE 隔离级别的特性与可重复读隔离级别的特性基本相同，不同之处在于，SERIALIZABLE 隔离级别可以规避串行化异常（"写偏斜"）。

如果把表 6.8 中的事务 T1 和 T2 的隔离级别改为 SERIALIZABLE 隔离级别，说明：第 5 步事务 T1 先提交成功，第 6 步事务 T2 提交发生报错，事务 T2 回滚，从而避免了"写偏斜"问题，最终只保留事务 T1 的修改结果。

6.5 死锁

KingbaseES 的事务执行时，根据设定的事务隔离级别，数据库系统自动对要读写的数据对象申请加锁、持锁和解锁。用户还可以根据需要显式地使用 LOCK TABLE 命令对数据表进行加锁，但是使用该命令要慎重，如果使用不当容易导致系统并发性能下降，也容易导致死锁。

事务并发执行时可能产生死锁。产生死锁的原因是多个事务封锁了某些数据对象，然后又请求被其他事务封锁的数据对象加锁，从而形成循环等待导致死锁。例如，当两个事务交叉更新对方数据时，这两个事务互相之间需要等待对方释放获得的资源，如果系统不进行干预则会一直等待下去，也就是进入了死锁（deadlock）状态。

通常解决死锁有两种方法：预防死锁、诊断与解除死锁。预防死锁的发生就是要破坏产生死锁的条件，如采取一次封锁法或者顺序封锁法。但是在操作系统中广为采用的预防死锁的策略并不太适合数据库的特点，数据库管理系统在解决死锁的问题上更普遍采用的是诊断并解除死锁的方法,如超时法和等待图法。

KingbaseES 系统采取诊断与解除死锁的方法,会自动检测出死锁并回退引起死锁的最后一条语句所在的事务。在开发数据库应用时,如果能够按照一定的顺序进行加锁和解锁,例如,主表和明细表同时操作时,按照先操作主表后操作明细表统一顺序进行,就可以减少死锁的发生,提高系统性能。

下面举个例子说明可能产生死锁的情况。

例 6.9 查看 Seamart 数据库中 Supply 表中店铺 102108 的商品与库存量 totlwhamt。

```
SELECT goodid, totlwhamt FROM sales.Supply WHERE shopid ='102108';
```

查询结果如下。

```
    goodid   | totlwhamt
-------------+------------
 69488111449 |    1111
 72082419757 |    1231
(2 rows)
```

现事务 T1 与事务 T2 想修改 shopid 为 102108 的店铺下的两个商品在供应表 Supply 中的总供应量 totlwhamt,goodid 分别为 69488111449 与 72082419757,区别在于事务 T1 先将商品 69488111449 的总供应量 totlwhamt 减 200,之后再将商品 72082419757 的总供应量 totlwhamt 减 500,而事务 T2 先将商品 72082419757 的总供应量 totlwhamt 加 300,之后再将商品 69488111449 的总供应量 totlwhamt 加 400,此时事务 T1 与事务 T2 之间便可能会产生死锁,具体过程如表 6.9 所示。

表 6.9 可能导致死锁的示例

序号	事务 T1	事务 T2
step1	BEGIN ISOLATION LEVEL READ COMMITTED ; SELECT goodid, totlwhamt FROM supply WHERE shopid = 102108; UPDATE supply SET totlwhamt = totlwhamt -200 WHERE goodid = 69488111449 AND shopid = 102108;	
step2		BEGIN ISOLATION LEVEL READ COMMITTED ; SELECT goodid, totlwhamt FROM supply WHERE shopid = 102108; UPDATE supply SET totlwhamt = totlwhamt + 300 WHERE goodid = 72082419757 AND shopid = 102108;

序号	事务 T1	事务 T2
step3	UPDATE supply SET totlwhamt = totlwhamt - 500 WHERE goodid = 72082419757 AND shopid = 102108; //产生等待	
step4		UPDATE supply SET totlwhamt = totlwhamt +400 WHERE goodid = 69488111449 AND shopid = 102108; //系统自动检测到死锁,事务回退 ROLLBACK;
Step5	//获得锁,执行成功 COMMIT;	
Step6		SELECT goodid, totlwhamt FROM supply WHERE shopid = 102108;

说明：当事务 T1 在修改完自己先占有的 goodid 为 69488111449 的商品的库存量 totlwhamt 后,想要修改事务 T2 占有的 goodid 为 72082419757 的商品的库存量 totlwhamt 时产生了等待,而此时事务 T2 想要修改事务 T1 占有的 goodid 为 69488111449 的商品时,若也产生等待,则两个事务就会陷入死锁,但此时系统自动检测到死锁,将事务 T2 回退,避免了死锁的发生。

第 7 章

KingbaseES 的用户与权限

本章主要介绍 KingbaseES 的用户管理、数据库系统级权限管理、数据库对象权限管理，以及行级权限管理的基本原理、方法和具体应用情况。

 ## 7.1 概述

SQL 标准定义了用户（User）和角色（Role）的概念，是可区分的概念，并且将定义用户的所有命令留给数据库管理系统实现。KingbaseES 把用户和角色统一成一种单一实体类型，即角色，因此，KingbaseES 系统实现的角色比 SQL 标准定义的角色拥有更多可选的属性。

通常用户需要登录连接到数据库，并且被授予相应的权限才能操作数据库对象；而角色是一组权限的集合，使用角色让对授予多个用户的多种权限管理工作更加简单有效。使用角色进行授权管理的一般方法如下。

（1）创建角色，向角色授予权限，然后再将角色授予多个用户和角色。

（2）增加或删除角色的权限时，被授予该角色的所有用户和角色都会自动获得新增加的权限或自动失去删除的权限。

（3）将多个角色授予用户或角色。

KingbaseES 使用角色管理数据库访问权限。一个角色可以被看成是一个数据库用户或者是一个数据库用户组，角色可以拥有数据库对象（如表和函数等）并且能够把那些对象上的权限赋予其他角色来控制谁能访问哪些对象。权限是执行 SQL 语句或存取某一用户对象的权力。多个用户可拥有同一个角色，一个角色可拥有多种权限。

针对 Seamart 数据库，为了阐述用户、权限和角色三者间的关系，假设该数据库系统有经理、销售员、收银员、快递员、会计和客户 6 个角色，每个角色有若干个用户，每个角色拥有不同的权限（参见表 7.1），后续用户管理和权限管理将以此为例进行详细阐述。

表 7.1 Seamart 数据库用户、角色和权限一览表

ROLE	NAME	USER	PRIVILEGE
Manager	经理	Zhang、Cao	ALL PRIVILEGE
Salesman	销售员	Ding、Xu	SELECT ON goods、supply、categories

续表

ROLE	NAME	USER	PRIVILEGE
Cashier	收银员	Meng、Liu	INSERT/DELETE ON orders，Lineitems
Courier	快递员	Sun、Li	SELECT ON orders
Counter	会计	Han、Wang	SELECT ON Orders，lineitems
Customer	客户	Chen、Jin	SELECT ON categories，shopstores SELECT/INSERT/DELETE ON comments

7.2　用户管理

7.2.1　预定义管理用户

KingbaseES 系统安装之后，会创建三个用户：数据库管理员（system）、安全管理员（sso）、审计管理员（sao）。通过这三个预定义的管理用户，KingbaseES 还可以创建普通用户来访问数据库，运行数据库应用。

KingbaseES 安全版本支持将管理特权三权分立为三个管理员，即数据库管理员、安全管理员和审计管理员。三权分立的安全管理体制是为了解决数据库超级用户权力过度集中的问题，参照行政、立法、司法三权分立的原则来设计的安全管理机制。由于三权分立的约束，数据库管理员、安全管理员、审计管理员各自维护自己权限许可范围内的用户，不同目的的用户应由相应的管理员创建。即：数据库管理员不能创建和修改安全员和审计员，也不能将一个普通用户修改为安全员或者审计员，安全管理员只能创建和修改安全员并且不能将安全员修改为非安全员，审计管理员只能创建和修改审计员并且不能将审计员修改为非审计员。

1. 系统管理员

主要负责执行数据库日常管理的各种操作和自主存取控制。系统管理员不可以修改审计和安全参数，不可以定义审计策略，也不可以查看审计记录。不可以进行安全功能的操作。

系统管理员可以操作属于自己的对象，也可以操作不属于自己的对象。但是可以设置受限 DBA，即可以对当前 DBA 的权限进行一定限制，当该功能开启后 DBA 将不能读取、更改和执行不属于他的以下对象：Table、Database、Function、Language、large object、Namespace、Tablespace、Foreign data wrapper、Foreign server、Type、Relation、Operator、Operator class、search dictionary、search configuration、conversion、extension、schema 等。

KingbaseES 通过插件的方式来进行受限 DBA。这种方式更为灵活，当数据库的实用场景需要进行受限 DBA 管理时，加载插件即可。而不需要该功能时，卸载插件即可。KingbaseES 通过全局级参数配合插件来实现受限 DBA 管理。

例 7.1　设置受限的 DBA。

在 KingbasES 的命令行工具 KSQL 中设置受限的 DBA 分为以下三步。

（1）修改 kingbase.conf 文件中 shared_preload_libraries 参数，添加 sso_update_user 库

文件后重启数据库服务器。

（2）切换用户为系统管理员 system，创建受限 DBA 插件。

```
\c - system
CREATE EXTENSION restricted_dba;
```

（3）切换用户为安全管理员 sso，打开受限 DBA 插件开关。

```
\c - sso
ALTER SYSTEM SET restricted_dba.restricted_enable = true;
SELECT sys_reload_conf();
```

验证受限 DBA 权限：

```
\c - system
CREATE USER u1 WITH PASSWORD '123456';
\c - u1
CREATE TABLE t1 (a int);
\c - system
SELECT * FROM t1;
```

运行结果如下。

```
错误：  对表 t1 权限不够
```

说明：该例子中 u1 用户创建了 t1 表，是 t1 表的属主；u1 没有授权给受限的 system 管理员用户，system 不能访问 t1 表。

2. 安全管理员

主要负责强制访问规则的制定和管理，监督审计管理员和普通用户的操作。不能创建（CREATE）、修改（ALTER）和删除（DROP）普通对象。不可以进行安全功能的操作，不可以被删除（DROP USER/ROLE），不可以进行授权操作（GRANT 和 REVOKE），不允许使用 SET/RESET 命令。

只可以由安全员开启安全开关 GUC 参数；只可以由安全员设置及删除标记、策略等安全功能。安全管理员只可以设置及删除对审计管理员和普通用户的审计策略，只可以查看普通用户和审计管理员的审计结果记录。可以修改自己的密码（ALTER USER/ROLE），可以使用 SHOW 命令，可以使用 ALTER SYSTEM SET 修改安全参数。

3. 审计管理员

主要负责数据库的审计，监督系统管理员和安全管理员的操作，不能创建（CREATE）、修改（ALTER）和删除（DROP）普通对象，不可以进行安全功能的操作，不可以被删除（DROP USER/ROLE），不可以进行授权操作（GRANT 和 REVOKE），不允许使用 SET/RESET 命令。

只可以由审计管理员开启和关闭审计的 GUC 参数。审计管理员可以设置及删除对安全管理员和系统管理员的审计策略，只可以查看安全管理员和系统管理员的审计结果记录。

可以修改自己的密码(ALTER USER/ROLE),可以使用 SHOW 命令,可以使用 ALTER SYSTEM SET 修改审计参数。

7.2.2 创建用户/角色

通常,用户(User)或角色(Role)是访问数据库的主体(Subject),数据库对象是客体(Object),主体按照授予的一定权限访问客体,这就是数据库的自主访问控制(Discretionary Access Control,DAC)安全机制。用户是数据库集簇层面的对象,不属于任何数据库对象。数据库应用程序必须通过一个用户连接数据库之后才能按授予的权限访问数据库对象。同类的多个用户可以分为一组(Group),角色(Role)是数据库系统权限或者对象权限的集合,角色可以分配给用户或者用户组。

KingbaseES 把用户和组视作角色的别名,等同于一个角色概念。在 KingbaseES 中,角色即用户,用户即角色,角色也类似组,可以包含其他角色成员,角色被分配权限,一个角色 A 中的成员角色 B 可以继承角色 A 的权限,A 相当于父角色,B 相当于子角色。

创建用户/角色的 SQL 语法如下。

```
CREATE {USER|ROLE} new_name [ [ WITH ] option [ … ] ]
```

该命令创建一个新用户或者角色 new_name,只是 CREATE USER 默认 LOGIN 允许用户登录数据库,CREATE ROLE 默认 NOLOGIN 不允许登录数据库。该命令的 option 参数分为以下三类。

1. 用户/角色属性

创建用户时,可以设置用户如下属性:账户 ACCOUNT 封锁属性(LOCK,则封锁该账户不能使用,UNLOCK 则不封锁该账户可以正常使用)、连接数限制(CONNECTION LIMIT connlimit,该值大于 0 则为最大并发连接数,等于−1 则无限制)、账户密码(PASSWORD 'password')、账户密码有效期(VALID UNTIL 'timestamp',如设置有效期则过了该有效期密码将失效,如不设置有效期则密码总有效)。

2. 设置权限

创建用户时,可以设置用户如下权限:登录数据库(LOGIN ｜ NOLOGIN,用户必须有该权限才能登录连接数据库);超级用户权限(SUPERUSER ｜ NOSUPERUSER)、创建数据库(CREATEDB ｜ NOCREATEDB)、创建角色(CREATEROLE ｜ NOCREATEROLE)、复制权限(REPLICATION ｜ NOREPLICATION,拥有该权限才能以物理或者逻辑复制模式连接到服务器以及创建或者删除复制槽,具有 REPLICATION 属性的角色具有非常高的权限)、绕过(BYPASS)行级安全性(RLS)策略(BYPASSRLS ｜ NOBYPASSRLS,默认为不绕过)。

3. 成员关系

IN ROLE、ROLE 和 ADMIN 等子句构建了新角色和现有角色之间的成员关系(或者称为父子关系),使得角色可以形成一个层次结构关系,子角色可以继承父角色的权限,从而形成一个方便、灵活的授权体系。

IN ROLE 选项列出一个或多个现有的角色,新创建角色 new_user_name 将被立即作为新成员加入到这些现有角色中,现有角色就成为该新角色的父角色。

与 IN ROLE 子句正好相反,ROLE 子句列出一个或者多个现有角色,它们会被自动作为成员加入到新创建的角色 new_user_name 中(该新角色相当于变成了一个"组"),该新创建的角色将成为那些现有角色的父角色。

ADMIN 子句与 ROLE 相似,但是被提及的现有角色被使用 WITH ADMIN OPTION 加入到新创建的角色中,让它们能够把这个新创建角色中的成员关系和相应的权限授予给其他人。

创建新用户或者角色时,可以设置继承权限(INHERIT | NOINHERIT)。假设新创建的角色 A 是其他已存在角色 B 的成员,如果指定 INHERIT 选项将使得新角色 A 可以从角色 B 中"继承"特权,角色 B 称为新角色 A 的父角色。一个带有 INHERIT 属性的角色能够自动使用已经被授予给其直接或间接父角色的任何数据库特权;如果指定 NOINHERIT,则父角色 B 只会把 SET ROLE 的能力授予给子角色 A,只有在这样做后角色 A 的特权才可用。INHERIT 为默认选项。

例 7.2　创建经理、销售员、收银员、快递员等角色。

```
CREATE ROLE Manager CREATEDB CREATEROLE;
CREATE ROLE Salesman CREATEDB CREATEROLE;
CREATE ROLE Cashier CREATEDB CREATEROLE;
CREATE ROLE Courier CREATEDB CREATEROLE;
```

说明:该命令创建 Manager 等 4 个角色,这些角色具有创建数据库和角色的权限,但没有登录权限,没有设置密码和并发连接数等属性。后续将为这些角色分配更多相应的权限,后续也将为这些角色创建相应的成员用户(角色)。

例 7.3　创建 Zhang 等 8 个用户,同时设置密码和成员关系。

```
CREATE USER Zhang WITH PASSWORD '070106'LOGIN IN ROLE Manager;
CREATE USER Cao WITH PASSWORD '070106'LOGIN IN ROLE Manager;
CREATE USER Ding WITH PASSWORD '070106'LOGIN IN ROLE Salesman;
CREATE USER Xu WITH PASSWORD '070106'LOGIN IN ROLE Salesman;
CREATE USER Meng WITH PASSWORD '070106'LOGIN IN ROLE Cashier;
CREATE USER Liu WITH PASSWORD '070106'LOGIN IN ROLE Cashier;
CREATE USER Sun WITH PASSWORD '070106'LOGIN IN ROLE Courier;
CREATE USER Li WITH PASSWORD '070106'LOGIN IN ROLE Courier;
SELECT * FROM DBA_ROLE_PRIVS WHERE grantee = 'zhang';
```

运行结果如下。

```
grantee | granted_role | admin_option | default_role
------- +----------- +------------+--------------
 zhang  | manager      | NO           | NO
(1 row)
```

说明:①该命令创建名为 Zhang 等 8 个用户,并设置其密码,允许登录,并设置为相应角色的成员;②创建用户后,可以使用这些用户登录连接数据库;③如果这些用户要操作属于其他用户的数据库对象,则需要系统管理员 system 或者其他数据库对象的属主用户给他们授权才能进行相应的操作;④创建用户时把他们设置为相应角色的成员,以便继承相应权限;⑤查询 dba_role_privs 系统视图,可以查看角色成员关系,grantee 角色是被授予角色,即子角色,granted role 是授予角色,即父角色。

例 7.4 创建 Han 等 4 个用户,同时设置密码。

```
CREATE USER Han WITH PASSWORD '070106';
CREATE USER Wang WITH PASSWORD '070106';
CREATE USER Chen WITH PASSWORD '070106';
CREATE USER Jin WITH PASSWORD '070106';
```

说明:创建 Han 等 4 个用户,同时设置密码。

例 7.5 创建会计、客户等两个角色,同时设置成员关系。

```
CREATE ROLE Counter CREATEDB CREATEROLE ROLE Han,Wang;
CREATE ROLE Customer CREATEDB CREATEROLE ROLE Chen,Jin;
```

说明:①创建 Counter 和 Customer 角色,同时把之前已经创建好的 Han、Wang、Chen 和 Jin 四个用户设置为其相应的成员;②该例子演示创建角色时可以加入事先已经创建的用户作为其子成员,与例 7.3 正好相反,例 7.3 演示创建用户(或角色)时加入到其他父角色中去,作为其他父角色的子成员。

例 7.6 使用系统视图查看系统现有用户情况。

```
SELECT usename, passwd, valuntil, useconfig FROM sys_user;
```

运行结果如下。

```
usename |  passwd  |     valuntil        |    useconfig
------- +--------- +---------------------+-------------------------
 sso     | ******** |                     |
 sao     | ******** |                     |
 system  | ******** |                     | {enable_seqscan=off}
 zhang   | ******** | 2023-06-30 00:00:00+08 |
 cao     | ******** | 2023-06-30 00:00:00+08 |
 ding    | ******** | 2023-06-30 00:00:00+08 |
 xu      | ******** | 2023-06-30 00:00:00+08 |
 meng    | ******** | 2023-06-30 00:00:00+08 |
 liu     | ******** | 2023-06-30 00:00:00+08 |
 sun     | ******** | 2023-06-30 00:00:00+08 |
 li      | ******** | 2023-06-30 00:00:00+08 |
 han     | ******** | 2023-06-30 00:00:00+08 |
 wang    | ******** | 2023-06-30 00:00:00+08 |
 chen    | ******** | 2023-06-30 00:00:00+08 |
 jin     | ******** | 2023-06-30 00:00:00+08 |
(15 rows)
```

说明:在创建用户前以及创建用户之后,可以通过系统视图 sys_user 查询当前数据库已存在的用户账号(即拥有 Login 权限的角色),包括系统预定义的管理用户和自定义用户。KingbaseES 不区分用户名大小写,默认用户名称都会转成小写。

例 7.7 使用系统视图查看系统现有角色情况。

```
SELECT rolname, rolpassword, rolcanlogin,rolvaliduntil, rolconfig
FROM sys_roles WHERE rolcanlogin = FALSE AND oid > 20000 ;
```

运行结果如下。

```
rolname  | rolpassword | rolcanlogin|    rolvaliduntil    |  rolconfig
-------- +-----------+-----------+-------------------+ -------------
Manager  | ********    | f          |                     |
salesman | ********    | f          |                     |
cashier  | ********    | f          |                     |
courier  | ********    | f          |                     |
counter  | ********    | f          |                     |
customer | ********    | f          |                     |
(6 rows)
```

说明:①该命令查询 rolcanlogin 属性为 FALSE 的用户自定义的不能登录连接数据库的角色,其中,oid 小于 20000 是系统预定义的角色,大于 20000 是用户自定义的角色;②如果该命令不用 WHERE 子句,则把可以登录连接数据库的用户和系统预定义角色查询出来。

7.2.3 修改用户/角色

修改用户/角色的 SQL 基本语法如下。

```
ALTER {USER|ROLE} role_name [ WITH ] option [ … ]
ALTER {USER|ROLE} role_name RENAME TO new_role_name
ALTER {USER|ROLE} role_name [ IN DATABASE database_name ]
    SET configuration_parameter
    {{{TO|=}{value|DEFAULT}}|FROM CURRENT}
```

该命令可以修改 role_name 角色的选项 option,或者重新命名为 new_name,或者修改 role_name 设置参数配置值。其中,选项 option 参见创建用户/角色一节相关说明,但是 ALTER ROLE 无法更改一个角色成员关系,只能使用 GRANT 和 REVOKE 来实现。指定 IN DATABASE,则该角色 role_name 为数据库角色,其相关设置会覆盖(优先于)角色相关的设置,而角色相关设置又会覆盖(优先于)数据库相关的设置。

例 7.8 修改 Zhang 用户的密码和有效期。

```
ALTER USER Zhang PASSWORD '030105' VALID UNTIL '2023-12-31';
```

说明:①该命令修改 Zhang 用户的密码,重新设置密码有效期为'2023-12-31'。②当数据库开启三权分立状态后,sso_update_user_enable 参数处于打开状态时,只有 sso 和普通用户本身可以更改普通用户的密码。系统管理员只能修改超级用户,或超级用户权限选项;

安全管理员(sso)和审计管理员(sao)的用户密码只能由自己修改。

例 7.9 设置 Zhang 用户的密码永久有效。

```
ALTER USER Zhang VALID UNTIL 'infinity';
```

说明：infinity 表示无穷大。

例 7.10 修改系统管理员的连接数限制为 1000。

```
ALTER USER system CONNECTION LIMIT 1000;
```

说明：只有系统管理员(超级用户)才能修改自己的属性。

例 7.11 修改 Zhang 用户的维护工作内存大小。

```
ALTER USER Zhang SET maintenance_work_mem = 100000;
```

说明：设置 Zhang 用户的维护工作内存为 100000 B,约 100MB。

例 7.12 修改经理角色的权限。

```
ALTER ROLE Manager WITH CREATEDB CREATEROLE;
```

说明：该命令修改经理角色,增加创建数据库和角色的权限。

7.2.4 删除用户/角色

删除用户的 SQL 基本语法如下。

```
DROP ROLE user_name [, …];
```

该命令删除一个或若干个用户。删除用户需要有 CREATE ROLE 特权。如果一个用户的对象在任何数据库中被引用,它就不能被删除。如果要删除的用户作为属主拥有其他数据库对象(例如该用户创建了一个表),或者说该用户被其他对象依赖,则不能删除该用户,需要先删除依赖该用户的对象之后再删除该用户。当数据库中还有用户连接的会话时,则无法删除此用户,必须先终止用户会话或者用户可以退出会话,可先通过查询动态会话视图 sys_stat_activity,找到用户的会话 PID,再使用系统函数 sys_terminate_backend 强行终止用户会话,用户与数据库断开连接后,就可以使用 DROP USER 语句删除该用户。

例 7.13 查找用户会话 ID。

```
SELECT datid,datname,pid,usesysid,usename,application_name
FROM sys_stat_activity;
```

运行结果如下。

```
datid |  datname  |   pid   |usesysid| usename | application_name
------+-----------+---------+--------+---------+---------------------
      |           | 1435312 |   10   | system  |
      |           | 1435672 |        |         |
```

```
        |           | 1434596 |      10   | system | sys_ksh collector
16586 | seamart   | 2025368 |      10   | system | kingbase_ * &+_
        |           | 1216628 |           |        |
        |           | 1141400 |           |        |
        |           | 1289468 |           |        |
(7 rows)
```

说明：通过系统视图 sys_stat_activity 查看系统动态会话，若数据库中还有用户连接的会话时，则无法删除此用户。

例 7.14　因 Xu 销售员离职，删除该用户。

```
DROP USER Xu;
```

说明：如果用户的对象还存在引用关系，被其他对象依赖，则需要删除依赖对象后才能删除该用户。

例 7.15　删除属于 Xu 用户的数据库对象。

```
DROP OWNED BY Xu CASCADE;
```

说明：该命令删除当前数据库中 Xu 用户拥有的所有对象，任何已被授予其数据库对象上以及在共享对象（数据库、表空间）上的特权也将会被收回。该命令是 KingbaseES 的一个扩展命令。

7.2.5　启用和禁用用户/角色

在不删除用户/角色的前提下，可以在数据库系统内使用户或角色失效，在需要的时候又可以使失效的用户或角色再生效。这个功能方便在某些特殊时刻或某些特殊情况下临时禁用和启用用户/角色。

用户或角色创建时默认状态是启用状态。当角色被禁用后，断开权限继承关系，不能从该角色直接和间接继承权限，间接使用被禁用角色的权限时应该报角色被禁用或权限错误，以 SET ROLE 切换到被禁用的角色时也会报告错误。当会话使用的系统管理员角色被禁用时，因系统管理员绕过权限检查因此不会对其造成权限的影响。角色被禁用状态下，可以修改角色权限和角色关系，如使用 GRANT 和 REVOKE 对其操作，使用 ALTER ROLE 对其操作。

要使用启用和禁用用户/角色的功能，首先要修改 kingbase.conf 文件中的 shared_preload_libraries 参数，加载 roledisable 插件，重新启动数据库服务器，执行 CREATE EXTENSION 命令创建 roledisable 扩展，才能正常使用该功能。

例 7.16　创建 roledisable 扩展。

```
CREATE EXTENSION roledisable;
```

说明：该命令创建 roledisable 扩展，之后才能使用启用或禁用用户/角色的功能。如果配置文件中没有加载 roledisable 插件，该命令也能执行，但是启用和禁用角色的功能不好用,会提示加载 roledisable 扩展插件。

例 **7.17** 查看用户/角色状态。

```
SELECT * FROM roledisable.sys_role_status WHERE  oid > 20000;
```

运行结果如下。

```
oid  | rolename | status
---- +-------- +----------
32848 | wang     | Enable
32836 | cashier  | Enable
32845 | li       | Enable
32839 | cao      | Enable
32841 | xu       | Enable
32840 | ding     | Enable
32854 | zhang    | Enable
32850 | jin      | Enable
32844 | sun      | Enable
32837 | courier  | Enable
32843 | liu      | Enable
32842 | meng     | Enable
32847 | han      | Enable
32793 | jun      | Enable
32835 | salesman | Enable
32825 | manager  | Enable
32849 | chen     | Enable
32851 | counter  | Enable
32853 | customer | Enable
(19 rows)
```

说明:该命令不加 WHERE 条件,则查询出系统预定义角色和自定义角色的状态,WHERE oid > 20000 条件则过滤掉系统预定义角色,只查看自定义角色的状态。如果增加 rolename 的过滤条件,则可以查看特定角色的状态。

例 **7.18** 禁用 Zhang 用户。

```
ALTER ROLE Zhang DISABLE;
SELECT * FROM roledisable.sys_role_status WHERE  rolename='zhang';
```

运行结果如下。

```
 oid  | rolename | status
----- +-------- +----------
 32854 | zhang    | Disable
(1 row)
```

说明:①新创建的角色默认为启用状态,该运行结果显示 Zhang 用户被禁用了;②需要以系统管理员权限执行,以非系统管理员执行时报告错误;③系统内置角色如初始化用户 system、sao、sso 等无法被禁用。

例 7.19 启用 Zhang 用户。

```
ALTER ROLE Zhang ENABLE;
SELECT * FROM roledisable.sys_role_status WHERE  rolename='zhang';
```

运行结果如下。

```
  oid  | rolename | status
------ +--------- +----------
 32854 | zhang    | Enable
(1 row)
```

说明：①该运行结果显示 Zhang 用户被启用了；②需要以系统管理员权限执行,以非系统管理员执行时报告错误。

7.2.6 查看用户信息的常用系统视图

KingbaseES 数据库提供了一组查看用户信息的系统视图,这些视图提供有关用于创建用户和配置用户的信息。常用的系统视图如表 7.2 所示。sys_user 和 sys_roles 等部分系统视图在上述相应章节有相应的例子使用说明,这里不再赘述。

表 7.2 查看用户信息的常用系统视图

视　图	描　述
ALL_OBJECTS	描述当前用户可访问的所有对象
ALL_USERS	列出对当前用户可见的用户,但不对其进行描述
DBA_OBJECTS	描述数据库中的所有对象
DBA_USERS	描述数据库的所有用户
USER_OBJECTS	描述当前用户拥有的所有对象
USER_USERS	仅描述当前用户
sys_user	描述关于数据库用户的信息
sys_roles	描述关于数据库角色的信息
sys_stat_activity	列出当前数据库会话的会话信息

 ## 7.3 权限管理

7.3.1 权限概述

创建数据库对象的用户/角色是该对象的属主(OWNER,或称拥有者),对象的属主在其上具有所有特权。只有当用户有适当的系统权限或对象权限时,才能执行相应操作,否则执行失败,并返回权限不足的错误提示信息。对于大部分类型的对象,初始状态下只有其属主(或者系统管理员)能够对该对象做任何事情。为了允许其他角色使用它,必须将该对象相应的权限分配给其他角色或者用户。

向用户授予权限应该遵循最小授权原则,以便他们可以完成工作所需的任务,应该只将权限授予需要该权限才能完成必要工作的用户。过度授予不必要的特权可能会危及安全。例如,在 Seamart 数据库中,Liu 销售员可以被授予查询商品 goods 的权限而不能被授予删除权限;Han 会计可以被授予查询明细 Lineitems 的权限,而不能被授予插入或者删除的权限;而 Zhang 经理可拥有所有的权限。

通过两种方式向用户授予权限:①明确地向用户授予权限。例如,显式授予用户 Li 快递员查询订单表 Orders 的权限;②或者将权限授予一个角色,然后将该角色授予一个或多个用户。例如,可以将评论的查询、增加和删除评论的权限授予名为 customer 的角色,而该角色又可以授予用户 Chen 和 Jin。因为角色允许更轻松和更好地管理权限,所以通常应该将权限授予角色而不是特定用户。

7.3.2 系统权限

系统权限是允许用户在数据库中执行特定的操作,主要分为以下两类。

1. 创建用户/角色时以用户或角色的属性存在的系统权限

该类权限包括:登录数据库(LOGIN);超级用户权限(SUPERUSER)、创建数据库(CREATEDB)、创建角色(CREATEROLE)、复制权限(REPLICATION)、绕过行级安全性策略(BYPASSRLS)。

限制系统权限。由于系统权限非常强大,创建用户默认只拥有 LOGIN 权限。LOGIN、SUPERUSER、CREATEDB 和 CREATEROLE 等权限被认为是一种特殊权限,但是它们从来不会像数据库对象上的普通权限那样被继承。要使用这些权限,必须使用 SET ROLE 设置具有这些权限的角色。

例 7.20 授予 Zhang 用户创建数据库的权限。

```
ALTER USER Zhang CREATEDB;
SELECT usename,usesysid,usecreatedb
FROM sys_user WHERE usename = 'zhang';
```

运行结果如下。

```
usename | usesysid | usecreatedb
------ +------- +--------------
 zhang  | 32854   | t
(1 row)
```

说明:从 sys_user 系统视图查询 Zhang 用户的信息,显示具有 CREATEDB 权限。

例 7.21 撤销 Zhang 用户创建数据库的权限。

```
ALTER USER Zhang NOCREATEDB;
SELECT usename,usesysid,usecreatedb
FROM sys_user WHERE usename = 'zhang';
```

运行结果如下。

```
usename | usesysid | usecreatedb
------ +------- +-------------
 zhang  | 32854    | f
(1 row)
```

说明：只有两种类型的用户可以向其他用户授予系统权限或撤销这些权限：被授予特定系统特权的用户和具有超级权限的用户。

2. 通过 GRANT/REVOKE 语句来授予和回收系统权限

该类权限包括 ANY 系统权限（如表 7.3 所示）。系统 ANY 权限是 KingbaseES 的一种管理特权,通过授予用户 ANY 权限,允许用户操作某些数据库对象(不包括系统对象)的指定权限。ANY 权限包含 TABLE,VIEW,SEQUENCE,PROCEDURE 四种数据库对象和 CREATE,ALTER,DROP,INSERT,UPDATE,DELETE,DROP,EXECUTE 八种操作类型。

表 7.3　ANY 权限一览表

编号	权限名称	描述
1	CREATE ANY TABLE	可以在任何模式或任何表空间下创建表
2	ALTER ANY TABLE	可以在任何模式或任何表空间下修改表
3	DROP ANY TABLE	可以在任何模式或任何表空间下删除表
4	SELECT ANY TABLE	可以在任何模式或任何表空间下查询表
5	INSERT ANY TABLE	可以在任何模式或任何表空间下的表中插入数据
6	DELETE ANY TABLE	可以在任何模式或任何表空间下清除表
7	UPDATE ANY TABLE	可以在任何模式或任何表空间下更新表
8	CREATE ANY VIEW	可以在任何模式或任何表空间下创建视图
9	DROP ANY VIEW	可以在任何模式或任何表空间下删除视图
10	CREATE ANY SEQUENCE	可以在任何模式或任何表空间下创建序列
11	ALTER ANY SEQUENCE	可以在任何模式或任何表空间下修改序列
12	DROP ANY SEQUENCE	可以在任何模式或任何表空间下删除序列
13	SELECT ANY SEQUENCE	可以在任何模式或任何表空间下查询序列
14	UPDATE ANY SEQUENCE	可以在任何模式或任何表空间下更新序列
15	CREATE ANY ROCEDURE	可以在任何模式或任何表空间下创建存储过程或函数
16	ALTER ANY PROCEDURE	可以在任何模式或任何表空间下修改存储过程或函数
17	DROP ANY PROCEDURE	可以在任何模式或任何表空间下删除存储过程或函数
18	EXECUTE ANY ROCEDURE	可以在任何模式或任何表空间下执行存储过程或函数

ANY 权限还为每种权限设置了 ADMIN 选项,标志是否为当前权限的 ADMIN 用户,如果是 ADMIN 用户,那么允许当前用户授权 ANY 权限给其他用户。

要修改 kingbase.conf 文件中的 shared_preload_libraries 参数,加载 sysprivilege 插件,重新启动数据库服务器后,系统超级用户(如系统管理员)才可以使用 GRANT 语句向用户授予或者撤销 ANY 管理特权。

授予或撤销用户 ANY 系统权限的 SQL 基本语法如下。

```
GRANT any_system_privilege TO role_name;
REVOKE any_system_privilege FROM role_name;
```

例 7.22 授予 Zhang 用户 ANY 系统权限。

```
GRANT CREATE ANY TABLE TO Zhang;
GRANT SELECT ANY TABLE TO Zhang WITH ADMIN OPTION;
SELECT * FROM sys_sysprivilege;
```

运行结果如下。

```
grantee | privilege | admin_option
------- +--------- +--------------
 32854  |     1     | f
 32854  |     4     | t
(2 rows)
```

说明:①grantee 32854 为被授权用户 Zhang 的 oid,privilege 1 为 CREATE ANY TABLE 系统权限的编号,4 为 SELECT ANY TABLE 系统权限的编号;②WITH ADMIN OPTION 为 t,说明授权给 Zhang 用户的权限可以被转授给其他用户,否则不能转授该权限。

例 7.23 撤销 Zhang 用户 ANY 系统权限。

```
REVOKE CREATE ANY TABLE FROM Zhang;
SELECT * FROM sys_sysprivilege;
```

运行结果如下。

```
grantee | privilege | admin_option
------- +--------- +--------------
 32854  |     4     | t
(1 rows)
```

说明:撤销 Zhang 用户的 CREATE ANY TABLE 系统权限后,Zhang 用户只剩 SELECT ANY TABLE 系统权限了。

7.3.3 对象权限

对象权限是授予用户对数据库对象的权限,包括表、列、视图、外部表、序列、数据库、外部数据包装器、外部服务器、函数、过程、过程语言、模式或表空间等数据库对象上的创建、执行和使用等特权。不同的数据库对象拥有的权限不尽相同,主要的数据库对象权限类型如表 7.4 所示。

表 7.4 主要数据库对象权限一览表

命　　令	权　　限
SELECT	允许从表、视图、物化视图或其他类似表的对象的任何列或特定列中进行 SELECT。也允许使用 COPY。对于序列,这个特权还允许使用 currval 函数。对于大型对象,此特权允许读取对象
INSERT	允许将新行插入到表、视图等中。可以在特定的列上授予,即只有那些特定列可以出现在 INSERT 命令中(其他列将接收默认值)
UPDATE	允许 UPDATE 表、视图等的任何列或特定列。SELECT … FOR UPDATE 和 SELECT … FOR SHARE 需要至少一个列上的这个特权。对于序列,这个特权允许使用 nextval() 和 setval() 函数。对于大型对象,此特权允许写入或截断对象
DELETE	允许从表、视图等中 DELETE 一行
TRUNCATE	允许对表、视图等进行 TRUNCATE
REFERENCES	允许创建引用表或表的特定列的外码约束
TRIGGER	允许在表、视图等上创建触发器
CREATE	对于数据库,允许在数据库中创建新的模式和表空间; 对于模式,允许在模式中创建新对象。要重命名一个现有对象,必须拥有对象和对包含的模式有这个特权; 对于表空间,允许在表空间中创建表、索引和临时文件,并允许创建将表空间作为默认表空间的数据库
CONNECT	允许受让人连接到数据库
TEMPORARY	允许在使用数据库时创建临时表
EXECUTE	允许调用函数或过程,包括使用在函数上实现的任何操作符
USAGE	对于过程语言,允许使用该语言创建该语言中的函数。 对于模式,允许访问模式中包含的对象。 对于序列,允许使用 currval() 和 nextval() 函数。 对于类型和域,允许在创建表、函数和其他模式对象时使用类型或域。 对于外部数据包装器,允许使用外部数据包装器创建新服务器。 对于外部服务器,允许使用该服务器创建外部表。受资助者还可以创建、更改或删除与该服务器关联的自己的用户映射

在创建对象时,KingbaseES 默认将某些类型的对象的权限授予 public,例如,数据库的 CONNECT 和 TEMPORARY(创建临时表)权限;函数和程序的 EXECUTE 权限;语言和数据类型(包括域)的 USAGE 权限。当然,对象所有者可以撤销的默认权限和明确授予的权限。对于表、表列、序列、外部数据包装器、外部服务器、大型对象、模式或表空间,public 默认情况下不授予任何特权。

授予用户对象权限的 SQL 基本语法如下。

```
GRANT { object_privilege[, …] | ALL [ PRIVILEGES ] }
ON object_type object_name [, …]
TO {role_name|PUBLIC|CURRENT_USER|SESSION_USER}[, …]
[ WITH GRANT OPTION ];
```

该命令把属于对象类型 object_type（可以是 DATABASE，SCHEMA，TABLE，SEQUENCE，TYPE，TABLESPACE 等）的对象 object_name 上的对象权限 object_privilege 或者所有权限 ALL PRIVILEGES 授予角色 role_name，或者是所有角色 PUBLIC，或者是当前用户 CURRENT_USER，或者是会话用户 SESSION_USER。

撤销用户对象权限的 SQL 基本语法如下。

```
REVOKE [GRANT OPTION FOR] { object_privilege[, …] | ALL [ PRIVILEGES ] } ON object
_type object_name [, …]
FROM {role_name|PUBLIC|CURRENT_USER|SESSION_USER}[, …]
[ CASCADE | RESTRICT];
```

该命令撤销已经授予角色 role_name，或者是所有角色 PUBLIC，或者是当前用户 CURRENT_USER，或者是会话用户 SESSION_USER 的对象权限，该对象权限是属于对象类型 object_type（如 DATABASE，SCHEMA，TABLE，SEQUENCE，TYPE，TABLESPACE 等）的对象 object_name 上的对象权限 object_privilege 或者所有权限 ALL PRIVILEGES。每种类型的对象都有相关联的权限。通过 GRANT 来授予权限，可以将一个数据库对象上的指定特权交给一个或多个角色。在 KingbaseES 中，ALL PRIVILEGES 指授予对象类型的所有可用特权。

例 7.24 授予经理角色 Seamart 数据库上所有的权限。

```
GRANT ALL PRIVILEGES ON DATABASE seamart to Manager WITH GRANT OPTION;
```

例 7.25 授予销售员、收银员、快递员、会计、客户等角色相应的对象权限。

```
GRANT SELECT ON TABLE Sales.Goods, Sales.Supply, Sales.Categories to Salesman
WITH GRANT OPTION;
GRANT INSERT,DELETE ON TABLE Sales.Orders, Sales.Lineitems to Casher  WITH GRANT
OPTION;
GRANT SELECT ON TABLE Sales.Orders to Courier WITH GRANT OPTION;
GRANT SELECT ON TABLE Sales.Orders,Sales.Lineitems to Counter WITH GRANT OPTION;
GRANT SELECT ON TABLE Sales.Categories,Sales.Shopstores to Customer WITH GRANT
OPTION;
GRANT SELECT, INSERT, DELETE ON TABLE Sales. comments to Customer  WITH  GRANT
OPTION;
```

说明：如果指定了 WITH GRANT OPTION，特权的接收者可以接着把它授予给其他人。如果没有授权选项，接收者就不能这样做。

例 7.26 把表 Categories 上的所有可用特权授予给用户 Zhang。

```
GRANT ALL PRIVILEGES ON Sales.Categories TO Zhang;
```

例 7.27 把表 Categories 上的插入特权授予给所有用户。

```
GRANT INSERT ON categories TO public;
```

说明：关键词 public 指示特权要被授予给所有角色，包括那些可能稍后会被创建的角色。public 可以被认为是一个被隐式定义的总是包含所有角色的组。任何特定角色都将具有直接授予给它的特权、授予给它作为成员所在的任何角色的特权以及被授予给 public 的特权。

REVOKE 命令收回之前从一个或者更多角色授予的权限。用户只能回收由它直接授出的特权。例如，如果用户 A 已经把一个带有授予选项的特权授予了用户 B，并且用户 B 接着把它授予了用户 C，那么用户 A 无法直接从 C 收回该特权。反而，用户 A 可以从用户 B 收回该授予选项并且使用 CASCADE 选项，这样该特权会被依次从用户 C 回收。对于另一个例子，如果 A 和 B 都把同一个特权授予了 C，A 能够收回它自己的授权但不能收回 B 的授权，因此 C 实际上仍将拥有该特权。

例 7.28　撤销 public 在表 Categories 上的插入权限。

```
REVOKE INSERT ON Sales.Categories FROM public;
```

说明：该命令回收所有用户在对象 Sales.Categories 上的 INSERT 权限。public 收回特权并不一定会意味着所有角色都会失去在该对象上的特权：那些直接被授予的或者通过另一个角色被授予的角色仍然会拥有它。类似地，从一个用户收回权限后，如果 public 或者另一个成员关系角色仍有该权限，该用户还是可以使用该权限。如果指定了 GRANT OPTION FOR，只会回收该特权的授予选项，特权本身不被回收。否则，特权及其授予选项都会被回收。

例 7.29　撤销用户 Jin 客户和 Xu 销售员对表 Categories 的 SELECT 权限。

```
REVOKE SELECT ON Sales.Categories FROM Jin, Xu;
```

例 7.30　撤销 Chen 顾客在 Comments 表上的所有权限。

```
REVOKE ALL PRIVILEGES ON Sales.Comments FROM Chen;
```

说明：该命令只能撤销直接授权的权限，不能撤销授予 WITH GRANT OPTION 的其他用户的授权。但是，撤销有级联效应，如果授予权限的用户的对象权限被撤销，那么使用 WITH GRANT OPTION 传播的对象权限授予也被撤销。

如果一个用户持有一个带有授予选项的特权并且把它授予给了其他用户，那么被那些其他用户持有的该特权被称为依赖特权。如果第一个用户持有的该特权或者授予选项正在被收回且存在依赖特权，指定 CASCADE 可以连带回收那些依赖特权，不指定则会导致回收动作失败。

例 7.31　撤销用户 Chen 对表 Comments 的 remark 和 feeling 列的插入权限。

```
REVOKE INSERT(remark,feeling) ON Sales.Comments FROM Chen;
```

说明：该命令撤销指定列上的插入权限，也会在该表的每一个列上自动回收对应的列特权（如果有）。另一方面，如果一个角色已经被授予一个表上的特权，那么从列上回收同一个特权将不会生效。

7.3.4 查看用户和角色权限的常用系统视图

使用系统视图和字典查找有关各种类型的权限和角色授予的信息,如表7.5所示。

表 7.5 查看用户和角色权限的常用系统视图

系 统 视 图	描 述
sys_user	所有用户信息
sys_roles	所有角色信息
sys_sysprivilege	所有拥有系统 ANY 权限的用户
user_any_privs	每个用户只可以查看自己拥有的 ANY 权限
Dba_tab_privs	表上的授权
Dba_role_privs	角色之间的授权
Dba_col_privs	列上的权限
user_tab_privs	每个用户只可以查看自己拥有的表上的授权
user_role_privs	每个用户只可以查看自己拥有的角色之间的授权
user_col_privs	每个用户只可以查看自己拥有的列上的权限
All_col_privs	所有列上的授权
All_tab_privs	所有表上的授权

 ## 7.4 行级权限

7.4.1 行级权限概述

RLS(ROW Level Security)是提供了基于行的安全策略,限制数据库用户查看表数据的权限。通常,数据库中对用户的权限管控在表级别,例如,限制某个用户只能查询某个表。采用 RLS 后,不同的用户访问一个表可以看到不同的数据。

表通常没有任何安全策略限制,用户根据授予的权限对表进行访问,对于查询或更新来说,其中所有的行都是平等的。当在一个表上启用行安全性时,所有对该表选择行或者修改行的普通访问都必须被一条行安全性策略所允许(表的拥有者通常不服从行安全性策略),如果表上不存在安全策略或者没有配置安全策略,所有的数据查询和更新都会禁止,但是对全表进行操作的命令,如 TRUNCATE 和 REFERENCES 不受影响。

行安全性策略可以针对特定的命令、角色或者两者。一条策略可以被指定为适用于ALL 命令,或者查询(SELECT)、插入(INSERT)、更新(UPDATE)或者删除(DELETE)。同一个策略可分配多个角色,并且通常的角色成员关系和继承规则也适用。但是表的所有者、超级用户(system)以及加上了 BYPASSRLS 属性的角色不受安全性的限制。只有所有者才具有启用/禁用行级安全性,给表添加策略的权限。

7.4.2 启用行级权限

启用行级安全权限的 SQL 基本语法如下。

```
ALTER TABLE table_name
DISABLE ROW LEVEL SECURITY |
ENABLE ROW LEVEL SECURITY |
FORCE ROW LEVEL SECURITY |
NO FORCE ROW LEVEL SECURITY;
```

该命令启用或者禁用表 table_name 的行级安全权限控制。

例 7.32 启用表 Goods 的行级安全权限。

```
ALTER TABLE Sales.Goods ENABLE ROW LEVEL SECURITY;
```

7.4.3 创建策略

每个策略都有一个名字,每个表可以定义多个策略,因为策略是针对表的,所以表内的多个策略名字必须唯一,但是不同的表可以有同名的策略,当表有多个策略时,多个策略之间是 OR 的关系。

创建策略的 SQL 基本语法如下。

```
CREATE POLICY policy_name ON table_name
[ AS { PERMISSIVE | RESTRICTIVE } ]
[ FOR { ALL | SELECT | INSERT | UPDATE | DELETE } ]
[ TO { role_name | PUBLIC | CURRENT_USER | SESSION_USER } [, …] ]
[ USING ( using_expression ) ]
[ WITH CHECK ( check_expression ) ]
```

该命令在 table_name 表上针对某些命令(如 ALL | SELECT | INSERT | UPDATE | DELETE)创建一个策略 policy_name,并授权给角色 role_name,或者 PUBLIC、CURRENT_USER 或者 SESSION_USER。其中:

PERMISSIVE 指定策略被创建为宽容性策略。适用于一个给定查询的所有宽容性策略将被使用布尔"OR"操作符组合在一起。通过创建宽容性策略,管理员可以在能被访问的记录集合中进行增加。策略默认是宽容性的。

RESTRICTIVE 指定策略被创建为限制性策略。适用于一个给定查询的所有限制性策略将被使用布尔"AND"操作符组合在一起。通过创建限制性策略,管理员可以减少能被访问的记录集合,因为每一条记录都必须通过所有的限制性策略。

using_expression 是任意的 SQL 条件表达式(返回 boolean)。该条件表达式不能包含任何聚集或者窗口函数。如果行级安全性被启用,这个表达式将被增加到引用该表的查询。让这个表达式返回真的行将可见。让这个表达式返回假或者空的任何行将对用户不可见(在 SELECT 中)并且将对修改不可用(在 UPDATE 或 DELETE 中)。这类行会被悄悄地禁止而不会报告错误。

check_expression 是任意的 SQL 条件表达式(返回 boolean)。该条件表达式不能包含任何聚集或者窗口函数。如果行级安全性被启用,这个表达式将被用在该表上的 INSERT 以及 UPDATE 查询中。只有让该表达式计算为真的行才被允许。如果任何被插入的记录或者更新后的记录导致该表达式计算为假或者空,则会抛出一个错误。注意"check_expression"是根据行的新内容而不是原始内容计算。

例 7.33 为 Customers 增加创建者和创建时间属性。

```
ALTER TABLE Sales.Customers ADD COLUMN creator CHAR(20);
ALTER TABLE Sales.Customers ADD COLUMN createdtime TIMESTAMP;
```

例 7.34 为 Customers 增加一个行级安全策略,只允许客户操作自己的记录。

```
ALTER TABLE Sales.Customers ENABLE ROW LEVEL SECURITY;
CREATE POLICY customers_policy ON Sales.Customers FOR ALL TO Customer USING
(creator = current_user);
```

说明:启用顾客表的行级安全策略;当前登录连接数据库的用户名等于某个顾客记录的创建者,才允许查询、修改和删除该条顾客记录。

7.4.4 修改策略

修改策略的 SQL 基本语法如下。

```
ALTER POLICY name ON table_name RENAME TO new_name
ALTER POLICY name ON table_name
[ TO { role_name | PUBLIC | CURRENT_USER | SESSION_USER } [, …] ]
[ USING ( using_expression ) ]
[ WITH CHECK ( check_expression ) ]
```

该命令修改策略的名称,或者修改策略的其他属性,与创建策略的属性基本一致。

例 7.35 修改 Customers 行级安全策略的名称。

```
ALTER POLICY customers_policy RENAME TO sales_customers_policy;
```

说明:重命名 customers_policy 为 sales_customers_policy。

7.4.5 删除策略

删除策略的 SQL 基本语法如下。

```
DROP POLICY policy_name ON table_name [ CASCADE | RESTRICT ]
```

该命令删除表 table_name 上的行级安全策略 policy_name。如有依赖对象存在,可以用 CASCADE 级联删除依赖对象。注意,如果从一个表移除了最后一条策略并且该表的行级安全性仍被 ALTER TABLE 启用,则默认的否定策略将被使用。不管该表的策略存在与否,ALTER TABLE … DISABLE ROW LEVEL SECURITY 都可以被用来禁用一个表的行级安全性。

例 7.36　删除 Customers 表上的行级安全策略。

```
DROP POLICY customers_policy ON Sales.Customers;
```

7.4.6　使用行级安全权限

虽然策略将被应用于针对数据库中表的显式查询上,但当系统正在执行内部引用完整性检查或者验证约束时不会应用它们。这意味着有间接的方法来决定一个给定的值是否存在。一个例子是向一个作为主码或者拥有唯一约束的列中尝试插入重复值。如果插入失败则用户可以推导出该值已经存在(这个例子假设用户被策略允许插入他们看不到的记录)。另一个例子是一个用户被允许向一个引用了其他表的表中插入,然而另一个表是隐藏表。通过用户向引用表中插入值可以判断存在性,成功表示该值存在于被引用表中。为了解决这些问题,应该仔细地制作策略以完全阻止用户插入、删除或者更新那些他们不能看到的记录,或者使用生成的值(例如代理键)来代替具有外部含义的码。

通常,系统将在应用用户查询中出现的条件之前先强制由安全性策略施加的过滤条件,这是为了防止无意中把受保护的数据暴露给可能不可信的用户定义函数。不过,被系统(或者系统管理员)标记为 LEAKPROOF 的函数和操作符可以在策略表达式之前被计算,因为它们已经被假定为可信。

因为策略表达式会被直接加到用户查询上,它们将使用运行整个查询的用户的权限运行。因此,使用一条给定策略的用户必须能够访问表达式中引用的任何表或函数,否则在尝试查询启用了行级安全性的表时,他们将简单地收到一条没有权限的错误。不过,这不会改变视图的工作方式。就普通查询和视图来说,权限检查和视图所引用的表的策略将使用视图拥有者的权限以及任何适用于视图拥有者的策略。

例 7.37　行级安全性策略综合应用示例。

假设对 Seamart 数据库和在线网络购物应用,通常只允许顾客角色(Customer)处理自己的订单,对未支付的订单只能删除或修改,对已支付的订单只能查看;对于经理角色(Manager),允许对所有顾客的订单做任何处理;对于销售员(Salesman)和快递员角色(Courier),只允许查看订单信息;对于收银员角色(Cashier)和会计角色(Counter)可以查看和修改订单,但不能删除订单。实现上述安全性控制如下。

```
ALTER TABLE Sales.Orders ADD COLUMN creator CHAR(20);
ALTER TABLE Sales.Orders ADD COLUMN createdtime TIMESTAMP;
ALTER TABLE Sales.Orders ENABLE ROW LEVEL SECURITY;
CREATE POLICY Orders_SELECT_policy4Customer ON Sales.Orders
    FOR ALL TO Customer USING (creator = CURRENT_USER);
CREATE POLICY Orders_UPDATE_policy4Customer ON Sales.Orders
    FOR UPDATE TO Customer
     USING (creator = CURRENT_USER AND paytime IS NULL);
CREATE POLICY Orders_DELETE_policy4Customer ON Sales.Orders
    FOR DELETE TO Customer
     USING (creator = CURRENT_USER AND paytime IS NULL);
```

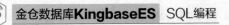

```
GRANT ALL PRIVILEGES ON Sales.Orders TO Manager;
GRANT SELECT ON Sales.Orders TO Salesman,Courier;
GRANT SELECT,UPDATE ON Sales.Orders TO Cashier,Counter;
```

　　说明：①首先给表 Orders 增加创建者和创建时间,记录创建订单的用户名,通常都是顾客购物时创建自己的订单；②启用 Orders 表上的行级安全控制；③对 Customer 角色创建三个策略,一个是允许当前用户可以插入、修改、删除和查询自己创建的订单,第二个和第三个策略在第一个策略基础上增加 paytime IS NULL 的条件检查,即顾客只能修改和删除未支付的订单,这三个策略都是针对 Customers 顾客表,系统用到时会把这几个策略的条件用逻辑与(AND)组合在一起；④对其他角色的安全权限适合直接用 GRANT 授权,而不用行级安全控制。

第 8 章

KingbaseES 的外部数据访问

本章主要介绍 KingbaseES 通过 kdb_database_link、dblink、fdw 三个外部数据访问插件的功能、配置、创建和使用等内容。

 ## 8.1 概述

KingbaseES 的外部数据访问通过创建和使用数据库连接(Database Link,DBLink)实现,是数据库管理系统提供的用于访问外部数据库对象的机制,它使用登录远程数据库的用户名和密码,基于网络连接远程数据库,实现了两个数据库之间的通信。本地数据库系统可以通过 DBLink 建立与远程数据库之间的会话,从而完成对远程数据库对象的访问。DBLink 对象是一个数据库内部对象,可以通过 DBLink 对象连接引用其他数据库的对象。KingbaseES 支持连接 Oracle、KingbaseES、PostgreSQL 和 MS SQL Server 的 DBLink 对象。

DBLink 实现了 SQL/MED 标准中定义的对外部数据源进行访问的部分功能。SQL/MED(SQL Management of External Data)是 ISO/IEC 9075-9:2003 标准中对 SQL 的扩展,规定了如何通过外部数据封装器(Foreign Data Wrapper)和数据连接(Datalink)实现对基于 SQL 的外部 DBMS 的数据访问。

KingbaseES 主要通过以下三个插件来实现外部数据访问。

(1) kdb_database_link 插件:kdb_database_link 是 KingbaseES 为了兼容 Oracle 语法而开发的跨数据库访问扩展,可用于访问 KingbaseES,PostgreSQL,Oracle。KingbaseES 默认将该插件添加到 kingbase.conf 文件的 shared_preload_libraries,提供 SQL 语句如 CREATE DATABASE LINK 等来创建和使用数据库连接。

(2) DBLINK 插件:DBLINK 扩展插件功能与 Kingbase_fdw 类似,用于远程访问 KingbaseES 数据库。相比于 Kingbase_fdw,DBLINK 功能更强大,可以执行 DML,还可以通过 BEGIN…END 完成事务操作。DBLINK 实际上是数据库的连接,前提是远程(目标端)数据库配置文件 sys_hba.conf 必须支持连接。该插件通过一系列函数来创建和使用数据库连接。

(3) FDW 插件:也是一种外部访问接口。对于不同的数据库,要下载相应数据库的 FDW 插件,kingbase_fdw、Oracle_fdw 和 ts_fdw 插件分别是对 KingbaseES、Oracle 和 MS

SQL Server 数据库的远程访问插件。FDW 提供的功能大体上覆盖了较老的 DBLINK 模块的功能,但是 kingbase_fdw 提供了更透明且更兼容标准的语法来访问远程表,且可以在很多情况下给出更好的性能。

总的来说,上述三个插件都可以实现本地数据库对远程数据库的访问,kdb_database_link 实现了兼容 Oracle 语法,DBLINK 插件比 FDW 插件功能更为齐全,但 FDW 插件提供更为简便易用、更兼容 SQL 标准语法、更好的性能。

本章外部数据访问将基于 Seamart 数据库来演示和介绍。例如,当顾客信息(Customers 表)记录在不同的数据库时,无法在一个数据库中得知所有顾客信息,但通过 DBLINK、FDW 等外部数据访问方法,可以在一个数据库上查询其他数据库上的顾客信息,从而获得所有顾客信息。实验环境为:Windows 10 系统环境下的 KingbaseES V9 作为本地数据库,远程数据库为 CentOS 7.9 环境下安装的 Oracle 11g、Microsoft SQL Server 2017(V14.0. 3015.40)和 KingbaseES V9。

8.2 kdb_database_link 插件

kdb_database_link 插件的主要功能包括:①支持连接管理,在适当的时候关闭连接减少远程数据库的资源开销;②支持远程表(视图、物化视图)的查询,并且支持下推查询条件减少数据传输的网络开销;③支持远程表的插入;④支持远程序列的访问。

8.2.1 插件配置

KingbaseES 默认将插件 kdb_database_link 添加到 kingbase.conf 文件的 shared_preload_libraries 中,重启数据库时自动加载。

```
shared_preload_libraries = 'kdb_database_link'
```

在 sys_database_link.conf 配置文件中需要配置插件 kdb_database_link 的参数,包括:
(1) DriverName=连接驱动名称。
(2) Host=远程数据库网络地址。
(3) Port=远程数据库服务端口。
(4) Dbname=远程数据库名称。
(5) DbType=远程数据库类型。
其中,DbType 支持 Oracle 和 KingbaseES 两种数据库类型。kdb_database_link 扩展插件通常随着 KingbaseES 安装包一并升级。通常情况下用户无须单独升级这些插件。

例 8.1 加载 kdb_database_link 插件。

```
CREATE EXTENSION kdb_database_link;
```

说明:在 KSQL 命令行工具或者 KStudio 数据库开发管理工具中运行,加载该插件之后才能使用其功能。

例 8.2 卸载 kdb_database_link 插件。

```
DROP EXTENSION kdb_database_link;
```

说明：删除该插件后，还需要修改 kingbase.conf 文件中的 shared_preload_libraries 参数，去掉 kdb_database_link 后重启数据库，就彻底卸载该插件。

8.2.2　创建 DBLink 对象

创建 DBLink 对象的基本 SQL 语法如下。

```
CREATE [PUBLIC] DATABASE LINK dblink_name
CONNECT TO user IDENTIFIED BY password
USING {(connect_string) | config_tag };
```

该命令使用远程数据库的用户 user 和密码 password 按照指定 connect_string 连接字符串创建名为 dblink_name 的数据库对象。其中，连接信息要包括远程数据库网络地址、端口、数据库名称、用户名和密码等。其中，PUBLIC 指明为所有用户都可以访问的公有 DBLink 对象，否则创建私有 DBLink 对象。config_tag 配置文件标签名，用于指明配置文件（sys_database_link.conf）中的一项，从而通过配置文件获取用于建立数据库连接的远程数据库的网络地址、端口以及数据库名称等连接信息。

例 8.3　创建到 KingbaseES 数据库的公共数据库连接。

```
CREATE PUBLIC DATABASE LINK mylink_kingbase CONNECT TO 'system' IDENTIFIED BY '
password' USING (DriverName='KingbaseES V8R6 ODBC Driver', Host='127.0.0.1',
Port=54321, Dbname='seamart', dbType='Kingbase');
```

例 8.4　创建到 Oracle 数据库的公共数据库连接。

```
CREATE PUBLIC DATABASE LINK mylink_oracle CONNECT TO 'SYSTEM' IDENTIFIED BY '
password' USING 'ORADB';
```

说明：ORADB 是 sys_database_link.conf 配置文件中的标签名，具体内容如下。

```
[ORADB]
dbtype=Oracle
dbname=orcl
DriverName="Oracle ODBC Driver"
host=127.0.0.1
port=1521
```

例 8.5　创建到 Oracle 数据库的数据库连接。

```
CREATE PUBLIC DATABASE LINK mylink_oracle CONNECT TO 'SYSTEM' IDENTIFIED BY '
password' USING (DriverName='Oracle ODBC Driver', Host='192.168.0.1', Port=
1521, Dbname='seamart', dbType='Oracle');
```

修改 DBLink 对象的基本 SQL 语法如下。

```
ALTER [PUBLIC] DATABASE LINK dblink_name
OWNER TO new_owner |
RENAME TO new_name;
```

该命令修改 DBLink 数据库对象的名称或者属主。

例 8.6 修改 DBLink 对象的属主为 kdb_dblink_user。

```
ALTER DATABASE LINK dblink_kingbase OWNER TO kdb_dblink_user;
```

删除 DBLink 对象的基本 SQL 语法如下。

```
DROP DATABASE LINK dblink_name
```

该命令删除 dblink_name 数据库对象连接,删除之后,所有的用户会话中的该对象都会被清除。如果 DBLink 正在被其他用户使用,则无法删除。

例 8.7 删除 dblink_kingbase 连接。

```
DROP  DATABASE LINK  dblink_kingbase;
```

8.2.3 使用 DBLink 对象查询外部数据库

使用 DBLink 对象访问数据库的 SQL 基本语法如下。

```
SELECT [ * | expression [ [ AS ] output_name ] [, …] ]
 FROM item [, …] @dblink_name
 WHERE condition
```

该命令使用 dblink_name 在一个远程数据库中执行一个 SELECT 查询。一旦 DBLink 建立后,使用 DBLink 对象访问远程 KingbaseES 和 Oracle 数据库的 DML 语句是一样的。

例 8.8 使用 dblink_kingbase 对象查询外部数据库 Seamart 中的顾客信息。

```
SELECT custid, custname, mobile, prof
FROM sales.customers@public.dblink_kingbase;
```

查询结果为:

```
custid | custname    | mobile       |           prof
------ +------------ +------------ +---------------------------
     1 | 林心水       | 13125948013 | 广播、电视、电影和录音制作业
     2 | 江文曜       | 13161800215 | 电气机械和器材制造业
     3 | 吕浩初       | 13175378459 | 金属制品业
     4 | 萧承望       | 13510696937 | 有色金属矿采选业
     5 | 程同光       | 13926106429 | 居民服务业
-- More --
```

例 8.9 对外部数据库 Seamart 中 Sales 模式下的表进行集合操作,查询顾客"程同光"

和"邱涛"所购买的商品编号和名称。

```
SELECT G.goodid, G.goodname, G.mfrs, G.brand, G.price
FROM sales.goods@ public.dblink_kingbase G
WHERE goodid in (SELECT goodid
  FROM sales.orders@public.dblink_kingbase OB,
        sales.lineitems@ public.dblink_kingbase LB,
        sales.customers@ public.dblink_kingbase CB
  WHERE OB.ordid = LB.ordid and
        OB.shopid = LB.shopid and
        OB.custid = CB.custid and
        CB.custname = '程同光')
UNION
SELECT G.goodid, G.goodname, G.mfrs, G.brand, G.price
FROM sales.goods@ public.dblink_kingbase G
WHERE goodid in (SELECT goodid
  FROM sales.orders@ public.dblink_kingbase OB,
        sales.lineitems@ public.dblink_kingbase LB,
        sales.customers@ public.dblink_kingbase CB
  WHERE OB.ordid = LB.ordid and
        OB.shopid = LB.shopid and
        OB.custid = CB.custid and
        CB.custname = '邱涛');
```

查询结果如下。

```
  goodid      |       goodname       |    mfrs    |  brand  |    price
------------- +----------------------+------------+---------+-----------
 100007325720 | 小迷糊护肤套装礼盒装   | 小迷糊      | 小迷糊   | $119.90
 100008048728 | 玖慕围巾              | 玖慕       | 玖慕    | $128.00
 100012178380 | 小迷糊防晒霜          | 小迷糊      | 小迷糊   |  $39.90
 7532692      | 小迷糊素颜霜          | 小迷糊      | 小迷糊   |  $29.90
(4 rows)
```

例 8.10　对外部数据库 Seamart 中 Sales 模式下的表和本地数据库 Sales 模式下的表进行集合操作,查询顾客"程同光"和"吕浩初"所购买的商品编号和名称。

```
SELECT G.goodid, G.goodname, G.mfrs, G.brand, G.price
FROM sales.goods@ public.dblink_kingbase G
WHERE goodid in (SELECT goodid
  FROM sales.orders@public.dblink_kingbase OB,
        sales.lineitems@ public.dblink_kingbase LB,
        sales.customers@ public.dblink_kingbase CB
  WHERE OB.ordid = LB.ordid and
        OB.shopid = LB.shopid and
        OB.custid = CB.custid and
        CB.custname = '程同光')
UNION
SELECT G.goodid, G.goodname, G.mfrs, G.brand, G.price
```

```
FROM sales.goods G
WHERE goodid in (SELECT goodid
  FROM sales.orders OB, sales.lineitems LB, sales.customers CB
  WHERE OB.ordid = LB.ordid and
        OB.shopid = LB.shopid and
        OB.custid = CB.custid and
        CB.custname = '吕浩初');
```

查询结果为：

```
 goodid        |   goodname           |  mfrs   |  brand  |  price
---------------+----------------------+---------+---------+------------
 100007325720  |小迷糊护肤套装礼盒装   |小迷糊   |小迷糊   | $119.90
 100008048728  |玖慕围巾              |玖慕     |玖慕     | $128.00
 100012178380  |小迷糊防晒霜          |小迷糊   |小迷糊   | $39.90
 7532692       |小迷糊素颜霜          |小迷糊   |小迷糊   | $29.90
 69488111449   |宠物眼药水            |普安特   |普安特   | $35.00
 72082419757   |宠物滴耳药            |普安特   |普安特   | $57.00
(5 rows)
```

8.2.4　使用 DBLink 对象更新外部数据库

例 8.11　使用 dblink_kingbase 对象在外部数据库 Seamart 的 shopstgores 中增加一个店铺信息。

```
INSERT INTO sales.shopstores@public.dblink_kingbase
VALUES (124142,'人大金仓公司','https://www.kingbase.com.cn/', 9.66, 9.78, 9.28,
9.47);
```

说明：远程表的插入操作不支持 ON CONFLICT 子句，不支持显式指定生成列的值，不支持 RETURNING ctid 等系统列，暂不支持列的默认值。

例 8.12　使用 dblink_kingbase 对象在外部数据库 Seamart 的 shopstgores 中修改一个店铺的名称。

```
UPDATE sales.shopstores@public.dblink_kingbase
SET shopname='人大金仓公司数据库' WHERE shopname='人大金仓公司';
```

说明：①当远端表为继承表时，不支持仅更新父表数据，指定 ONLY 关键字时报错，不支持 RETURNING ctid 等系统列，不支持列的默认值，不支持 WHERE CURRENT OF cursor_name 的用法。②update 对于分区表和继承表的行为表现不确定，所以禁止使用 dblink 更新远程分区表或者继承表中的数据。

例 8.13　使用 dblink_kingbase 对象在外部数据库 Seamart 的 shopstgores 中删除一个店铺。

```
DELETE FROM sales.shopstores@public.dblink_kingbase
  WHERE shopname='人大金仓公司数据库';
```

说明：①当远端表为继承表时，不支持仅删除父表数据，指定 ONLY 关键字时报错，不支持 RETURNING ctid 等系统列；②DELETE 对于分区表和继承表的行为表现不确定，所以禁止使用 DBlink 删除远程分区表或者继承表中的数据。

当 DBlink 创建的数据库连接是连接到 Oracle 的时候，除了以上的使用限制外，目前 DBlink 还不支持 UPDATE 和 DELETE。

例 8.14　在 DBLink 插件中使用事务处理。

```
BEGIN ;
    INSERT INTO "sales"."customers" @ dblink_kingbase VALUES (99999,'人大金仓公司','女', '1996-01-30 00:00:00', 'rendajincang@qq.com', '192.532.442.795:1421', '01234567890', NULL, '[5685,7575)','博士','计算机');
    UPDATE  "sales"."customers" @ dblink_kingbase
        SET custname='人大金仓公司数据库'
        WHERE custname='人大金仓公司';
COMMIT;
```

说明：三类访问外部数据的插件都支持对外部数据访问的事务处理，事务可以通过 BEGIN 和 COMMIT 显式定义和提交。

8.3　DBLINK 插件

8.3.1　插件配置

DBLINK 是 KingbaseES 的一个扩展插件，支持在一个数据库会话中连接到其他 KingbaseES 数据库。

例 8.15　加载 DBLINK 插件。

```
CREATE EXTENSION dblink;
```

说明：在 ksql 命令行工具或者 KStudio 数据库开发管理工具中运行。

例 8.16　卸载 DBLINK 插件。

```
DROP EXTENSION dblink;
```

例 8.17　升级 DBLINK 插件。

```
ALTER EXTENSION dblink UPDATE;
```

8.3.2　创建 DBLINK 对象

创建 DBLINK 对象，使用 DBLINK 对象，都是通过相应的函数进行操作的，表 8.1 列出了 DBLINK 插件常用的几个函数。通常使用这些函数的顺序是利用 dblink_connect 或者 dblink_connect_u 函数建立 DBLINK 连接，然后用 dblink 函数执行 SQL 查询，或者使用 dblin_exec 函数执行插入、修改和删除等操作，处理完成后，使用 dblink_disconnect 函数关闭连接。

表 8.1　DBLINK 插件常用函数一览表

函　数　名	功　　能
dblink_connect	打开一个到远程数据库的持久连接
dblink_connect_u	不安全地打开一个到远程数据库的持久连接
dblink	在一个远程数据库中执行一个查询(SELECT)
dblink_exec	在一个远程数据库中执行一个命令(INSERT,UPDATE,DELETE 等)
dblink_disconnect	关闭一个到远程数据库的持久连接

打开一个到远程数据库持久连接的基本语法如下。

```
SELECT dblink_connect(text connstr) |
dblink_connect(text connname, text connstr);
```

该命令通过一个标准的 libpq 连接串来建立一个到远程数据库的连接 connname(如省略连接名,将打开一个未命名连接并且替换掉任何现有的未命名连接)。多个命名的连接可以被一次打开,但是一次只允许一个未命名连接。连接将会持续直到被关闭或者数据库会话结束。connstr 为 libpq 风格的连接信息串,如 hostaddr=127.0.0.1 port=54321 dbname=mydb user=postgres password=mypasswd。此外,连接串也可以是一个现存外部服务器的名字,在使用外部服务器时,推荐使用外部数据包装器 dblink_fdw。

例 8.18　用 dblink_connect 建立连接。

```
SELECT dblink_connect('mylink','hostaddr=127.0.0.1 port=54321 dbname= seamart
user=system password=123456');
```

说明:只有超级用户能够使用 dblink_connect 来创建无口令认证连接。如果非超级用户需要这种能力,使用 dblink_connect_u。

例 8.19　用 dblink_connect_u 建立连接。

```
SELECT dblink_connect_u('mylink', 'hostaddr=127.0.0.1 port=54321 dbname=
seamart user=zhang password=123456');
```

说明:假设 zhang 用户已经建立,并且是非超级用户;该函数支持非超级用户使用任意认证方式来不安全地打开一个到远程数据库的连接。

关闭一个远程数据库连接的基本语法如下。

```
SELECT dblink_disconnect() |
dblink_disconnect(text connname);
```

该命令关闭一个之前被 dblink_connect()打开的连接 connname。不带参数的形式关闭一个未命名连接。

例 8.20　关闭一个未命名连接。

```
SELECT dblink_disconnect();
```

例 8.21　关闭 mylink 连接。

```
SELECT dblink_disconnect('mylink');
```

说明：不用的连接要及时关闭，以节省系统资源，提高系统运行效率，同时也保障系统安全。

8.3.3　使用 DBLINK 对象访问远程数据库

使用 DBLINK 访问远程数据库的基本语法如下。

```
SELECT dblink(text connname, text sql [, bool fail_on_error]) |
dblink(text connstr, text sql [, bool fail_on_error]) |
dblink(text sql [, bool fail_on_error]);
```

该命令使用 DBLINK 函数在一个远程数据库中执行一个查询（通常是一个 SELECT，但是也可以是任意返回行的 SQL 语句）。DBLINK 函数的第一个参数被首先作为一个持久连接的名称进行查找；如果找到，该命令会在该连接上被执行，如果没有找到，第一个参数被视作一个用于 dblink_connect 的连接信息字符串，并且被指出的连接只是在这个命令的持续期间被建立。fail_on_error 如果为真（忽略时的默认值），那么在连接的远端抛出的一个错误也会导致本地抛出一个错误，如为假，远程错误只在本地被报告为一个 NOTICE，并且该函数不返回行。

DBLINK 函数返回查询产生的行。因为 DBLINK 能与任何查询一起使用，它被声明为返回 record，而不是指定任意特定的列集合。这意味着必须指定在调用的查询中所期待的列集合，否则 KingbaseES 将不知道会得到什么。

例 8.22　查询 Seamart 数据库中顾客信息。

```
SELECT * FROM dblink('mylink', 'SELECT custid, custname, mobile FROM sales.
customers') AS t(a int, b text, c text);
```

运行结果为：

```
 a    |  b    |        c
------+-------+-----------------
   1  | 林心水 | 13125948013
   2  | 江文曜 | 13161800215
   3  | 吕浩初 | 13175378459
   4  | 萧承望 | 13510696937
   5  | 程同光 | 13926106429
-- More --
```

说明：DBLINK 返回 Record 类型的记录集合，使用 t(a int，b text，c text)表结构定义返回记录的具体结构。

远程数据库中执行数据更新的基本语法如下。

```
SELECT dblink_exec(text connname, text sql [, bool fail_on_error]) |
dblink_exec(text connstr, text sql [, bool fail_on_error]) |
dblink_exec(text sql [, bool fail_on_error]);
```

该命名使用 dblink_exec 函数在一个远程数据库中执行数据更新命令(也就是,任何不返回行的 SQL 语句)。其他参数说明参见 dblink 函数的说明。

例 8.23 增加 Seamart 远程数据库中的顾客信息。

```
SELECT dblink_exec('mylink',
    'INSERT INTO sales.customers(custid,custname,mobile) VALUES (9999,''人大金
仓公司'',''01234567890'');');
SELECT dblink_exec('mylink',
    'INSERT INTO sales.customers(custid,custname,mobile) VALUES (9999,''人大金
仓公司'',''01234567890'');',false);
```

运行结果为:

```
NOTICE: 重复键违反唯一约束"customers_pkey"
DETAIL: 键值"(custid)=(9999)" 已经存在
 dblink_exec
-------------
 ERROR
```

说明:第一个 dblink_exec()命令执行成功,插入一条记录,第二个命令执行不成功,不能重复插入记录。

例 8.24 修改 Seamart 远程数据库中的顾客信息。

```
SELECT dblink_exec('mydb', 'UPDATE sales.customers SET custname=''人大金仓公司数
据库''  WHERE custname=''人大金仓公司'';');
```

例 8.25 删除 Seamart 远程数据库中的顾客信息。

```
SELECT dblink_exec('mydb', 'DELETE FROM sales.customers WHERE custname=''人大金
仓公司数据库'';');
```

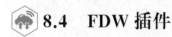

8.4 FDW 插件

8.4.1 插件配置

FDW(Foreign Data Wrapper,外部数据包装器)也是访问远程数据库的一种方法。下面以 kingbase_fdw 为例,来演示 FDW 插件的配置与使用方法。使用 kingbase_fdw 来远程访问数据库的一般流程如下。

(1) 使用 CREATE EXTENSION 加载 kingbase_fdw 插件。

（2）使用 CREATE SERVER 创建一个外部服务器对象，用来表示要连接的每一个远程数据库。指定除了 user 和 password 之外的连接信息作为该服务器对象的选项。

（3）使用 CREATE USER MAPPING 创建一个用户映射，每一个用户映射都代表允许一个数据库用户访问一个外部服务器。指定远程用户名和口令作为用户映射的 user 和 password 选项。

（4）为每一个要访问的远程表使用 CREATE FOREIGN TABLE 或者 IMPORT FOREIGN SCHEMA 创建一个外部表，其列必须匹配被引用的远程表。但如果在外部表对象的选项中指定了远程名称，就可以使用不同于远程表的表名或列名。

（5）使用 SQL 的 DML 访问外部表，例如 SELECT 来访问存储在它的底层的远程表中的数据，或者使用 INSERT、UPDATE 或 DELETE 修改远程表。

例 8.26　加载 kingbase_fdw 插件。

```
CREATE EXTENSION kingbase_fdw;
```

例 8.27　卸载 kingbase_fdw 插件。

```
DROP EXTENSION kingbase_fdw;
```

例 8.28　加载访问 Oralce 或 MS SQL Server 外部数据库的 FDW 插件。

```
CREATE EXTENSION oracle_fdw;
CREATE EXTENSION tds_fdw;
```

说明：①oracle_fdw 支持访问外部 Oracle 数据库，tds_fdw 支持外部 MS SQL Server 数据库；②访问不同外部数据库的插件，可以配置的参数根据要访问的外部数据库的要求可能稍有区别；③如果从 KingbaseES 本地数据库访问 Oracle 或者 MS SQL Server 等外部数据库，可能涉及 KingbaseES 数据类型与其他数据库的数据类型转换问题。具体插件的参数配置和数据类型转换详细参见 KingbaseES 插件使用手册。

8.4.2　创建外部服务器和用户映射

创建一个新的外部服务器的基本语法如下。

```
CREATE SERVER  server_name [ TYPE 'server_type' ] [ VERSION 'server_version' ]
FOREIGN DATA WRAPPER fdw_name
[ OPTIONS ( option 'value' [, … ] ) ]
```

该命令创建一个新的 server_type 类型的 server_version 版本的外部服务器 server_name，该命令包装了外部数据包装器用来访问一个外部数据源所需的连接信息，额外的用户相关的连接信息可以通过用户映射的方式来指定。OPTIONS 子句为服务器指定各种选项。

一个外部服务器的名称可以被用作 dblink_connect 函数的一个参数来指示连接参数。

例 8.29　创建一个 KingbaseES 外部服务器 foreign_server。

```
CREATE SERVER foreign_server
FOREIGN DATA WRAPPER kingbase_fdw
OPTIONS (host '127.0.0.1', port '54321', dbname 'seamart');
```

例 8.30　需要再创建一个用户映射来标识在远程服务器上使用哪个角色。

```
CREATE USER MAPPING FOR system
SERVER foreign_server
OPTIONS (user 'system', password '123456');
```

例 8.31　创建一个 Oracle 外部服务器 foreign_server。

```
CREATE SERVER myserver FOREIGN DATA WRAPPER oracle_fdw OPTIONS (host '127.0.0.1
', dbname 'seamart', port '1521');
```

更改一个外部服务器定义的基本语法如下。

```
ALTER SERVER name [ VERSION 'new_version' ]
OWNER TO { new_owner | CURRENT_USER | SESSION_USER }  |
RENAME TO new_name  |
OPTIONS ( [ ADD | SET | DROP ] option ['value'] [, … ] );
```

该命令更改一个外部服务器的版本字符串或者一般选项(至少要求一个子句),可以更改该服务器的拥有者,或者重新命名外部服务名称。

例 8.32　将 myserver 的名字改为 oracle_fdw_server。

```
ALTER SERVER myserver RENAME TO oracle_fdw_server;
```

删除一个外部服务器的基本语法如下。

```
DROP SERVER [ IF EXISTS ] name [, … ] [ CASCADE | RESTRICT ]
```

该命令删除一个现有的外部服务器。CASCADE 自动删除依赖于该服务器的对象(例如用户映射),然后删除所有依赖于那些对象的对象。RESTRICT 如果有任何对象依赖于该服务器,则拒绝删除它,RESTRICT 为默认值。

例 8.33　如果一个服务器 oracle_fdw_server 存在则删除它。

```
DROP SERVER IF EXISTS oracle_fdw_server;
```

创建用户新映射的基本语法如下。

```
CREATE USER MAPPING  FOR { user_name | USER | CURRENT_USER | PUBLIC }
SERVER server_name
[ OPTIONS ( option 'value' [ , … ] ) ]
```

该命令创建一个用户到一个外部服务器的新映射,该映射通常会包含连接信息,外部数据包装器会使用连接信息和外部服务器中包含的信息一起来访问一个外部数据源。

例 8.34　为用户 system、服务器 myserver 创建一个用户映射。

```
CREATE USER MAPPING FOR system SERVER myserver OPTIONS (user 'system', password '
123456');
```

更改一个用户映射定义的基本语法如下。

```
ALTER USER MAPPING FOR { user_name | USER | CURRENT_USER | SESSION_USER | PUBLIC }
SERVER server_name
OPTIONS ( [ ADD | SET | DROP ] option ['value'] [, … ] )
```

与创建用户映射的语法基本相同。该命令可以增加或者删除用户映射的选项。

例 8.35　为服务器 myserver 的用户映射 system 更改口令。

```
ALTER USER MAPPING FOR system
SERVER myserver
OPTIONS (SET password '123456');
```

删除一个用于外部服务器的用户映射的基本语法如下。

```
DROP USER MAPPING FOR { user_name | USER | CURRENT_USER | PUBLIC }
SERVER server_name
```

该命令从外部服务器移除一个已有的用户映射。

例 8.36　删除服务器 myserver 上的用户映射 system。

```
DROP USER MAPPING IF EXISTS FOR system SERVER  myserver;
```

8.4.3　创建外部表

创建外部表的基本语法如下。

```
CREATE FOREIGN TABLE  table_name ( [
{ column_name data_type [ OPTIONS ( option 'value' [, … ] ) ]
[ column_constraint [ … ] ] | table_constraint } [, … ]  ] )
 [ INHERITS ( parent_table [, … ] ) ]
SERVER server_name
[ OPTIONS ( option 'value' [, … ] ) ]
```

该命令在当前数据库中创建一个新的外部表 table_name,该命令还将自动创建一个数据类型来表示该外部表行相应的组合类型,因此,外部表不能和同一个模式中任何现有的数据类型同名。INHERITS 选项指定一个表的列表,新的外部表会自动从中继承所有列,父表可以是普通表或者外部表。server_name 要用于该外部表的一个现有外部服务器的名称。OPTIONS 是要与新外部表或者它的一个列相关联的选项。被允许的选项名称和值是与每一个外部数据包装器相关的,并且它们会被该外部数据包装器的验证器函数验证。

KingbaseES 定义的 CREATE FOREIGN TABLE 命令大部分符合 SQL 标准,但是能

够指定列默认值、表继承形式是 KingbaseES 的扩展。

修改、删除外部表的语法与修改和删除普通表的语法基本类似，这里不再赘述。

例 8.37 创建外部表 foreign_table 访问远程服务器上名为 sales.customers 的表。

```
CREATE FOREIGN TABLE foreign_table (
custid int NOT NULL,
custname varchar(20),
mobile bpchar(11) )
SERVER foreign_server
OPTIONS (schema_name 'sales', table_name 'customers');
```

说明：foreign_table 为本地数据库中的外部表名，对应外部服务器 foreign_server 中的 sales.customers 表。

8.4.4 使用外部表访问远程数据库

外部表定义好了之后，可以像使用本地表一样对外部表进行查询、插入、修改和删除等操作。

例 8.38 查询外部表 foreign_table。

```
SELECT * FROM foreign_table;
```

查询结果为：

```
 custid | custname |     mobile
------ +------- +----------------------
   1    | 林心水   | 13125948013
   2    | 江文曜   | 13161800215
   3    | 吕浩初   | 13175378459
   4    | 萧承望   | 13510696937
-- More --
```

说明：外部表中声明的列数据类型和其他性质必须要匹配实际的远程表，列名也必须匹配，不过也可以为个别列附上 column_name 选项以表示它们在远程服务器上对应哪个列。在很多情况下，要手工构造外部表定义，使用 IMPORT FOREIGN SCHEMA 会更好。

例 8.39 插入外部表 foreign_table 中的记录。

```
INSERT INTO foreign_table(custid,custname,mobile) VALUES (9999,'人大金仓公司','
01234567890');
```

例 8.40 修改外部表 foreign_table 中的记录。

```
UPDATE foreign_table SET custname='人大金仓公司数据库' WHERE custname='人大金仓公司';
```

例 8.41 删除外部表 foreign_table 中的记录。

```
DELETE FROM foreign_table WHERE custname='人大金仓公司数据库';
```

第 9 章

KingbaseES 的复杂数据类型

本章主要介绍文本类型(text、tsvector 和 tsquery)、XML 类型和 JSON 类型等复杂数据类型。这些复杂数据类型通常都具有纯文本、自我描述性、层级结构、程序语言解析性、传输性等多种特殊性质,某些复杂数据类型具有许多高效的特有语法,本章着重复杂数据类型的基本信息、操作符、函数和示例等方面介绍复杂数据类型。GIS 的相关内容在本书中不做讨论。

 ## 9.1 文本搜索数据类型

9.1.1 概述

KingbaseES 可以对一个或者多个存储在 character、text 等字符类型属性中的内容进行全文检索,通常分为如下几步。

(1) 建立文本向量,准备搜索内容。针对每个字符类型属性建立相应的文本搜索向量类型(tsvector)的属性存储向量化的检索内容,即将文本解析为对应的倒排索引,该步骤使用 to_tsvector()函数来将文本转换成向量。

(2) 建立文本查询,准备搜索关键词。也可以建立相应的文本搜索查询类型(tsquery)属性存储经常需要执行的全文检索关键词查询,或者直接使用 to_tsquery()构建搜索关键词。

(3) 建立索引,提高全文检索效率。当数据量庞大时,建立 Gin 或者 Gist 索引提高全文检索效率。Gin 和 Gist 的区别就是 Gin 查询更快,但构建速度较慢;Gist 构建速度快,但查询较慢。

(4) 构建 SQL 查询,执行全文检索。根据全文检索需求,在一个或者多个 tsvector 属性上使用 tsquery 进行全文检索,构造相应的 SQL 查询语句。

(5) 排序检索结果,展示检索效果。使用 ts_rank()函数根据 to_tsquery 和 tsvector 的匹配度计算排序结果,更好地展示全文检索的效果。

后续分别介绍 text、tsvector、tsquery 等数据类型如何支持全文检索。

9.1.2 text

text 是文本数据类型,旨在用作大容量字符存储,也是一种字符串数据类型。text 具有除二进制字符集和排序规则以外的字符集,比较和排序基于其字符集的排序规则。表 9.1 展示了 text 数据类型的详细信息。

表 9.1　text 类型

名字	占用存储空间	描述	取值范围	SQL 标准 数据类型	Oracle 数据类型
text	输入数据的字节的实际长度	无限变长	$0 \sim 2^{16}-1$	是	CLOB

text 不设置长度,当不知道属性的最大长度时,适合用 text 类型。如果几种字符串类型都可以选择,按照查询速度(char 最快,varchar 次之,text 最慢)选择合适的字符串类型。例如,在 Seamart 数据库 Goods 表中,商品使用手册 instmanual 列存储的数据多为长文本,使用 text 类型较为便捷。

例 9.1　以 Goods 表中商品使用手册 instmanual 属性为例,展示 text 数据类型的使用方法。

```
UPDATE Goods SET instmanual='轻薄便携,防尘防潮。' WHERE goodid='644077592449';
SELECT instmanual FROM Goods WHERE goodid='644077592449';
```

查询结果如下。

```
instmanual
--------------------------------
轻薄便携,防尘防潮。
(1 row)
```

说明:①可以把 text 数据类型当作普通字符串类型使用,进行查询、修改和删除,如要删除 text 类型的数据,只需 UPDATE SET 其值为 NULL 即可;②text 不同于普通的字符串类型原因之一是不能用作索引字段。

例 9.2　求 text 类型字段的长度。

```
SELECT char_length(instmanual) FROM Goods WHERE goodid='644077592449';
```

查询结果如下。

```
char_length
--------------------
12
(1 row)
```

说明:字符串类型函数都可以用在 text 数据类型上,如 char_length()、substring()等。

9.1.3　tsvector

全文搜索是一种在自然语言文档集合中搜索以定位那些最匹配一个查询的文档的活动。KingbaseES 提供两种文本搜索数据类型:tsvector 和 tsquery,被设计用来支持全文搜索。tsvector 类型表示一个为文本搜索优化的形式下的文档,tsquery 类型表示一个文本查询。tsvector 值是一个排序的可区分词位的列表,词位是被正规化合并了同一个词的不同变种的词。排序和去重是在输入期间自动完成的。

例 9.3 给 Goods 表增加一个 tsvector 字段并设置指定商品的值。

```
ALTER TABLE Sales.Goods ADD COLUMN english_instmanual tsvector;
UPDATE Goods
SET English_instmanual='a fat cat sat on a mat and ate a fat rat'::tsvector
WHERE goodid='644077592449';
SELECT English_instmanual FROM Sales.Goods
WHERE goodid='644077592449';
```

查询结果如下。

```
english_instmanual
------------------------------------------------------------
 'a' 'and' 'ate' 'cat' 'fat' 'mat' 'on' 'rat' 'sat'
(1 row)
```

给 Goods 表 english_instmanual 字段设置附加词位的 tsvector 值。

```
UPDATE Goods
SET English_instmanual='a:1 fat:2 cat:3 sat:4 on:5 a:6 mat:7 and:8 ate:9 a:10 fat:
11 rat:12'::tsvector   WHERE goodid='644077592449';
SELECT English_instmanual FROM Sales.Goods WHERE goodid='644077592449';
```

查询结果如下。

```
  english_instmanual
-----------------------------------------------------------------
 'a':1,6,10 'and':8 'ate':9 'cat':3 'fat':2,11 'mat':7 'on':5 'rat':12 'sat':4
(1 row)
```

说明:tsvector 值可以被附加整数位置给词位,一个位置通常表示源词在文档中的定位。位置信息可以被用于邻近排名。位置值可以为 1～16 383。

例 9.4 给 Goods 表 English_instmanual 字段设置附加词位和权重的 tsvector 值。

```
UPDATE Goods SET English_instmanual='a:1A fat:2B,4C cat:5D'::tsvector
WHERE goodid='644077592449';
SELECT English_instmanual FROM Sales.Goods WHERE goodid='644077592449';
```

查询结果如下。

```
  english_instmanual
---------------------------
 'a':1A 'cat':5 'fat':2B,4C
(1 row)
```

说明：具有位置的词位可以进一步地被标注一个权重，它可以是 A、B、C 或 D。D 是默认值并且因此在输出中不会显示。权重通常被用来反映文档结构，例如，将主题词标记成与正文词不同。文本搜索排名函数可以为不同的权重标记器分配不同的优先级。

例 9.5 Goods 表 English_instmanual 字段使用 to_tsvector()函数正规化 tsvector 值。

```
UPDATE Goods SET English_instmanual= to_tsvector('english', 'The Fat Rats')
WHERE goodid='644077592449';
SELECT English_instmanual FROM Sales.Goods WHERE goodid='644077592449';
```

查询结果如下。

```
english_instmanual
--------------------
 'fat':2 'rat':3
(1 row)
```

说明：tsvector 类型本身并不执行任何词正规化。原始文档文本通常应该经过 to_tsvector 以恰当地为搜索正规化其中的词。

9.1.4　tsquery

tsquery 值存储要用于搜索的词位，并且使用布尔操作符 &（AND）、|（OR）和!（NOT）来组合它们，还有短语搜索操作符<->（FOLLOWED BY），FOLLOWED BY 操作符的变体<N>，其中，"N"是一个整数常量，它指定要搜索的两个词位之间的距离。<-> 等效于<1>。圆括号可以被用来强制对操作符分组。如果没有圆括号，!（NOT）的优先级最高，其次是<->（FOLLOWED BY），然后是 &（AND），最后是 |（OR）。

例 9.6 给 Goods 表增加一个 tsquery 字段并设置指定商品的值。

```
ALTER TABLE Sales.Goods ADD COLUMN tsquery_instmanual tsquery;
UPDATE Goods SET tsquery_instmanual='fat & rat'::tsquery
WHERE goodid='644077592449';
SELECT tsquery_instmanual FROM Sales.Goods WHERE goodid='644077592449';
```

查询结果如下。

```
tsquery_instmanual
--------------------
 'fat' & 'rat'
(1 row)
```

例 9.7 给 Goods 表设置 tsquery 字段值。

```
UPDATE Goods SET tsquery_instmanual = 'fat & (rat | cat)'::tsquery
WHERE goodid='644077592449';
SELECT tsquery_instmanual FROM Sales.Goods WHERE goodid='644077592449';
```

查询结果如下。

```
  tsquery_instmanual
---------------------------
 'fat' & ( 'rat' | 'cat' )
(1 row)
```

说明：①可以给 tsquery 字段设置各种值，例如，'fat & rat & ! cat'::tsquery；②tsquery 中的词位可以被标注一个或多个权重字母，这将限制它们只能和具有那些权重之一的 tsvector 词位相匹配，例如，'fat：ab & cat'::tsquery；③tsquery 中的词位可以被标注为 * 来指定前缀匹配，例如，'super：*'::tsquery，这个查询将匹配 tsvector 中以"super"开头的任意词。

例 9.8　给 Goods 表 tsquery 字段使用 to_tsquery() 函数正规化 tsquery 值。

```
UPDATE Goods
SET tsquery_instmanual = to_tsquery('Fat:ab & Cats')
WHERE goodid='644077592449';
SELECT tsquery_instmanual FROM Sales.Goods
WHERE goodid='644077592449';
```

查询结果如下。

```
  tsquery_instmanual
---------------------------
 'fat':AB & 'cat'
(1 row)
```

说明：正如 tsvector，任何请求的词正规化必须在转换到 tsquery 类型之前完成，to_tsquery() 函数可以方便地执行这种正规化。

例 9.9　tsvector 和 tsquery 值进行比较。

```
UPDATE Goods
SET english_instmanual = to_tsvector( 'KingbaseES' )
WHERE goodid='644077592449';
UPDATE Goods
SET tsquery_instmanual = to_tsquery( 'Kingbase: * ' )
WHERE goodid='644077592449';
SELECT english_instmanual @@ tsquery_instmanual FROM Sales.Goods
WHERE goodid='644077592449';
```

查询结果如下。

```
? column?
----------
t
 (1 row)
```

说明：englisht_instmanual 是 tsvector 数据类型，tsquery_instmanual 是 tsquery 数据类型，可以对这两种数据类型的值进行比较和运算。

9.1.5　全文检索综合示例

KingbaseES 数据库系统支持中文全文检索,先要配置好中文分词解析器,如例 9.10 所示。

例 9.10　配置 KingbaseES 中文全文检索解析器。

```
CREATE EXTENSION zhparser;
CREATE text SEARCH CONFIGURATION zhparser_name (PARSER = 'zhparser');
ALTER text SEARCH CONFIGURATION zhparser_name ADD MAPPING FOR n,v,a,i,e,l,j WITH
simple;
```

说明:配置中文解析器分为三步:①加载中文分词解析器 zhparser;②创建中文分词解析器的文本搜索配置 zhparser_name;③设置中文分词规则,如 n 表示名词,v 表示动词等。

例 9.11　在 Goods 表中存储中文文本信息。

```
ALTER TABLE Sales.Goods ADD COLUMN chinese_instmanual tsvector;
ALTER TABLE Sales.Goods ADD COLUMN tsquery_cn_instmanual tsquery;
UPDATE Sales.Goods SET chinese_instmanual = to_tsvector('zhparser_name',
goodname);
UPDATE Goods
SET tsquery_cn_instmanual = to_tsquery('zhparser_name','联想:*')
WHERE goodid='655178330169';
UPDATE Goods
SET tsquery_cn_instmanual = to_tsquery('zhparser_name','华硕:*')
WHERE goodid='644077592449';
```

说明:第 1 个 UPDATE 语句把 Goods 表中的商品名称 goodname 利用中文分词解析器解析成文本向量存储到 Goods 表的 chinese_instmanual 字段中;第 2 个和第 3 个 UPDATE 语句是对指定的两条记录分别存储相应的中文查询。

例 9.12　为 Goods 表中的 tsvector 字段创建 Gin 索引。

```
CREATE INDEX idx_goods_gin ON Sales.Goods USING Gin(chinese_instmanual);
```

说明:为 tsvector 文本向量字段创建 Gin 索引,将提高在该字段上的全文检索性能。

例 9.13　使用 tsquery 字段检索 Goods 表中的 tsvector 字段。

```
SELECT goodid, goodname
FROM Sales.Goods
WHERE chinese_instmanual @@ tsquery_cn_instmanual;
```

查询结果如下。

```
    goodid    |        goodname
--------------+------------------------------
 655178330169 | 联想电脑音响
```

```
  644077592449 | 华硕幻 16 轻薄学生笔记本电脑
(2 rows)
```

说明：对每条记录，该查询使用预先存储在 tsquery_cn_instmanual 字段中的全文检索查询命令去检索相应的 chinese_instmanual 字段。

例 9.14　使用给定的 tsquery 查询检索 Goods 表中所有记录。

```
SELECT goodid, goodname
FROM Sales.Goods
WHERE chinese_instmanual @@ to_tsquery( 'zhparser_name', '音响 | 电脑' );
```

查询结果如下。

```
  goodid     |           goodname
-------------+-----------------------------
  655178330169 | 联想电脑音响
  644077592449 | 华硕幻 16 轻薄学生笔记本电脑
(2 rows)
```

说明：该命令中的全文检索查询命令不同，查询结果与例 9.13 查询结果一样。

例 9.15　对 Goods 表全文检索结果排序。

```
SELECT goodid, goodname, ts_rank(chinese_instmanual,  to_tsquery( 'zhparser_
name', '音响|电脑' )) AS rankscore
FROM Sales.Goods
WHERE chinese_instmanual @@ to_tsquery( 'zhparser_name', '音响|电脑' )
ORDER BY rankscore ;
```

查询结果如下。

```
    goodid     |       goodname           | rankscore
-------------+--------------------------+-----------------------------
  655178330169 | 联想电脑音响              | 0.030396355
  644077592449 | 华硕幻 16 轻薄学生笔记本电脑 | 0.030396355
(2 rows)
```

9.1.6　文本搜索类型操作符和函数

常用的文本搜索操作符和文本搜索函数分别如表 9.2 和表 9.3 所示，每个操作符和函数都在表中给出了示例及其结果。

表 9.2　文本搜索操作符

操作符	返回类型	描　述	示　例	结　果
@@	boolean	tsvector 是否匹配 tsquery	to_tsvector('fat cats ate rats') @@ to_tsquery('cat & rat')	t

续表

操作符	返回类型	描　　述	示　　例	结　　果
||	tsvector	连接 tsvector	'a: 1 b: 2'::tsvector || 'c: 1 d: 2 b: 3'::tsvector	'a': 1 'b': 2,5 'c': 3 'd': 4
&&	tsquery	将 tsquery 用 AND 连接起来	' fat | rat '::tsquery && ' cat '::tsquery	('fat' | 'rat') & 'cat'
||	tsquery	将 tsquery 用 OR 连接起来	'fat | rat'::tsquery || 'cat'::tsquery	('fat' | 'rat') | 'cat'
!!	tsquery	对一个 tsquery 取反	!! 'cat'::tsquery	! 'cat'
<->	tsquery	tsquery 后面跟着 tsquery	to_tsquery('fat') <-> to_tsquery('rat')	'fat' <-> 'rat'
@>	boolean	tsquery 是否包含右侧数据	'cat'::tsquery @> 'cat & rat'::tsquery	f
<@	boolean	tsquery 是否被右侧数据包含	'cat '::tsquery <@ 'cat & rat'::tsquery	t

表 9.3　文本搜索函数

函　　数	返回类型	描　　述	例　　子	结　　果
array_to_tsvector(text[])	tsvector	把词位数组转换为 tsvector	array_to_tsvector('{fat,cat,rat}'::text[])	'cat' 'fat' 'rat'
get_current_ts_config()	regconfig	获得默认文本搜索配置	get_current_ts_config()	english
length(tsvector)	integer	tsvector 中的词位数	length('fat: 2,4 cat: 3 rat: 5A'::tsvector)	3
numnode(tsquery)	integer	tsquery 中词位外加操作符的数目	numnode('(fat & rat) | cat'::tsquery)	5
plainto_tsquery([config regconfig,]"query" text)	tsquery	产生 tsquery,但忽略标点符号	plainto_tsquery('english', 'The Fat Rats')	'fat' & 'rat'
strip(tsvector)	tsvector	从 tsvector 中移除位置和权重	strip('fat: 2,4 cat: 3 rat: 5A'::tsvector)	'cat' 'fat' 'rat'
to_tsvector([config regconfig ,]"document" text)	tsvector	缩减文档文本为 tsvector	to_tsvector('english', 'The Fat Rats')	'fat': 2 'rat': 3
setweight(vector tsvector , "weight" char)	tsvector	为"vector"的每一个元素分配"权重",共四个权重,从高到低为 A—B—C—D	setweight('fat: 2, 4 cat: 3 rat: 5B'::tsvector, 'A')	'cat': 3A 'fat': 2A,4A 'rat': 5A
to_tsquery([config regconfig ,]"query" text)	tsquery	规范化词并转换为 tsquery,支持各种符号表示条件	to_tsquery ('english', 'The & Fat & Rats')	'fat' & 'rat'
ts_rank([weights float4[],]"vector" tsvector , "query" tsquery,[normalization integer])	float4	排序用,可以根据 to_tsquery 和 tsvector 的匹配度计算	ts_rank (textsearch, query)	0.818

9.2　XML 数据

9.2.1　概述

XML(Extensible Markup Language,可扩展标记语言)是一种通用标记语言。XML 文档具有很多优点,包括:①可被人或计算机读取,并存储为纯文本;②平台独立;③支持 Unicode,这就意味 XML 可以存储用很多种人类语言写的信息;④采用自说明(self-documenting)格式,包括文档结构、元素名称和元素值。由于 XML 具有这些优点,因此被广泛用于文档存储和处理。很多组织使用 XML 在计算机系统之间发送数据。例如,很多供应商允许客户以 XML 文件的形式在互联网上发送购货单。

KingbaseES 支持 XML 数据类型,可以被用来存储结构良好(如 XML 标准所定义)的"文档",以及"内容"片段,通过引用 XQuery 和 XPath 数据模型中更宽松的"文档结点"来定义。表达式 xmlvalue IS DOCUMENT 可以被用来评估一个特定的 XML 值是一个完整文档或者仅仅是一个文档片段。XML 数据类型比 text 文本数据类型的优势在于:它会检查输入值的结构是不是良好,并且有许多支持函数用于在其上执行类型安全的操作。

9.2.2　生成 XML 数据

从字符数据生成 XML 类型数据的基本语法为:

```
xmlparse ( { DOCUMENT | CONTENT } value) |
        xml value |
        value::xml
```

该 xmlparse 函数把 value 字符串解析为 XML 文档(DOCUMNET)或者 XML 内容(CONTENT),根据 SQL 标准这是唯一将字符串转换为 XML 值的方法。后两种方法是 KingbaseES 特有的从字符串数据生成 XML 类型数据的语法,该语法实际上是强制类型转换的语法格式。

使用"XML option"会话配置参数来设置 XML 数据类型为文档 DOCUMENT 或者 CONTENT:

```
SET XML OPTION { DOCUMENT | CONTENT };
```

或者是更具有 KingbaseES 风格的语法:

```
SET xmloption TO { DOCUMENT | CONTENT };
```

该 SET 命令的默认值是 CONTENT,因此所有形式的 XML 数据都被允许。

例 9.16　以 Supply 表中 homepage 属性为例展示 XML 数据使用方法。

```
UPDATE Supply SET homepage = xmlparse (DOCUMENT '< html >TensorFlow 知识图谱实战
</html>')
WHERE shopid='104142' AND goodid='12560557';
SELECT homepage FROM Supply WHERE shopid='104142' AND goodid='12560557';
```

查询结果如下。

```
   homepage
----------------------------
 <html>TensorFlow知识图谱实战</html>
(1 row)
```

说明：在 KSQL 命令行工具中查询 XML 类型字段，显示 XML 字符串文本，在 KStudio 中执行同样的查询，则显示[XML]，如果执行 SELECT homepage::text FROM Supply 则会显示 XML 字符串文本。

例 9.17 以 Supply 表中 homepage 属性为例展示 XML 数据使用方法。

```
UPDATE Supply SET homepage=xml'<html>TensorFlow知识图谱实战</html>'
WHERE shopid='104142' AND goodid='12560557';
UPDATE Supply SET homepage='<html>TensorFlow知识图谱实战</html>'::xml
WHERE shopid='104142' AND goodid='12560557';
SELECT homepage FROM Supply WHERE shopid='104142' AND goodid='12560557';
SELECT homepage IS DOCUMENT FROM Supply
WHERE shopid='104142' AND goodid='12560557';
```

查询结果如下。

```
/* 第一个 SELECT 查询结果 */
   homepage
----------------------------
 <html>TensorFlow知识图谱实战</html>
(1 row)

/* 第二个 SELECT 查询结果 */
? column?
----------
 t
(1 row)
```

说明：①该例以 KingbaseES 特有的两种强制数据类型转换语法把字符串生成 XML 类型数据，效果是一样的；②IS DOCUMENT 谓词判断 XML 数据是否为格式良好的 XML 文档；③删除 XML 数据，可以通过 UPDATE SET XML 类型字段值为 NULL。

例 9.18 演示 XML 文档(DOCUMENT)和内容(CONTENT)的区别。

```
SELECT xmlparse(DOCUMENT '<? xml version = "1.0"? > <book> <title> Manual </
title> <chapter>A</chapter></book>') IS DOCUMENT;
SELECT xmlparse (CONTENT 'abc<foo>bar</foo><bar>foo</bar>') IS DOCUMENT;
SELECT xmlparse (DOCUMENT 'abc<foo>bar</foo><bar>foo</bar>') IS DOCUMENT;
```

查询结果如下。

```
/* 第 1 个 SELECT 查询结果 */
? column?
```

```
----------
 t
(1 row)

/*第 2 个 SELECT 查询结果*/
?column?
----------
 f
(1 row)

/*第 3 个 SELECT 查询结果*/
错误: invalid XML document
DETAIL: line 1: Start tag expected, '<' not found
abc<foo>bar</foo><bar>foo</bar>
```

说明：①该例显示第一个 SELECT 解析的是格式良好的 XML 文档，第二个 SELECT 解析'abc<foo>bar</foo><bar>foo</bar>'是 XML 内容片段，但它不是一个格式良好的 XML 文档（第三个 SELECT 解析错误说明了这一点）；②即便输入值指定了一个文档类型声明（DTD），XML 类型也不根据 DTD 来验证输入值，目前 KingbaseES 还没有内建的支持用于根据其他 XML 模式语言（如 XML 模式）来进行验证。

使用函数 xmlserialize 从 XML 数据产生字符串：

```
xmlserialize( { DOCUMENT | CONTENT } value AS type ) |
Value::Type
```

xmlserialize 函数是 xmlparse 函数的逆操作。"type"可以是 character、character varying 或 text（或者其中之一的一个别名）。根据 SQL 标准，这也是在 XML 类型和字符类型间做转换的唯一方法，但 KingbaseES 也允许使用强制数据类型转换简单地把 XML 数据转换成字符串数据类型。

例 9.19　以 Supply 表中 homepage 属性转换成文本数据类型。

```
SELECT xmlserialize(DOCUMENT homepage AS text) FROM Supply
WHERE shopid='104142' AND goodid='12560557';
```

查询结果如下。

```
   xmlserialize
--------------------------
 <html>TensorFlow知识图谱实战</html>
(1 row)
```

说明：KingbaseES 支持直接查询 XML 数据类型字段，不一定要使用 XMLSERIALIZE 转换函数。但是为了通用性和符合标准，建议使用 XMLSERIALIZE 函数。

9.2.3　将关系数据映射为 XML 数据

KingbaseES 不但可以将 XML 数据存储到表中的 XML 类型字段中，还可以通过

xmlelement()、xmlforest()、table_to_xmlschema()、table_to_xml()等函数把关系模式和数据映射为 XML 数据并输出来。

1. 将表模式映射为 XML 数据

将表模式映射为 XML 数据的 SQL 基本语法如下。

```
SELECT table_to_xmlschema(tbl regclass, nulls boolean, tableforest boolean,
targetns text);
SELECT query_to_xmlschema(query text, nulls boolean, tableforest boolean,
targetns text);
```

该命令利用 table_to_xmlschema() 函数把 tbl 表的模式转换成 targetns 命名空间的 XML 数据,其中,nulls 指定在输出结果中是否包含空值,tableforest 指定每条记录输出 XML 内容片段的元素名,false 输出为<row/>,true 输出为<tbl/>。query_to_xmlschema() 函数类似,只不过是将给定 SQL 查询 query 执行结果的模式映射为 XML 数据。

例 9.20　将 sales 模式下 Goods 表模式映射为 XML 数据。

```
SELECT table_to_xmlschema('sales.goods'::regclass,true,true,'seamart');
```

查询结果如下。

```
        table_to_xmlschema
-----------------------------------------------------------------
 <xsd:schema
    xmlns:xsd="http://www.w3.org/2001/XMLSchema"
    targetNamespace="seamart"
    elementFormDefault="qualified">
 <xsd:simpleType name="CHAR">
  <xsd:restriction base="xsd:string">
  </xsd:restriction>
 </xsd:simpleType>
...
<xsd:complexType name="RowType.seamart.sales.goods">
  <xsd:sequence>
    <xsd:element name="goodid" type="CHAR" nillable="true"></xsd:element>
    <xsd:element name="goodname" type="VARCHAR" nillable="true"></xsd:
element>
    ...
```

说明:该命令把 sales 模式下的 Goods 表涉及的每种数据类型映射为一个 simpleType 的 XML 内容片段,然后把每个字段映射为 xsd:element 元素。

2. 将表映射为 XML 数据

将表映射为 XML 数据的 SQL 基本语法如下。

```
SELECT table_to_xml(tbl regclass, nulls boolean, tableforest boolean, targetns
text);
```

```
SELECT query_to_xml( query text, nulls boolean, tableforest boolean, targetns
text );
```

该命令利用 table_to_xml()函数把 tbl 表的记录转换成 targetns 命名空间的 XML 数据,其中,nulls 指定在输出结果中是否包含空值,tableforest 指定每条记录输出 XML 内容片段的元素名,false 输出为<row/>,true 输出为<tbl/>。query_to_xml()函数类似,只是将 SQL 查询 query 执行结果输出为 XML 数据。

例 9.21 将 sales 模式下 Goods 表映射为 XML 数据。

```
SELECT table_to_xml('sales.goods'::regclass,true,true,'seamart');
```

查询结果如下。

```
                                        table_to_xml
------------------------------------------------------------------------
<goods xmlns:xsi="http://www.w3.org/2001/XMLSchema-instance" xmlns="seamart">
  <goodid>655178330169</goodid>
  <goodname>联想电脑音响</goodname>
...
</goods>
...
```

说明:该命令把 Goods 表的每条记录生成一个<goods> </goods> XML 内容片段,该片段包含所有字段的内容。

3. 将记录映射为 XML 数据

将表中的记录映射为 XML 数据的 SQL 基本语法如下。

```
SELECT  xmlelement ( NAME name [, XMLATTRIBUTES ( attvalue [ AS attname ] [, …] ) ]
[, content [, …]] ) FROM table_name WHERE condition;
SELECT xmlforest(content [AS name ] [, …]) FROM table_name WHERE condition;
```

该命令利用 xmlelement()函数或者 xmlforest()把表中的记录映射为 XML 数据,xmlelement()函数比 xmlforest()更加灵活,可以指定 XML 元素的一个或者多个属性。

例 9.22 将 Goods 表前三条记录的商品名输出为 XML 内容片段。

```
SELECT xmlelement(NAME goodname, goodname) FROM Sales.Goods LIMIT 3;
```

查询结果如下。

```
            xmlelement
------------------------------------------------------------------------
 <goodname>小迷糊护肤套装礼盒装</goodname>
 <goodname>联想电脑音响</goodname>
 <goodname>饭盒</goodname>
(3 rows)
```

例 9.23 将 Goods 表前三条记录的商品名输出为 XML 内容片段,商品编号为 XML 元素的属性。

```
SELECT xmlelement(NAME goodname,XMLATTRIBUTES(goodid AS goodid), goodname) FROM
Sales.Goods LIMIT 3;
```

查询结果如下。

```
     xmlelement
------------------------------------------------------------------------
 <goodname goodid="655178330169">联想电脑音响</goodname>
 <goodname goodid="100007325720">小迷糊护肤套装礼盒装</goodname>
 <goodname goodid="898787        ">饭盒</goodname>
(3 rows)
```

例 9.24 利用 xmlelement 函数嵌套调用输出 Goods 表为 XML 数据。

```
SELECT xmlelement(NAME good, xmlelement(NAME goodid, goodid),
        xmlelement(NAME goodname, goodname)) AS xml_good
FROM Sales.Goods WHERE goodname like '%电%';
```

查询结果如下。

```
                         xml_good
------------------------------------------------------------------------
 <good><goodid>655178330169</goodid><goodname>联想电脑音响</goodname></good>
 <good><goodid>84654        </goodid><goodname>充电宝</goodname></good>
 <good><goodid>635095810190</goodid><goodname>电吹风</goodname></good>
 <good><goodid>637706933645</goodid><goodname>闪电潮牌侧条纹运动裤</goodname></
good>
 <good><goodid>644077592449</goodid><goodname>华硕幻 16 轻薄学生笔记本电脑</
goodname></good>
(5 rows)
```

说明:每条记录映射为一个 XML 元素,其中包括 goodid 和 goodname 两个元素。

例 9.25 利用 xmlforest 函数将 Goods 表的记录映射为 XML 数据。

```
SELECT xmlforest(goodid,goodname) FROM Sales.Goods WHERE goodname like '%电%';
```

查询结果如下。

```
                          xmlforest
------------------------------------------------------------------------
 <goodid>655178330169</goodid><goodname>联想电脑音响</goodname>
 <goodid>84654        </goodid><goodname>充电宝</goodname>
 <goodid>635095810190</goodid><goodname>电吹风</goodname>
 <goodid>637706933645</goodid><goodname>闪电潮牌侧条纹运动裤</goodname>
 <goodid>644077592449</goodid><goodname>华硕幻 16 轻薄学生笔记本电脑</goodname>
(5 rows)
```

说明：每条记录的每个字段映射为一个 XML 元素，多个字段对应的 XML 元素串接在一起。

9.2.4　查询 XML 数据

XML 数据类型值可以使用 XPath 语法来进行查询。XPath 即为 XML 路径语言（XML Path Language），它是一种用来确定 XML 文档中某部分位置（结点 Node）的小型查询语言，它基于 XML 的树状结构，提供在数据结构树中找寻结点的能力。所谓结点（node），就是 XML 文档的最小构成单位，XML 文档主要包括 root（根）、element（元素）、attribute（属性）、text（文本）、namespace（名称空间）、processing-instruction（处理命令）和 comment（注释）七类结点。

常用的 XPath 表达式包括：斜杠/（从根结点选取）、双斜杠//（从匹配选择的当前结点选择文档中的结点，而不考虑它们的位置）、单点.（选取当前结点）、双点..（选取当前结点的父结点）、@（选取属性），还有 ancestor（选取当前结点的所有先辈（父、祖父等））、attribute（选取当前结点的所有属性）、child（选取当前结点的所有子元素）、descendant（选取当前结点的所有后代元素）、parent（选取当前结点的父结点）、preceding（选取文档中当前结点的开始标签之前的所有结点）、preceding-sibling（选取当前结点之前的所有同级结点）、self（选取当前结点）。更多 XPath 知识参见相关文档。

KingbaseES 提供了 xpath( ) 和 xpath_exists( ) 函数计算 XPath 1.0 表达式以及 XMLTABLE 表函数把 XML 数据转换成表格数据。xpath( ) 函数基本语法如下。

```
xpath(value, xml [, nsarray])
```

xpath 函数在一个结构良好的 XML 数据上计算 XPath 1.0 表达式 value。它返回一个 XML 值的数组，该数组对应于该 XPath 表达式产生的结点集合。如果该 XPath 表达式返回一个标量值而不是一个结点集合，将会返回一个单一元素的数组。

nsarray 是一个名称空间映射的二维 text 数组，其第二轴长度等于 2（即它应该是一个数组的数组，其中每一个都刚好由两个元素组成）。每个数组项的第一个元素是名称空间的名称（别名），第二个元素是名称空间的 UR。

例 9.26　设置 Supply 表中指定 homepage 属性的 XML 值。

```
UPDATE Supply
SET homepage=xml'<book><title>TensorFlow 知识图谱实战</title>
<author id="1" > <authorname>王晓华</authorname> </author>
<author id="2" > <authorname>白婷</authorname> </author>
<author id="3" > <authorname>张杰</authorname> </author>
<author id="4" > <authorname>吴斌</authorname> </author>
<author id="5" > <authorname>吴明辉</authorname> </author>
<price> <fixedprice> 168.00 </fixedprice>
<priceinsale> 139.60 </priceinsale> </price>
<publisher>清华大学出版社</publisher> </book>'
WHERE shopid='104142' AND goodid='12560557';
```

例 9.27　查询 Supply 表指定 homepage 属性值包含"TensorFlow 知识图谱实战"的

XML 内容。

```
SELECT xpath('/book[title/text()="TensorFlow知识图谱实战"] /title', homepage)
FROM Supply
WHERE shopid='104142' AND goodid='12560557';
```

查询结果如下。

```
          xpath
---------------------------------------------
 {<title>TensorFlow知识图谱实战</title>}
(1 row)
```

例 9.28 查询 Supply 表指定 homepage 属性值包含"王晓华"的 XML 内容。

```
SELECT xpath('/book/author [authorname/text()="王晓华"]', homepage)
FROM Supply
WHERE shopid='104142' AND goodid='12560557';
```

查询结果如下。

```
           xpath
-----------------------------------------------------------------
 {"<author id=\"1\"> <authorname>王晓华</authorname> </author>"}
(1 row)
```

例 9.29 查询 Supply 表指定 homepage 属性值中所有 authorname XML 内容。

```
SELECT xpath('/book//author', homepage)
FROM Supply
WHERE shopid='104142' AND goodid='12560557';
```

查询结果如下。

```
                          xpath
-----------------------------------------------------------------
 {"<author id=\"1\"> <authorname>王晓华</authorname> </author>","<author id=
\"2\"> < authorname > 白婷 </authorname > </author >","< author id = \" 3 \" > <
authorname>张杰</authorname> </author>","<author id=\"4\"> <authorname>吴斌</
authorname> </author>","<author id=\"5\"> <authorname>吴明辉</authorname> </
author>"}
 (1 row)
```

xpath_exists() 函数的基本语法如下。

```
xpath_exists(xpath, xml [, nsarray])
```

xpath_exists()是 xpath()函数的一种特殊形式,它不是返回满足 XPath 1.0 表达式的单一 XML 值,它返回一个布尔值表示查询是否被满足。该函数等价于 XMLEXISTS 谓词,不过它还提供了对一个名称空间映射参数的支持。

例 9.30　查询 Supply 表指定 homepage 属性值中所有 authorname XML 内容是否存在。

```
SELECT xpath_exists('/book//author', homepage)
FROM Supply
WHERE shopid='104142' AND goodid='12560557';
```

查询结果如下。

```
xpath_exists
-------------
 t
(1 row)
```

xmltable() 的基本语法如下。

```
xmltable( [XMLNAMESPACES(namespace uri AS namespace name[, …]), ]
row_expression PASSING document_expression
COLUMNS name {type [PATH column_expression]
[DEFAULT default expression]
[NOT NULL | NULL] | FOR ORDINALITY } [, …] )
```

该函数基于给定的 XML 值产生一个表、一个抽取行的 XPath 过滤器以及一个列定义集合。可选的 XMLNAMESPACES 子句是一个逗号分隔的名称空间列表。它指定文档中使用的 XML 名称空间及其别名。row_expression 参数是一个 XPath 1.0 表达式，将格式良好的 document_expression 作为其上下文项传递，以获得一组 XML 结点，这些结点将XMLTABLE 转换为输出行的内容。在 SQL 标准中，xmltable() 函数计算 XML 查询语言中的表达式，但是 KingbaseES 只允许 XPath 1.0 表达式。COLUMNS 子句指定输出表中的列表，每一项描述一个列。被标记为 FOR ORDINALITY 的列将被行号填充，从 1 开始，按照从"row_expression"的结果结点集检索到的结点的顺序，最多只能有一个列被标记为FOR ORDINALITY。

例 9.31　查询 Supply 表指定 homepage 属性值用 XMLTABLE 显示出来。

```
SELECT xmltable.*
FROM xmltable('/book//author' PASSING (SELECT homepage
FROM Supply WHERE shopid='104142' AND goodid='12560557')
COLUMNS id int PATH '@id',
ordinality FOR ORDINALITY,
author_name  text  PATH 'authorname' );
```

查询结果如下。

```
id  | ordinality | author_name
----+------------+------------------
 1  |     1      | 王晓华
 2  |     2      | 白婷
```

```
    3 |        3  | 张杰
    4 |        4  | 吴斌
    5 |        5  | 吴明辉
(5 rows)
```

说明：该例首先从 Supply 表中取出指定书店和商品的 Homepage XML 数据，然后按照 XPath 表达式'/book//author' 从 homepage XML 文档中取出相应的 XML 数据，按照 COLUMNS 指定的列和 XML 元素对应关系生成需要的表格数据。

例 9.32　创建一个 XML 数据虚拟表 xmldata，别名为 data。

```
CREATE TABLE xmldata AS SELECT
xml $$
<ROWS>
  <ROW id="1">
  <COUNTRY_ID>AU</COUNTRY_ID>
  <COUNTRY_NAME>Australia</COUNTRY_NAME>
  </ROW>
  <ROW id="5">
  <COUNTRY_ID>JP</COUNTRY_ID>
  <COUNTRY_NAME>Japan</COUNTRY_NAME>
  <PREMIER_NAME>Shinzo Abe</PREMIER_NAME>
  <SIZE unit="sqmi">1459</SIZE>
  </ROW>
  <ROW id="6">
  <COUNTRY_ID>SG</COUNTRY_ID>
  <COUNTRY_NAME>Singapore</COUNTRY_NAME>
  <SIZE unit="sqkm">697</SIZE>
  </ROW>
</ROWS>
$$ AS data;
```

说明：该例创建一个具有一行 XML 数据的表 xmldata，其中，XML 数据的别名为 data。

XPath 结点操作符如表 9.4 所示。

表 9.4　XPath 结点操作符

操　作　符	描　　述	例　　子	查　询　结　果
nodename	选取此结点的所有子结点	ROWS	选取 ROWS 元素的所有子结点
/	从根结点选取	/ROWS	选取根元素 ROWS
//	从匹配选择的当前结点选择文档中的结点，而不考虑它们的位置	//ROW	选取所有 ROW 子元素，而不管它们在文档中的位置
.	选取当前结点	.PREMIER_NAME	选取元素 PREMIER_NAME
..	选取当前结点的父结点	..COUNTRY_ID	选取当前结点的 COUNTRY_ID 父结点

续表

操 作 符	描 述	例 子	查 询 结 果
@	选取属性	//@id	选取名为 id 的所有属性
ancestor	选取当前结点的所有先辈（父、祖父等）	ancestor::ROW	选择当前结点的所有 ROW 先辈
ancestor-or-self	选取当前结点的所有先辈（父、祖父等）以及当前结点本身	ancestor-or-self::ROW	选取当前结点的所有 ROW 先辈以及当前结点（如果此结点是 ROW 结点）
attribute	选取当前结点的所有属性	attribute::unit	选取当前结点的 unit 属性
child	选取当前结点的所有子元素	child::*	选取当前结点的所有子元素
descendant	选取当前结点的所有后代元素（子、孙等）	descendant::COUNTRY_ID	选取当前结点的所有 COUNTRY_ID 后代
descendant-or-self	选取当前结点的所有后代元素（子、孙等）以及当前结点本身	descendant-or-self::COUNTRY_ID	选取当前结点的所有 COUNTRY_ID 后代以及当前结点（如果此结点是 COUNTRY_ID 结点）
following	选取文档中当前结点的结束标签之后的所有结点	following::*	选取文档中当前结点的结束标签之后的所有结点
namespace	选取当前结点的所有命名空间结点	namespace::*	选取当前结点的所有命名空间结点
parent	选取当前结点的父结点	parent::ROW	选取当前结点的 ROW 父结点
preceding	选取文档中当前结点的开始标签之前的所有结点	preceding::*	选取文档中当前结点的开始标签之前的所有结点
preceding-sibling	选取当前结点之前的所有同级结点	preceding-sibling::*	选取当前结点之前的所有同级结点
self	选取当前结点	self::COUNTRY_NAME	选取当前结点 COUNTRY_NAME

例 9.33　查询 XML 数据虚拟表 xmldata。

```
SELECT xmltable.*
FROM xmldata, XMLTABLE('//ROWS/ROW' PASSING data
  COLUMNS id int PATH '@id',
    ordinality FOR ORDINALITY,
    "COUNTRY_NAME" text,
    country_id text PATH 'COUNTRY_ID',
    size_sqkm float PATH 'SIZE[@unit = "sqkm"]',
    size_other text PATH
    'concat(SIZE[@unit!="sqkm"], " ", SIZE[@unit!= "sqkm"] /@unit)',
    premier_name text PATH 'PREMIER_NAME' DEFAULT 'not specified') ;
```

查询结果如下。

```
id |ordinality |country_name |country_id |size_sqkm |size_other |premier_name
---+---------- +---------- +--------- +------- +-------- +-----------
1 |    1     | Australia  | AU       |         |          | not specified
```

```
5 |         2 | Japan        | JP       |                | 1459 sqmi | Shinzo Abe
6 |         3 | Singapore    | SG       |          697 |             | not specified
(3 rows)
```

说明：该例把前一个例子创建的 xmldata 表中 XML 数据 data 传进 xmltable()函数，按照指定的列和 XML 数据对应关系生成希望输出的表格数据。

9.2.5　XML 函数

XML 数据类型的常用函数如表 9.5 所示。

表 9.5　XML 常用函数

函　　数	返回类型	描　　述	例　　子	结　　果
appendchildxml (xml_instance xml, xpathı text，valuc_ expr xml)	XML	将"value_expr"提供的值作为"xpath"结点的子结点追加到"xml_instance"中	SELECT appendchildxml('\<test\>\<value\>\</value\>\<value\>\</value\>\</test\>', '/test/value ', xmlparse（CONTENT '\<name\>new\</name\>'))	\<test\>\<value\>\<name\>new\</name\>\</value\>\<value\>\<name\>new\</name\>\</value\>\</test\>
deletexml（xml_instance xml, xpath text）	XML	删除"xml_instance"实例中与"xpath"表达式匹配的结点	SELECT deletexml('\<test\>'\<value\>oldnode'\</value\>'\<value\>oldnode'\</value\>'\</test\>', '/test/value')	\<test/\>
existsnode（xml_instance xml, xpath text）	INT	遍历"xml"实例，判断指定结点是否存在于实例中。若存在则返回 1,不存在则返回 0	SELECT existsnode（'\<a\>\<b\>d\</b\>\</a\>', '/a/b')	1
extract （xml_instance xml, xpath text）	XML	返回"xpath"指定的结点的 xml 数据	SELECT extract（xml('\<行\>\<ID\>1\</ID\>\</行\>'), '/行/ID')	\<ID\>1\</ID\>
extractvalue（xml_instance xml, xpath text）	text	返回"xpath"指定的结点的值。如果结点的值是另一个结点，则不可获取,若指定结点路径存在多个相同结点,则会报错	SELECT extractvalue('\<a\>\<b\>b\</b\>\</a\>','/a/b')	b
insertchildxml（xml_instance xml, xpath text, child_expr text，value_expr xml)	XML	将"value_expr"提供的值作为"xpath"指定结点的子结点插入到"xml_instance"中	SELECTinsertchildxml（'\<a\>one\<b\>\</b\>three\<b\>\</b\>\</a\>', '//b', 'name', '\<name\>newnode\</name\>')	\<a\>one\<b\>\<name\>newnode\</name\>\</b\>three\<b\>\<name\>newnode\</name\>\</b\>\</a\>

函　　数	返回类型	描　　述	例　　子	结　　果
updatexml（xml_instance xml, xpath text, value_expr xml）	XML	用"value_expr"提供的值替换掉"xpath"指定的待更新结点	SELECT updatexml（＜value＞one＜/value＞, '/value', '＜newvalue＞newnode＜/newvalue＞'）	＜newvalue＞newnode＜/newvalue＞
xmlcomment(text)	XML	使用指定文本作为内容的 XML 注释	SELECT xmlcomment（'note'）	＜! --note--＞
xmlconcat（xml［, …］）	XML	将由单个 XML 值组成的列表串接成一个单独的值	SELECT xmlconcat（'＜abc/＞', '＜bar＞foo＜/bar＞'）	＜abc/＞＜bar＞foo＜/bar＞
xmlelement(name name［, xmlattributes（value［AS attname］［, …］）］［, content, …］)	XML	使用给定名称、属性和内容产生一个 XML 元素	SELECT xmlelement（name foo）	＜foo/＞
xml_is_well_formed(text)	BOOLEAN	检查一个 text 串是不是一个良构的 XML	SELECT xml_is_well_formed('＜abc/＞'	t
xpath（xpath, xml［, nsarray］)	ARRAY	在 XML 值"xml"上计算 XPath 1.0 表达式"xpath"	SELECT xpath（'/my: a/text()', '＜my: a xmlns: my = " http://example.com"＞test＜/my: a＞', ARRAY［ARRAY['my', 'http://example.com']］)	{test}
xpath_exists（xpath, xml［, nsarray］)	BOOLEAN	是 xpath() 函数的一种特殊形式。这个函数不是返回满足 xpath 1.0 表达式的单一 XML 值，它返回一个布尔值表示查询是否被满足	SELECT xpath_exists（'/my: a/text()', '＜my: a xmlns: my = " http://example.com"＞test＜/my: a＞', ARRAY［ARRAY['my', 'http://example.com']］)	t

例 9.34　xmlcomment()函数产生 XML 注释。

```
SELECT xmlcomment('note');
```

查询结果如下。

```
xmlcomment
------------
 <!--note-->
(1 row)
```

说明：函数 xmlcomment()创建了一个 XML 值，它包含一个使用指定文本作为内容的

XML 注释。

例 **9.35** xmlconcat()函数连接多个 XML 内容。

```
SELECT xmlconcat('<abc/>', '<bar>foo</bar>');
```

查询结果如下。

```
  xmlconcat
----------------------
 <abc/><bar>foo</bar>
(1 row)
```

说明：函数 xmlconcat()将由单个 XML 值组成的列表串接成一个单独的值,这个值包含一个 XML 内容片段。

例 **9.36** xmlelement()函数产生 XML 元素。

```
SELECT xmlelement(name foo, xmlattributes(current_date as bar), 'cont', 'ent');
```

查询结果如下。

```
      xmlelement
------------------------------------
 <foo bar="2022-12-28">content</foo>
(1 row)
```

说明：xmlelement()使用给定名称、属性和内容产生一个 XML 元素。

例 **9.37** xmlexists()函数验证 XPath 表达式是否成立。

```
SELECT xmlexists('//town[text() = ''Toronto'']' PASSING
 '<towns><town>Toronto</town><town>Ottawa</town></towns>');
```

查询结果如下。

```
xmlexists
-----------
t
(1 row)
```

说明：xmlexists()函数计算 XPath 1.0 表达式(第一个参数),传递的 XML 值作为其上下文项。如果该计算的结果产生一个空结点集,则该函数返回 false；如果产生任何其他值,则返回 true。

 ## 9.3 JSON 数据

9.3.1 概述

JSON 数据类型是用来存储 JSON(JavaScript Object Notation)数据的,其优势在于能

强制要求每个被存储的值符合 JSON 规则,也有很多 JSON 相关的函数和操作符可以用于存储在这些数据类型中的数据。JSON 数据表示比传统关系数据模型要灵活得多,在需求不固定时这种优势更加明显。JSON 文档类似 XML,也有一定的结构,虽然该结构通常是非强制的,对 JSON 数据的查询依赖于 JSON 结构来设计和表达。JSON 数据也像其他数据类型一样服从相同的并发控制机制,为了在更新事务之间减少锁争夺,建议把 JSON 文档限制到一个可管理的尺寸,理想情况下,每个 JSON 文档表示为一个原子数据,业务规则命令不会进一步把它们划分成更小的可独立修改的数据。

KingbaseES 为存储 JSON 数据提供了两种类型:json 和 jsonb。为了实现这些数据类型的高效查询机制,KingbaseES 还在 jsonpath 类型中提供了 jsonpath 数据类型。json 和 jsonb 接受完全相同的值集合作为输入,主要区别之一是 jsonb 具有比 json 更高的查询处理效率。json 数据类型存储输入文本的精准拷贝,处理函数在每次执行时必须重新解析该数据;而 jsonb 数据输入时先转换为一种分解好的二进制格式然后存储,因此 jsonb 在处理时无须解析,处理效率要快很多。json 和 jsonb 都支持索引。

JSON 数据支持几种基本数据类型,与 KingbaseES 数据类型有相应的对照关系,如表 9.6 所示。

表 9.6　JSON 基本类型与 KingbaseES 数据类型对应关系

JSON 基本类型	KingbaseES 类型	注　释
string	text	不允许\u0000,如果数据库编码不是 UTF8,非 ASCII Unicode 转义也是这样
number	numeric	不允许 NaN 和 infinity 值
boolean	boolean	只接受小写 true 和 false 拼写
null	(无)	与 SQL NULL 不同

9.3.2　生成 JSON 数据

RFC 7159 中定义了 JSON 数据类型的输入/输出语法。合法的 json(或者 jsonb)表达式由 JSON 数据组成,包括简单标量/基本值(如数字、带引号的字符串、true、false 或者 null)、有零个或者更多元素的数组(元素不需要为同一类型,例如[1,2,"foo",null])、包含键值对的对象(如{"bar":"baz","balance":7.77,"active":false}),数组和对象可以任意嵌套(如{"foo":[true,"bar"],"tags":{"a":1,"b":null}})。

json 类型对输入的 JSON 值不做任何附加处理就输出,json 会输出和输入完全相同的文本。jsonb 类型则不会保留语义上没有意义的细节(例如空格),输入的数据也会被按照底层 numeric 类型的行为来打印输出,这意味着用 E 记号输入的数字被打印出来时就不会有该记号,例如,输入'{"reading":1.230e-5}'::jsonb,输出为{"reading":0.00001230}。

例 9.38　以 Goods 表中的 features 属性为例展示 JSON 数据的使用方法。

```
UPDATE Sales.Goods
   SET features = json_build_object('source','红薯淀粉制作','feel','酸辣地道','
adv',null)  WHERE goodid='17400';
```

```
UPDATE Sales.Goods
    SET features=json_build_object('source','5层杨木','feel',null,'adv','品质
套胶')    WHERE goodid='50335847834';
UPDATE Sales.Goods
    SET features = json_build_object('source','手绘','feel','简约','adv','创意
潮流')   WHERE goodid='6513';
SELECT features FROM Sales.Goods WHERE features is not null;
```

结果如下。

```
                    features
--------------------------------------------------------------------------
 {"source" : "红薯淀粉制作", "feel" : "酸辣地道", "adv" : null}
 {"source" : "5层杨木", "feel" : null, "adv" : "品质套胶"}
 {"source" : "手绘", "feel" : "简约", "adv" : "创意潮流"}
(3 rows)
```

说明：给三个商品增加相应的特点说明，source 为来源，feel 为口味，adv 为广告语。

例 9.39 查看 Goods 表中 feature 属性的 JSON 值。

```
SELECT features->'source' FROM Sales.Goods WHERE features is not null;
```

查询结果如下。

```
    ? column?
-----------------
 "红薯淀粉制作"
 "5层杨木"
 "手绘"
(3 rows)
```

例 9.40 删除指定商品的 feature 属性 JSON 值。

```
UPDATE Sales.Goods SET features=null WHERE goodid='50335847834 ';
SELECT goodid, features FROM Sales.Goods WHERE features is not null;
```

查询结果如下。

```
 goodid  |                features
---------+----------------------------------------------------------------
 17400   |{"source" : "红薯淀粉制作", "feel" : "酸辣地道", "adv" : null}
 6513    |{"source" : "手绘", "feel" : "简约", "adv" : "创意潮流"}
(2 rows)
```

说明：feautures 设为空值的商品看不到了。

9.3.3 查询 JSON 数据

KingbaseES 支持 JSON 类型数据访问的四个操作符为：

（1）－＞运算符用于通过 key 获取 json 或 jsonb 对象字段的值，返回值类型为 json 或 jsonb。

（2）－＞＞运算符用于通过 key 获取 json 或 jsonb 对象字段的值，返回值类型为 text。

（3）♯＞运算符用于通过指定提取 key 的顺序，获取指定的值，返回类型为 json 或 jsonb。

（4）♯＞＞运算符用于通过指定提取 key 的顺序，获取指定的值，返回值类型为 text。

JSON 对象访问表达式使用箭头符号语法查询 JSON 数据列，基本语法如下。

```
Table_alias.json_column{{->|->>}'json_object_key'} [, … ] |
Table_alias.json_column{{#>|#>>}'{json_object_key[, … ]}'}
```

该访问方式中，JSON 对象键要用单引号引起来，否则系统不认识该对象键。另外，第一种访问方式中对象键可以多级嵌套，可以一直引用到 JSON 数据的最底层对象键；第二种访问方式中对象键是放入一个集合中，依次组成一个对象键访问路径。

如果省略 JSON_object_key，则表达式会生成一个包含完整 JSON 数据的字符串，字符串与被查询的 JSON 数据列的数据类型相同。JSON 对象访问表达式不能返回大于 4KB 的值。如果值超过此限制，则表达式返回 null。要获取实际值，请改用 JSON_QUERY 函数或 JSON_VALUE 函数，并使用子句指定适当的返回类型 RETURNING。

例 9.41　使用－＞操作符查询 Goods 表中 feature 属性的 JSON 值。

```
SELECT g.features->'source' AS source
FROM Sales.Goods g WHERE features is not null;
```

查询结果如下。

```
source
---------------
 "红薯淀粉制作"
 "手绘"
(2 rows)
```

说明：返回结果是 json 类型数据，每个对象键值带有双引号。

例 9.42　使用－＞＞操作符查询 Goods 表中 feature 属性的 JSON 值。

```
SELECT g.features->>'source' AS source
FROM Sales.Goods g WHERE features is not null;
```

查询结果如下。

```
  source
--------------
 红薯淀粉制作
 手绘
(2 rows)
```

说明：返回结果是 text 文本类型数据，每个对象键值不带双引号。

例 9.43 使用#>操作符查询 Goods 表中 feature 属性的 JSON 值。

```
SELECT g.features #> '{source}' AS source
FROM Sales.Goods g WHERE features is not null;
```

查询结果如下。

```
    source
---------------
"红薯淀粉制作"
"手绘"
(2 rows)
```

说明：#>操作符与->操作符查询结果一致，返回结果是 JSON 类型数据，每个对象键值带双引号。

例 9.44 使用#>>操作符查询 Goods 表中 feature 属性的 JSON 值。

```
SELECT g.features #>> '{source}' AS source
    FROM Sales.Goods g WHERE features is not null;
```

查询结果如下。

```
    source
--------------
红薯淀粉制作
手绘
(2 rows)
```

说明：#>>操作符与->>操作符查询结果一致，返回结果是 text 文本类型数据，每个对象键值不带双引号。

测试包含是 jsonb 的一种重要能力。对 json 类型没有平行的功能集。包含测试会测试一个 jsonb 文档是否被包含在另一个文档中，常用的操作符有@>、<@等。一般原则是被包含的对象必须在结构和数据内容上匹配包含对象，这种匹配可以是从包含对象中丢弃了不匹配的数组元素或者对象键值对之后成立。包含匹配时数组元素的顺序是没有意义的，并且重复的数组元素也只会考虑一次。

jsonb 还有一个存在操作符?，它是包含的一种变体：它测试一个字符串（以一个 text 值的形式给出）是否出现在 jsonb 值顶层的一个对象键或者数组元素中。

当涉及很多键或元素时，JSON 对象比数组更适合于做包含或存在测试，因为它们不像数组，进行搜索时会进行内部优化，并且不需要被线性搜索。

例 9.45 jsonb 操作符@>的使用。

```
SELECT g.features::jsonb @> '{"source": "手绘"}'::jsonb
    FROM Sales.Goods g WHERE features is not null;
```

查询结果是:

```
? column?
----------
 f
 t
(2 rows)
```

说明:第一行商品的 features 中不含{"source":"手绘"},因此为 false;第二行商品的
features 中含有{"source":"手绘"},因此为 true。

例 9.46　jsonb 操作符@＞的使用。

```
SELECT '[1, 2, 3]'::jsonb @> '[1, 3]'::jsonb,
       '[1, 2, 3]'::jsonb @> '[3, 1]'::jsonb,
       '[1, 2, 3]'::jsonb @> '[1, 2, 2]'::jsonb,
       '[1, 2, [1, 3]]'::jsonb @> '[1, 3]'::jsonb,
       '[1, 2, [1, 3]]'::jsonb @> '[[1, 3]]'::jsonb ;
```

查询结果是:

```
? column? | ? column? | ? column? | ? column? | ? column?
------- +------- +--------+--------+-----------
 t        |t          |t          |f          |t
(1 row)
```

说明:①右边的数字被包含在左边的数组中;②数组元素的顺序没有意义,因此这个
例子也返回真;③重复的数组元素也没有关系;④右边的数组不会被认为包含在左边的数
组中,即使其中嵌入了一个相似的数组;⑤但是如果同样也有嵌套数组,包含就成立。

例 9.47　jsonb 操作符? 的使用。

```
SELECT  '["foo", "bar", "baz"]'::jsonb ? 'bar',
        '{"foo": "bar"}'::jsonb ? 'foo',
        '{"foo": "bar"}'::jsonb ? 'bar',
        '{"foo": {"bar": "baz"}}'::jsonb ? 'bar',
        '"foo"'::jsonb ? 'foo';
```

查询结果是:

```
? column? | ? column? | ? column? | ? column? | ? column?
------- +------- +--------+--------+-----------
 t        |  t        |  f        |  f        |  t
(1 row)
```

说明:①字符串作为一个数组元素存在;②字符串作为一个对象键存在;③不考虑对
象值,得到假;④和包含一样,存在必须在顶层匹配,得到假;⑤如果一个字符串匹配一个
基本 JSON 字符串,它就被认为存在。

9.3.4 JSON 索引

Gin 索引可以被用来有效地搜索在大量 jsonb 文档（数据）中出现的键或者键值对。提供了两种 Gin"操作符类"，它们在性能和灵活性方面做出了不同的平衡。

jsonb 默认 Gin 操作符类支持使用@＞、?、? & 以及 ? |操作符的查询。非默认的 Gin 操作符类 jsonb_path_ops 只支持索引@＞操作符。

例 9.48 使用 Gin 为 Goods 表中 feature 属性 JSON 值创建索引。

```
CREATE INDEX idx_features ON Sales.Goods
    USING GIN((features::jsonb) jsonb_path_ops);
ALTER ROLE system SET enable_seqscan = off;
EXPLAIN SELECT g.features::jsonb @> '{"source": "手绘"}'::jsonb
    FROM Sales.Goods g WHERE features is not null;
```

查询结果如下。

```
          QUERY PLAN
--------------------------------------------------------------
 Seq Scan on goods g   (cost=0.00..5.09 rows=1 width=1)
   Filter: (features IS NOT NULL)
(2 rows)
```

说明：①只能对 jsonb 类型的数据建立索引，因此要把 features 转成 jsonb 类型才能建索引；②即使禁用了 sequence scan，由于数据太少，查询计划还是不能利用 index scan。

9.3.5 JSON 函数

JSON 的部分常用函数如表 9.7 所示。

表 9.7 部分 JSON 常用函数

函 数	描 述	例 子	查询结果
to_json(anyelement) to_jsonb(anyelement)	返回 json 或者 jsonb 数据类型。数组和组合会被（递归）转换成数组和对象；对于不是数组和组合的值，如果有从该类型到 json 的构造函数，它将被用来执行该转换；否则将产生一个标量值	to_json('Fred said " Hi."'::text)	"Fred said \"Hi.\""
array_to_json(anyarray [, pretty_bool])	把数组转换为一个 JSON 对象。一个 KingbaseES 多维数组会成为一个数组的 JSON 数组。如果 pretty_bool 为真，将在第 1 维度的元素之间增加换行	array_to_json('{{1, 5},{99,100}}'::int [])	[[1,5],[99,100]]

续表

函　　数	描　　述	例　　子	查询结果
row_to_json(record [,pretty_bool])	把行作为一个 JSON 对象返回。如果"pretty_bool"为真,将在第 1 层元素之间增加换行	row_to_json(row(1,'foo'))	{"f1": 1 ,"f2": "foo"}
json_build_array (VARIADIC "any") jsonb_build_array (VARIADIC "any")	从一个可变参数列表构造一个可能包含异质类型的 JSON 数组	json_build_array(1,2,'3',4,5)	[1, 2, "3",4, 5]
json_build_object (VARIADIC "any") jsonb_build_object (VARIADIC "any")	从一个可变参数列表构造一个 JSON 对象。通过转换,该参数列表由交替出现的键和值构成	json_build_object('foo',1,'bar',2)	{"foo": 1,"bar": 2}
json_object(text[]) jsonb_object(text[])	从一个文本数组构造一个 JSON 对象。该数组必须可以是具有偶数个成员的一维数组(成员被当作交替出现的键/值对),或者是一个二维数组(每一个内部数组刚好有两个元素,可以被看作是键/值对)	json_object('{a,1, b, "def",c, 3.5}') jsonb _object('{{a,1},{b, "def"},{c,3.5}}')	{"a": "1","b": "def","c": "3.5"}
jsonb_array_elements (jsonb)	将传入值包括空值聚集成一个 JSON 数组	SELECT jsonb_array _elements('[1, true, [1,[2,3]],null]')	1 true [1,[2, 3]] null
jsonb_array_elements_ text(jsonb)	JSON 处理函数,把一个 JSON 数组扩展成 text 值集合	SELECT * FROM jsonb_array_elements_ text('["foo","bar"]')	foo bar
jsonb_array_length(jsonb)	返回最外层 JSON 数组中的元素数量	SELECT jsonb_array_length('[1,2,3,{"f1": 1,"f2": [5,6]},4]')	5
jsonb_each(jsonb)	扩展最外层的 JSON 对象成为一组键/值对	SELECT * FROM jsonb_each('{"a": "foo", "b": "bar"}')	key |value | -----|--------| a　|"foo"　| b　|"bar"　|
jsonb_extract_path(from_ json jsonb, VARIADIC path_elemstext[])	返回由 path _ elems 指向的 JSON 值(等效于#>操作符)	SELECT jsonb_ extract_path('{"f2": {"f3": 1},"f4": {"f5": 99," f6 ": "foo"}}','f4')	{"f5": 99, "f6": "foo"}
jsonb_insert(target jsonb, pathtext [ ], new _ value jsonb [, insert _ after boolean])	返回被插入了 new _ value 的 target。如果 path 指定的 target 节在一个 JSONB 数组中,new_value 将被插入到目标之前(insert_after 默认为 false)或者之后(insert_after 为 true)	SELECT jsonb_insert ('{"a": [0,1,2]}','{a,1}','"new_value"', true)	{"a": [0, 1, "new_value", 2]}

函　　数	描　　述	例　　子	查询结果
jsonb_path_exists(target jsonb, path jsonpath [, vars jsonb [, silent bool]])	检查 JSON 路径是否返回指定 JSON 值的任何项	SELECT jsonb_path_exists('{"a": [1,2,3, 4,5]}', '$.a[*] ? (@ >= $ min && @ <= $ max)', '{" min": 2,"max": 4}')	true
jsonb_path_query (targetjsonb, path jsonpath [, vars jsonb [, silent bool]])	获取指定 JSON 值的 JSON 路径返回的所有项	SELECT * FROM jsonb_path_query('{" a": [1,2,3,4,5]}', ' $.a[*] ? (@ >= $ min && @ <= $ max)', '{ " min": 2,"max": 4}')	2 3 4
jsonb_set(target jsonb, pathtext [ ], new _ value jsonb [, create _ missing boolean])	返回 target 其中由 path 指定的节用 new_value 替换,如果指定的项不存在并且 create_missing 为真(默认为真)则加上 new_value	SELECT jsonb_set(' [{ " f1 ": 1," f2 ": null},2,null,3]', '{0, f1}', '[2,3,4]', false)	[{"f1": [2, 3, 4], " f2 ": null}, 2, null, 3]
jsonb_to_record(jsonb)	从一个 JSON 对象构建一个任意的记录,正如所有返回 record 的函数一样,调用者必须用一个 AS 子句显式地定义记录的结构	SELECT * FROM jsonb_to_record('{"a": 1,"b": { "a": 123}," c": [1,2,3]}') as x(a int,b text,c int[])	a |b　　| c | ---|--------|-----| 1|{"a": 123}|{1,2,3} |

第10章

数据库编程接口

本章主要介绍 KingbaseES 的编程接口,包括 JDBC 接口以及 Hibernate 开发框架、Python 接口的基本原理及使用方法。

 10.1 概述

KingbaseES 数据库系统提供完整的数据库应用开发架构开发客户端应用,包括 JDBC 等数据库编程接口、Hibernate 等开发框架、SQL 和 PL/SQL 数据库查询处理语言、丰富的数据类型,以及大量的函数包等。其中,KingbaseES 编程接口是 KingbaseES 数据库开发架构中的重要一环,是直接联系数据库客户端(应用层)和数据库服务器端的桥梁。

KingbaseES 提供丰富的数据库编程接口和开发框架,支持数据库丰富的数据类型和特性,提供了 Java 语言接口 JDBC、Python 语言接口 ksycopg2 等各种编程语言的接口,以及 Hibernate 和 Mybatis 等对象关系映射(ORM)开发框架、Oracle 生态接口、PostgreSQL 生态接口等。KingbaseES 为应用开发人员提供众多的开发生态支持,为新应用开发或存量应用迁移提供最大限度的支持和便利。

KingbaseES 数据库编程接口层次关系如图 10.1 所示。KingbaseES 支持的常用开发标准编程接口主要包括:Java 标准的 JDBC4.2、C/C++ 生态的 ODBC3.5、ADO.NET 的 4.0

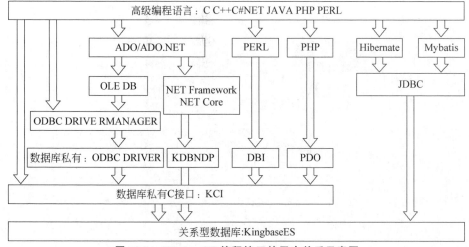

图 10.1 KingbaseES 编程接口的层次关系示意图

到 7.0 版本、从 PHP5 到 PHP8 的众多版本的 PDO 接口，以及 Perl、Python、Golang 和 Node.js 等接口。

KingbaseES 提供了多个方言包支持应用框架，包括：Hibernate 2 至 Hibernate 6 的所有版本、Mybatis、Flyway、QT4/5、Django、SQLAlchemy 等。

在 Oracle 生态兼容方面，KingbasaeES 面向众多存量 Oracle 应用，提供了丰富的兼容接口，方便基于 Oracle 数据库的应用快速移植到 KingbaseES 系统。这些兼容接口包括：DCI 接口方便快速移植基于 OCI 构建的业务、Pro * c 运行时兼容库 libsqlib 方便快速移植基于 Oracle 嵌入式 SQL 的业务。

在 PostgreSQL 生态兼容方面，KingbaseES 借助 PostgreSQL 生态支持众多的新兴语言和框架，如 Sclae、Ruby、ThinkPHP、Liquibase、Activiti、Mybatis-plus、Pagehelper 等，可以快速访问 KES 数据库。

数据库编程接口是一类实现数据库服务器和客户端(应用程序)通信协议的软件，用于将用户的请求行为翻译成数据库能够理解的特殊内容，交给数据库去执行；也将数据库中返回给应用的数据内容，翻译成应用能够理解的格式。

数据库编程接口的存在形态一般是宿主语言(如 Java、Python、C、PHP 等)的开发库，也就是集合了数据用户身份验证、数据库查询、数据操作、数据库对象定义修改等几乎数据库所有操作的一系列 API 的集合。

数据库编程接口具有以下通用能力，如图 10.2 所示，主要包括：连接管理、语句管理、结果集管理、数据类型转换、元信息、复杂数据类型、错误处理和多线程安全八个方面。

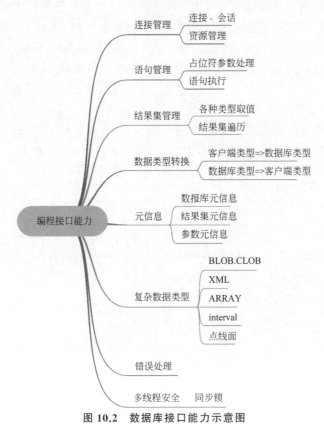

图 10.2 数据库接口能力示意图

下面具体介绍 KingbaseES 的 JDBC 和 Python 编程接口及相应的开发框架。

 ## 10.2　JDBC

JDBC(Java DataBase Connectivity,Java 数据库连接)是一种 Java 标准数据库编程接口,用于执行 SQL 语句的 Java API,提供了从 Java 到关系型数据库的接口。JDBC 为多种关系数据库提供统一访问,它由一组用 Java 语言编写的类和接口组成。JDBC 提供了一种基准,据此可以构建更高级的工具和接口,使数据库开发人员能够编写数据库应用程序。

JDBC 标准是通过 java.sql 和 javax.sql 接口定义和实现的,主要包含 Driver、DriverManager、Connection、Statement、ResultSet 等几大角色,数据库厂商能够通过实现和扩展 JDBC 标准,实现自身的 JDBC 驱动程序。

KingbaseES JDBC 提供了 Java 的 JDBC 驱动程序 kingbase8jdbc,它支持 JDBC 3.0 和部分 4.0 API 的标准。通过 JDBC 接口对象,应用程序可以完成与数据库的连接、执行 SQL 语句、从数据库中获取结果、状态及错误信息、终止事务和连接等操作。

10.2.1　环境配置

1. 安装 JDK

JDK(Java Development Kit)是 Sun 公司(2009 年被 Oracle 公司收购,现在属于 Oracle 公司)针对 Java 开发人员发布的免费软件开发工具包(Software Development Kit,SDK)。JDK 是整个 Java 的核心,包括 Java 运行环境、Java 工具和 Java 基础类库。JRE(Java Runtime Environment)是 Java 运行时环境,它是运行已编译 Java 程序所需的所有内容的集合,包括 Java 虚拟机(JVM)、Java 核心类库和一些基础的构件。安装 JDK,就会自动安装 JRE,而 JRE 也可以单独安装。通常开发 Java 应用,需要安装 JDK,部署已经开发好的应用软件则只需要安装 JRE。

从 Oracle 公司网站上可以直接下载 JDK 最新版本的安装包,下载时,要根据要安装计算机的操作系统(如 Linux、macOS、Solaris、Windows)选择相应的下载安装包,如果是 32 位的 Windows 操作系统,则选择 x86 Installer 的安装文件 jdk-8u361-windows-i586.exe,如果是 64 位的 Windows 操作系统,则选择 x64 Installer 的安装文件 jdk-8u361-windows-x64.exe。下载 JDK 安装包后,直接运行安装包,按照安装包提示安装即可。

2. 部署 Maven

Maven 是一个 Java 项目管理及自动构建工具,由 Apache 软件基金会所提供,基于项目对象模型(Project Object Model,POM)的概念,利用一个中央信息片段管理一个项目的构建、报告和文档等步骤,可以很方便地帮助项目开发和管理人员管理项目报告、生成站点、管理 JAR 文件。

Maven 包含一个 POM、一组标准集合、一个项目生命周期(Project Lifecycle)、一个依赖管理系统(Dependency Management System),以及用来运行定义在生命周期阶段中插件目标的逻辑。当你使用 Maven 的时候,你用一个明确定义的项目对象模型来描述你的项目,然后 Maven 可以应用横切的逻辑,这些逻辑来自一组共享的(或者自定义的)插件。Maven 有一个生命周期,当你运行 mvn install 的时候被调用。这条命令告诉 Maven 执行一系列的有序的步骤,直到到达你指定的生命周期。遍历生命周期旅途中的一个影响就是,Maven 运行了许多默认的插件目标,这些目标完成了像编译和创建一个 JAR 文件这样的工作。

从 Apache.org 网站上直接搜索下载相应操作系统的 Maven 最新版本安装包,按照安装包的提示安装即可,例如,Windows 操作系统下,选择 Binary zip archive 安装文件 apache-maven-3.8.7-bin.zip,下载之后解压缩运行安装文件即可。

3. 安装 Java 开发工具

Java 集成开发工具有许多,主要包括如下几个。

(1) Eclipse:基于 Java 的开源可扩展集成开发平台。即 Eclipse 本身是一个标准框架,所有功能都是通过扩展插件来实现的。Eclipse 可以开发插件,目前已有的插件支持 Java、C/C++ 、PHP 等开发语言。

(2) NetBeans:基于 Java 的开源集成开发环境,可以创建 Web、企业、桌面以及移动的应用程序,支持 Java、PHP、Ruby、JavaScript、Groovy、Grails 和 C/C++ 等开发语言。

(3) IntelliJ IDEA:是业界公认优秀的 Java 编程语言的集成开发环境,在智能代码助手、代码自动提示、重构、JavaEE 支持、各类版本工具(Git、SVN 等)、JUnit、CVS 整合、代码分析、创新的 GUI 设计等方面的功能都非常优秀,旗舰版支持 Java、HTML、CSS、PHP、MySQL、Python 等开发语言,免费版只支持 Java、Kotlin 等少数开发语言。

(4) MyEclipse:由 Genuitec 公司开发的一款商业化软件,是应用比较广泛的 Java 应用程序集成开发环境。

(5) EditPlus:如果正确配置 Java 的编译器"Javac"以及解释器"Java"后,可直接使用 EditPlus 编译执行 Java 程序。

开发人员可以根据自己的习惯和喜好,或者公司和项目组统一要求,选择下载安装配置一款 Java 集成开发工具,在开发工具中配置好 JDK 安装路径,就可以进行数据库应用开发了。本书以 IDEA 工具为例演示 JDBC 接口和 Hibernate 开发框架。

10.2.2　数据库连接

KingbaseES JDBC 中提供了两种建立数据库连接的方法:DriverManager 和 DataSource。下面分别介绍这两种方法。

1. 使用 DriverManager 连接数据库

当使用 Java 编程语言开发数据库应用时,首先要做的是建立与数据库的连接。以 Seamart 数据库为例进行连接,如例 10.1 所示。

例 10.1　以 JDBC 连接 KingbaseES 系统中的 Seamart 数据库。

```
package com.kingbase8;
import java.sql.*;
public class CustomersJDBC {
    protected String kingbaseDriver = "com.kingbase8.Driver";   //驱动名
protected static String url = "jdbc:kingbase8://localhost:54321/seamart";
protected Connection conn = null;
protected Statement stmt = null;
```

```
    protected void driver() throws ClassNotFoundException {
        Class.forName(kingbaseDriver);                    //装载 Kingbase 的 JDBC    }
    protected void connect(String url) throws SQLException,
        InterruptedException {
    conn = DriverManager.getConnection(url, "system", "123456");
        if (conn != null) {
            System.out.println("connection sucessful!"); }
        else { System.out.println("connection fail!");    }    }
protected void getStatement() throws SQLException {
        stmt = conn.createStatement();    }
    protected void close() throws SQLException {
        if (conn != null) { conn.close(); }
        if (stmt != null) { conn.close(); } }
public static void main(String[] args) throws
ClassNotFoundException,SQLException, InterruptedException {
        CustomersJDBC custjdbc = new CustomersJDBC();
        custjdbc.driver();
        custjdbc.connect(url);
custjdbc.getStatement();
//获得 statement 后可执行更新查询等操作
        custjdbc.close(); } }
```

说明：该例是以 JDBC 连接 KingbaseES 数据库的较为完整的例子，其主要由装载驱动程序、建立连接和关闭连接三部分构成。

（1）protected void driver( )函数装载 KingbaseES JDBC 驱动程序。

（2）protected void connect( )函数建立 KingbaseES 客户端与服务器的连接。

与数据库建立连接的标准方法是调用 DriverManager.getConnection( )函数，它需要三个参数：url、用户名和密码。其中，url 代表将要连接的数据库地址，包含数据库服务器主机 host、端口号 port（默认为 54321）、数据库名 database 等信息。目前，KingbaseES JDBC 支持以下几种地址格式。

```
jdbc:kingbase8:database
jdbc:kingbase8://host/database
jdbc:kingbase8://host:port/database
jdbc:kingbase8://host:port/database?para1=val1&para2=val2…
```

如果 host 是 IPv6 地址，则必须用中括号把地址括起来，如下：

```
jdbc:kingbase8://[IPv6host]:port/database?para1=val1&para2=val2…
```

（3）protected void close( )关闭已经建立的数据库连接，释放系统资源。

2. 使用 DataSource 连接数据库

DataSource 接口是在 JDBC 3.0 规范中定义的另外一种获取数据源连接的方法。使用 DataSource 进行数据库连接可以提高应用程序的可移植性，DataSource 对象表示了一个真正的数据库连接，如果数据源的信息发生变化，只需修改该 DataSource 对象的属性，而不需要修改应用程序。DataSource 连接数据库分为如下 3 个步骤。

1）创建 KBSimpleDataSource

```
KBSimpleDataSource ds = new KBSimpleDataSource();
```

2）初始化连接属性

```
ds.setDatabaseName(String dbname);
ds.setPassword(String pwd);
ds.setPortNumber(int pn);
ds.setServerName(String sn);
ds.setUser(String user);
```

3）建立连接

```
Connection conn=ds.getConnection();
```

10.2.3　数据更新

数据库连接一旦建立，就可向数据库传送和执行 SQL 语句。KingbaseES JDBC 提供了三个类，用于向数据库发送 SQL 语句，Connection 接口中的三个方法可用于创建这些类的实例。

（1）Statement：由方法 createStatement()所创建，发送简单的 SQL 语句。

（2）PreparedStatement：由方法 prepareStatement()所创建，发送带有一个或多个输入参数（IN 参数）的 SQL 语句。

（3）CallableStatement：由方法 prepareCall()所创建，执行 SQL 存储过程。

以上三个对象都必须遵循先定义，后创建，再使用，用完关闭的原则。

1. Statement

Statement 对象提供三种方法执行 SQL 语句：execute()执行返回多个结果集或更新多个元组的 SQL 语句；executeQuery()执行返回单个结果集的 SQL 语句；executeUpdate()执行含有 INSERT、UPDATE 或 DELETE 语句或者不返回任何内容的 SQL 语句，如 DDL 语句。

1）数据的插入

例 10.2　向 Customers 表插入顾客记录，返回新插入的记录。

```
protected void insert_customers() throws SQLException {
int rows = stmt. executeUpdate (" insert into sales. customers (custid," + "
custname) VALUES (5001,'张三')", Statement.RETURN_GENERATED_KEYS);
    System.out.println("rows:" + rows);
    ResultSet rs = null;
    rs = stmt.getGeneratedKeys();
    boolean b = rs.next();
    System.out.println("custid" + " " + "custname");
    if (b) {
        System. out. println ( rs. getString (" cuatid") + " " + rs. getString ("
custname"));  }
    rs.close();  }
```

结果为：

```
rows:1
custid custname
5001 张三
```

说明：①该例使用 statement 对象的 executeUpdate()函数执行 INSERT 插入语句,对 Customers 表插入了一条记录,然后使用了 getGeneratedKeys()方法获得新插入的行,然后把新插入的行显示出来。②statement 需要预先定义 Statement stmt = null,之后使用语句 stmt = conn.createStatement()进行赋值。

在执行插入语句时,指定 excuteUpdate()函数的返回值,可以是 autoGeneratedKeys、keyColumnIndexes 等,具体用法如下。

(1) 当使用方法 executeUpdate(String sql,int autoGeneratedKeys)、execute(String sql,int autoGeneratedKeys)时,调用 getGeneratedKeys(),返回只由 OID 一列构成的结果集。

(2) 当使用方法 executeUpdate(String sql, int[] keyColumnIndexes)、executeUpdate (String sql, String[] keyColumnNames)、execute(String sql, int[] keyColumnIndexes)、execute(String sql, String[] keyColumnNames)时,调用 getGeneratedKeys(),返回由指定列构成的结果集(默认不包含 OID)。

例 10.3　向 Customers 表插入顾客记录,按指定列返回新插入的记录数据。

```
protected void insert_customers() throws SQLException {
    String keyColumn[] = {"custid","custname"};
    int rows = stmt.executeUpdate("insert into sales.customers (custid," + "
custname)
    VALUES (5001,'Manager')", keyColumn);
    System.out.println("rows:" + rows);
    ResultSet rs = null;
    rs = stmt.getGeneratedKeys();
    …  //其他代码与例 10.2 相同
}
```

说明：该例首先定义一个字符数组 keyColumn,用于存储指定要返回的列名,然后把它作为 executeUpdate()函数的参数。该例运行结果与例 10.2 相同。

2) 数据的更新

例 10.4　将 Customers 表中 custid 为 5001 的顾客姓名修改为"李四"。

```
protected void update_customers() throws SQLException {
    int rows = stmt.executeUpdate("update sales.customers " +
      "set custname = '李四' where custid = 5001",
        Statement.RETURN_GENERATED_KEYS);
    System.out.println("rows:" + rows);
    ResultSet rs = null;
    rs = stmt.getGeneratedKeys();
    boolean b = rs.next();
```

```
        System.out.println("custid" + " " + "custname");
        if (b) { System.out.println(rs.getString("custid") + " " + rs.getString("
custname")); }
        rs.close(); }
```

结果为：

```
rows:1
custid custname
5001 李四
```

说明：该例仅对一条数据进行更新，如果想要批量修改很多数据则可以使用PreparedStatement 对象。

3）数据的删除

例 10.5 删除 Customers 表中 custid 为 5001 的顾客记录。

```
protected void delete_customers() throws SQLException {
    int row = stmt.executeUpdate("delete from sales.customers" +
    "where custid = 5001");
    if (row > 0) System.out.println("delete sucessful!");
    else System.out.println(" No found record deleted!"); }
```

结果为：

```
delete sucessful!
```

2. PreparedStatement

数据库系统处理 SQL 语句时，先生成该语句的查询计划，然后执行该查询计划。对于有些应用需要反复执行相同的 SQL 语句，就会浪费处理资源。PreparedStatement 对象可以解决相同 SQL 语句重复执行的问题，即数据库只需一次编译生成 PreparedStatement 对象带有一个或多个输入参数的 SQL 语句查询计划，以后只需要提供不同的参数就可以多次执行该查询计划。

PreparedStatement 对象具有一组 setXXX()方法，用于设置 IN 参数的值。执行语句时，这些 IN 参数将被送到数据库中。KbPreparedStatement 对象具有一组 setXXXAtName()方法，可以通过参数名来设置 IN 参数的值。支持相同参数名只设置一次。

例 10.6 将编号为 5001、5012、6100 的顾客收入最低值与最高值均提高 10%。

```
protected void customer_preparedStatement() throws SQLException{
    PreparedStatement preparedStatement = conn.prepareStatement(
    "UPDATE Sales.Customers SET mi = int8range(lower(mi) + lower(mi) * 0.1," +
    " upper(mi) + upper(mi) * 0.1) WHERE custid = ?");
    int custidList[] = {5001, 5012, 6100};
    for (int i = 1; i <= custidList.length; i++){
        preparedStatement.setInt(1, custidList[i]);
        preparedStatement.executeUpdate(); }
    preparedStatement.close(); }
```

说明：该例说明对于要修改的记录是不规律的，不能直接使用一个带 WHERE 子句的 SQL 语句来更新多条记录，而使用 PreparedStatement 就可以很方便地处理。

10.2.4 数据查询

执行 SQL 查询语句，并返回结果集对象，具体方法如下。

1. 创建一个语句对象（如 Statement 语句或者 PreparedStatement 语句）

```
Statement stmt=conn.createStatement();
```

2. 执行一条 SQL 查询语句，并返回结果集

```
stmt.execute("select * from Sales.Customers");
ResultSet rs=stmt.getResultSet();
```

3. 使用结果集

可以使用循环对结果集 rs 逐条显示，或者做其他相应处理。在 ResultSet 第一次创建时，指针定位在第一行的前面，通过 ResultSet 中提供的各个定位函数使 ResultSet 指针指向实际要访问的数据行，然后使用 getXXX() 方法读取结果集中当前行或列的值。ResultSet 中的定位函数有：next，absolute，afterLast，beforeFirst，first，last，previous，moveToInsertRow，moveToCurrentRow。对于 TYPE_FORWARD_ONLY 类型的结果集只能使用 next() 方法移动 ResultSet 指针。

例 10.7 使用 next() 方法查询 Customers 表中 5 名顾客的 custid 以及姓名。

```
protected void select_customers() throws SQLException {
    ResultSet rs = stmt.executeQuery("SELECT * FROM Sales.Customers LIMIT 3");
    System.out.println("custid custname");
    while (rs.next())
    System.out.println(rs.getString("custid") + " " + rs.getString("custname"));
    rs.close(); }
```

查询结果为：

```
custid custname
1 林心水
2 江文曜
3 吕浩初
```

说明：①在 10.2.3 节 CustomersJDBC 类中，已经预先定义并创建了语句名为 stmt 的 Statement 语句用作全局变量，因此在该函数中直接通过 stmt.executeQuery() 方法向数据库发送查询语句；②通过 ResultSet 类型对象 rs 获得查询结果集，之后使用 while 循环和 rs.next() 逐条打印结果，用完之后用 rs.close() 关闭结果集；③用于读取结果的 getXXX() 方法根据查询结果中对应字段数据类型有不同的方法，如 getInt() 读取整型类型的数据、getString() 读取字符串类型的数据、getDate() 读取日期类型的数据。

除了利用更新语句来对数据库进行更新以外，还可以通过结果集来更新数据库，但这种情况下，创建 Statement 对象必须指明结果集的并发性类型为 CONCUR_UPDATABLE，用户对结果集的更新就可以同时作用于数据源。

例 10.8 使用结果集对数据库进行更新。

```
protected void select_update_customers() throws SQLException {
Statement stmt = connection.createStatement(
 ResultSet.TYPE_SCROLL_INSENSITIVE, ResultSet.CONCUR_UPDATABLE);
 ResultSet rs = stmt.executeQuery("SELECT * FROM Sales.Customers LIMIT 3");
 System.out.println("custid custname");
 while (rs.next())
    System. out. println (rs. getString ( " custid") + " " + rs. getString ( "
custname"));
 rs.updateString("custname","李三"); / * 修改第一个顾客姓名 * /
rs.updateRow();/ * 作用于数据源 * /
 System.out.println("update after custid custname");
while (rs.next())
System.out.println(rs.getString("custid") + " " + rs.getString("custname"));
rs.close(); }
```

查询结果为：

```
custid custname
1 李三
2 江文曜
3 吕浩初
```

说明：该例使用 updateString()对结果集中的某一行的某一列进行更新，之后使用 updateRow()将该行所有列的修改结果作用于数据源，对数据库进行更新。

10.2.5 执行存储过程

JDBC 3.0 提供了对调用数据库存储过程的支持，CallableStatement 对象由方法 prepareCall()所创建，用于发送带有一个或多个输入参数（IN 参数）和输出参数（OUT 参数）或输入输出参数（INOUT 参数）的存储过程调用 SQL 语句。该对象从 PreparedStatement 中继承了用于处理 IN 参数的方法，而且增加了用于处理 OUT 参数和 INOUT 参数的方法。

CallableStatement 对象继承了 PreparedStatement 的 setXXX()方法，用于设置 IN 参数的值。在执行语句前必须用 CallableStatement 的特有方法 registerOutParameter()对 OUT/INOUT 参数进行注册，语句执行之后，可以用 getXXX()方法获取参数值。同时 KbCallableStatement 对象继承了 KbPreparedStatement 的 setXXXAtName()方法，可用于按参数名设置 IN 参数的值。实现了 registerOutParameterAtName()方法用于按参数名对 OUT/INOUT 参数进行注册，语句执行之后，取值时使用 getXXX(int)方法获取参数值。

处理存储过程调用的 SQL 语句通常包括以下过程。

（1）生成一个 CallableStatement 对象，对语句进行预编译。

（2）提取参数信息。

（3）设置参数。

（4）注册输出参数。

（5）执行语句。

（6）获取输出参数的返回值。

例 10.9　创建查询订单表 Orders 中 custid 为 1 的顾客的所有订单的总金额的存储过程。

```
public void createProcedure_totOrderByCust () throws SQLException {
    String sql = " create or replace procedure totOrderByCust (in id int,"
            + " out total decimal) as " + " begin "
            + " select sum(totlbal) into total from sales.orders "
            + " where custid = id; " + " end; ";
        /* 执行语句,创建 CallableStatement 对象 */
        stmt.execute(sql);   }
```

例 10.10　执行查询指定顾客所有订单总金额的存储过程。

```
public void callableStatement() throws SQLException
    { conn.setAutoCommit(false);
 CallableStatement callprc = conn. prepareCall ( "{ call totOrderByCust (?,?)
}");
 /* 参数 2 为 OUT 类型,所以需要注册输出参数 */
 callprc.registerOutParameter(2, Types.DECIMAL);
 callprc.setInt(1,1);
 ParameterMetaData pmd = callprc.getParameterMetaData();
 callprc.execute();
 conn.commit();
 /* 获取输出参数值 */
 float totalbal = callprc.getFloat(2);
 System.out.println(totalbal);
 connection.setAutoCommit(true);   }
```

说明：①对于 INOUT 参数必须同时调用 setXXX()和 registerOutParameter()方法，否则数据库端无法正常识别参数，会抛出异常；②对于{[? =] callXXX ([?,?,? …])}格式的函数调用，使用标准接口的按参数名绑定时，必须是所有参数都是待绑定的；③对于匿名块的调用，使用私有接口的按参数名绑定，如果含有同名参数且该参数为 INOUT 参数，执行不会报错，但执行结果不正确；④标准接口按参数名绑定，绑定时参数不区分大小写，私有接口按参数名绑定,绑定时参数名区分大小写；⑤按索引绑定、标准接口按参数名绑定、私有接口按参数名绑定,三种绑定方式不可混用。

10.2.6　事务处理

在使用编程接口开发应用程序时往往会使用到事务,下面介绍编程接口中的事务。从应用程序角度,事务处理主要通过自动和手动两种模式来管理。

（1）当使用自动提交模式时,每个 SQL 语句都被当作一个完整的事务,在 SQL 语句成功执行之后,每个事务都自动提交。

(2) 当使用手动提交模式时,会在应用程序首次访问一个数据源时隐式地开始事务,再调用提交或回滚事务操作接口,显式地结束事务。如果此时没有显式结束事务,那么数据库连接断开会自动回滚当前会话事务。

从应用程序角度,事务的回滚都是针对于手动提交模式。回滚级别主要有以下两种。

(1) 事务级回滚:如果事务中有语句执行出错,应用需要在出错语句执行后,显式回滚并结束整个事务。

(2) 语句级回滚:如果事务中有语句执行出错,接口自动回滚出错的语句,不会回滚整个事务(事务中的第一条语句出错除外)。

1. JDBC 接口中的事务提交与回滚

应用程序创建一个连接时,该连接默认事务自动提交,用户可以在 Connection 对象中设置事务提交模式(自动提交或非自动提交),方法如下。

```
Connection.setAutoCommit(boolean autoCommit);
```

当 autoCommit 为 true 时,表示为自动提交模式。在非自动提交模式下,在一个事务执行完成之后需要显式调用 Connection.commit()方法来提交事务。

```
conn.commit();
```

当该事务需要回滚时,则需要显式调用 Connection.rollback()方法。

```
conn.rollback();
```

为了对事务进行更细粒度的控制,JDBC 3.0 增加了保存点 Savepoint 接口,它代表事务中的一个逻辑事务点,在设置为非自动提交模式下,可以设置多个 Savepoint,在回滚时,从事务开始到 Savepoint 之间的操作仍保留,只回滚该 Savepoint 之后所有操作。下面的例子说明了 Savepoint 的使用方法。

例 10.11 JDBC 中保存点 Savepoint 的使用方法。

现假设 custid 为 5001 的顾客想要提交两个订单,编号分别为 001 与 002,分别从店铺781872 与店铺102108购买了总价为 100 元与 200 元的商品。先向 Orders 表中插入编号为001 的订单后,设置保存点 savspoint svpt1,之后再向 Orders 表中插入编号为 002 的订单,但此时顾客取消了编号为 002 的订单,事务回滚到 svpt1,则最终事务提交后,第二条订单记录被取消,第一条被插入。

```
protected void transactionTest() throws SQLException{
    conn.setAutoCommit(false);
    Statement stmt = conn.createStatement();
    int row1 = stmt.executeUpdate(
    "INSERT INTO sales.orders(ordid, custid, shopid, submtime, totlbal)"
    + "VALUES( '001', 1, '781872', NOW(), '100')");
    Savepoint svpt1 = connection.setSavepoint("SAVEPOINT_1");
```

```
int row2 = stmt.executeUpdate(
"INSERT INTO sales.orders(ordid, custid, shopid, submtime, totlbal)"
+ "VALUES ( '002', 1, '102108', NOW(), '$200');");
conn.rollback(svpt1);
conn.commit();
ResultSet rs = stmt.executeQuery(" SELECT ordid, custid, shopid, submtime,
totlbal"
+ " FROM sales.orders " + "WHERE custid = 5001; ");
System.out.println("   ordid   custid   shopid   submtime   totlbal");
System.out.println("----------------------------------------");
while(rs.next()){
    System.out.println(rs.getString(1)+"   " + rs.getInt(2) + "   "+
    rs.getString(3) + "    " + rs.getDate(4) + ' ' + rs.getBigDecimal(5)); }
rs.close();
stmt.close(); } }
```

最终结果如下。

```
    ordid          custid   shopid   submtime     totlbal
    ------------------------------------------------------------
    001            1        781872   2022-12-14   100.00
    240126048601   1        104142   2022-05-02   100.10
```

说明：①可以看到最终结果只保留了顾客的第 1 条订单，由于事务发生回滚，第 2 条订单并未保留；②对于未命名 Savepoint 对象，可以通过 getSavepointId( ) 获取此 Savepoint 对象表示的保存点的 ID；③对于命名 Savepoint 对象，可以通过 getSavepointName( ) 获取此 Savepoint 对象表示的保存点的名称。

2. JDBC 接口中的事务隔离级别

KingbaseES 的 JDBC 驱动支持以下四种事务隔离级别。

（1）读未提交：TRANSACTION_READ_UNCOMMITTED。

（2）读已提交：TRANSACTION_READ_COMMITTED。

（3）可重复读：TRANSACTION_REPEATABLE_READ。

（4）可串行：TRANSACTION_SERIALIZABLE。

但目前，TRANSACTION_READ_UNCOMMITTED 隔离级别在 KingbaseES 数据库中实际生效的是 TRANSACTION_READ_COMMITTED 隔离级别。用户可以通过 Connection.setTransactionIsolation 来指定事务隔离级别，通过 Connection.getTransactionIsolation 来读取当前事务隔离级别。

例 10.12 JDBC 接口中的事务隔离级别设置和获取。

```
Connection conn = DriverManager.getConnection(url, "system", "manager");
/*设置事务隔离级别*/
conn.setTransactionIsolation(
Connection.TRANSACTION_READ_UNCOMMITTED);
/*获得事务隔离级别*/
conn.getTransactionIsolation();
```

10.2.7 大对象操作

KingbaseES 大对象数据用于保存那些无法在通常 SQL 表里面保存的数据，例如，声音、图像、大文本等。KingbaseES 兼容 Oracle 版本中提供了用来存储大对象数据的数据类型 BLOB(二进制大对象)和 CLOB(字符大对象)，用来存储大数据量的二进制数据和字符数据。在兼容 PostgreSQL 版本中，大对象统一存储在一张系统表中，用户表中只存储大对象实际存储的地址，类型为 oid。

KingbaseES JDBC 中提供了两个接口用于处理大对象数据：java.sql.Blob 和 java.sql.Clob。Oracle 兼容模式下数据库提供了两种类型来存储数据，接口提供的两个类分别对应处理这两种数据类型，故两个类的接口均已实现。但在 PG 兼容模式下数据库对大对象统一存储，且驱动的 Clob 的类只实现了部分获取数据的接口，设置数据的接口均未实现，故 Clob 接口只能进行数据的接收，如果要更新大对象数据只能使用 Blob 的接口。Clob 接口在两种兼容情况下的具体实现情况可参照 JDBC Clob API。

1. 大数据对象的读取

修改表 Sales.Goods 结构，增加 CLOB 和 BLOB 属性。

```
ALTER TABLE Sales.Goods ADD COLUMN goodmanual CLOB;
ALTER TABLE Sales.Goods ADD COLUMN goodimage BLOB;
```

同检索其他数据类型一样，用 getBlob()或 getClob()方法可以从一个结果集中检索 Blob 和 Clob 这两种数据类型的数据，但与其他数据类型不同，对于存储大量数据的大对象，需要使用 JDBC 的 Blob 和 Clob 对象接口方法访问数据。

例 10.13 使用 PreparedStatement 对象插入 CLOB 和 BLOB 大对象数据。

```
protected String source = "Welcome to Kingbase!";
protected void insertClob() throws SQLException{
    PreparedStatement pstmt = connection.prepareStatement(
    "INSERT INTO Sales.Goods(goodid, goodname, goodmanual,goodimage)
    VALUES (?, ?, ?, ?)");
    StringReader reader1 = new StringReader(source);
    InputStream read2 = new ByteArrayInputStream(source.getBytes());
    pstmt.setString(1, '5002')
    pstmt.setString(2, '牙膏');
    pstmt.setClob(3, reader1);
    pstmt.setBlob(4, reader2);
    pstmt.executeUpdate();
    pstmt.close();  }
```

说明：该例从普通字符串中读取数据，利用 setClob()函数设置 CLOB 属性值，setBlob()函数设置 Blob 属性值，处理方法跟普通类型字段一样。

例 10.14 用普通字符串方法查询和显示 CLOB 和 BLOB 大对象数据。

```
protected void queryClobBlob() throws SQLException, IOException{
    String sql_select = "SELECT goodmanual,goodimage FROM Sales.Goods
```

```
        WHERE goodid = 5002";
    ResultSet resultSet = stmt.executeQuery(sql_select);
    int count = 1;
    while(resultSet.next()){
        System.out.print(" 第" + count + " 条记录");
        String clob = resultSet.getString(1);
        String blob = resultSet.getBytes(2);
        System.out.print("clob:" + clob);
        System.out.println("blob:" + blob);
        count++;    }
    resultSet.close();    }
```

查询结果为：

第 1 条记录 clob:Welcome to Kingbase! blob:Welcome to Kingbase!

说明：该例 getString()读取 CLOB，getBytes()读取 BLOB 看作普通字符串进行读取和显示处理，只在它们中存储少量字符数据时有效。

例 10.15　用 CLOB 和 BLOB 专用方法处理大对象数据。

```
protected void queryClob() throws SQLException, IOException{
    String sql_select = "SELECT goodmanual,goodimage FROM Sales.Goods
        WHERE goodid = 5002";
    ResultSet resultSet = statement.executeQuery(sql_select);
    int count = 1;
    while(resultSet.next()){
        System.out.println(" 第" + count + " 条记录");
        //Read Clob
        Clob clob = resultSet.getClob(1);
        Reader reader = clob.getCharacterStream();
        StringWriter sWriter = new StringWriter();
        int j = -1;
        while((j = reader.read()) != -1)
            sWriter.write(j);
        String finalClob = new String(sWriter.getBuffer());
        System.out.println(finalClob);

        //Read Blob
        Blob blob = resultSet.getBlob(1);
        InputStream input = blob.getBinaryStream();
        sWriter = new StringWriter();
        while((j = input.read()) != -1)
            sWriter.write(j);
        String finalBlob = new String(sWriter.getBuffer());
        System.out.println(finalBlob);

        count++;    }
    resultSet.close();  }
```

说明：①对存储大量数据的 CLOB 和 BLOB,需要用到 JDBC 的 CLOB 和 BLOB 对象,把大对象数据置入 Reader 对象,然后从 Reader 对象中读到 Writer 对象中,最后可以把 Writer 对象中的数据赋给普通字符串,进行显示等处理;②对于 BLOB 大对象数据,通常应该把其二进制数据写入文件中,然后用相应的软件打开查看,如本例中是图片数据,应该写入一个文件,然后用图片查看软件打开查看。

2. 大数据对象的更新

在 PreparedStatement 类中,可以使用和 setClob()和 setBlob()方法把 Clob 和 Blob 对象当成参数传递给 SQL 语句,从而更新 CLOB 和 BLOB 类型的属性值。

例 10.16 更新 Goods 表的 CLOB 和 BLOB 属性。

```
protected void updateClobBlob() throws SQLException, IOException{
    String sql_select =  "SELECT goodmanual,goodimage FROM Sales.Goods
        WHERE goodid = 5002 FOR UPDATE";
    ResultSet resultSet = stmt.executeQuery(sql_select);
    PreparedStatement pstmt = conn.prepareStatement(
     "UPDATE Sales.Goods SET goodmanuale=?, goodimage=? WHERE goodid = 5002");
    if(resultSet.next()){
        Clob clob = resultSet.getClob(1);
        Writer writer = clob.setCharacterStream(clob.length() + 1);
        temp = "Welcome to KingbaseES CLOB!";
            writer.write(temp);
        writer.close();
        pstmt.setClob(1, clob);

        Blob blob = resultSet.getBlob(2);
        OutputStream output = blob.setBinaryStream(blob.length() + 1);
        String temp = "Welcome to KingbaseES BLOB!";
        byte[] tempByte = temp.getBytes();
        output.write(tempByte);
        output.close();
    pstmt.executeUpdate();    }    }
```

说明：该例首先从数据库读出要修改 CLOB 和 BLOB 的记录,然后用 PreparedStatement 语句执行带参数的 Update 语句,构建好 Clob 和 Blob 对象,写到结果集中,执行 PreparedStatemnt 的 executeUpdate()方法就可以更新大对象属性值了。

 10.3 Hibernate 开发框架

Hibernate 是一个开源的轻量级封装 JDBC 的全自动的对象关系映射框架(Ojbect-Relation Mapping，ORM),将简单 Java 对象(Plain OrdinaryJava Object，POJO)与数据库表建立映射关系,以自动生成 SQL 语句,自动执行,使得 Java 程序员可以熟练地使用对象编程思维来操纵数据库。

10.3.1　开发流程

Hibernate 使用原理如图 10.3 所示。Hibernate 首先通过配置文件 hibernate.cfg.xml 初始化数据库,创建 SessionFactory,进而得到 session 数据库连接,然后可以执行 SQL 查询,也可以执行 Criteria 对象查询,执行成功则提交事务,否则回滚事务。

Hibernate.cfg.xml 文件中包括数据库驱动、URL、数据库名称以及密码等参数,还包含表或者视图的 hbm 文件,以便当用户操作数据库表或视图的时候,Hibernate 加载此表的 hibernate mapping 文件(即 hbm.xml 文件)。hbm 文件主要是映射数据库表与持久化类 POJO。通过 hbm 文件可以将实体对象与数据库表或者视图对应,从而间接操作数据库表或者视图。如果没有创建 hbm 文件,则只能通过 Hibernate 执行 SQL 查询。

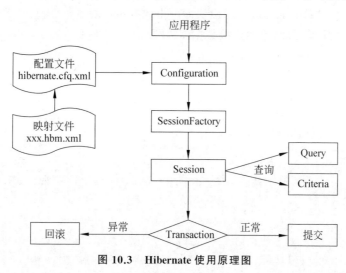

图 10.3　Hibernate 使用原理图

10.3.2　环境配置

使用 Hibernate 开发,可按如下两种方法配置环境。

(1) 创建好项目之后,在/lib 目录下导入 Hibernate 的核心 jar 包以及 hibernate-4dialect.jar 方言包。

(2) 使用 Maven 工具来管理 jar 包,修改 pom.xml 配置来导入 Hibernate 核心 jar 包以及 hibernate-4.dialect.jar 方言包。

下面介绍使用 Maven 工具来配置 Hibernate 环境。首先导入需要的依赖包,主要为在添加 Kingbase 依赖基础上,再添加 Hibernate 核心依赖包和 hibernate-4.dialect.jar 方言包,在 pom.xml 配置文件中需要添加的依赖内容如下。

```
<dependency>
  <groupId>org.hibernate</groupId>
  <artifactId>hibernate-core</artifactId>
  <version>5.3.20.Final</version>
</dependency>
<dependency>
```

```
    <groupId>com.kingbase8</groupId>
    <artifactId>kingbase8</artifactId>
    <version>8.6.0</version>
</dependency>
<dependency>
    <groupId>org.hibernate</groupId>
    <artifactId>hibernate</artifactId>
    <version>4.dialect</version>
</dependency>
```

之后创建修改 hibernate.cfg.xml 配置文件,它包含连接数据库的相关信息。以 IDEA
开发工具为例添加 Hibernate 配置文件:选择 IDEA 的"文件"菜单→"项目结构"→Facets
选项,选择加号,添加 Hibernate,然后确认即可生成 hibernate.cfg.xml 配置文件。可以修改
hibernate.cfg.xml 配置文件,添加连接数据库需要的信息,如下。

```
<?xml version='1.0' encoding='utf-8'?>
<!DOCTYPE hibernate-configuration PUBLIC
    "-//Hibernate/Hibernate Configuration DTD//EN"
    "http://www.hibernate.org/dtd/hibernate-configuration-3.0.dtd">
<hibernate-configuration>
  <session-factory>
    <!-- Kingbase 登录账户名 -->
    <property name="connection.username">username</property>
    <!-- 账户密码 -->
    <property name="connection.password">password</property>
    <!-- 一些属性信息 -->
    <property name=
"connection.driver_class">com.kingbase8.Driver</property>
    <property name=
"connection.url">jdbc:kingbase8://localhost:54321/seamart</property>
    <property name=
"dialect">org.hibernate.dialect.Kingbase8Dialect</property>
    <!-- 指定在程序运行时在控制台输出 SQL 语句 -->
    <property name="show_sql">true</property>
    <!-- 输出的 SQL 语句格式化 -->
    <property name="format_sql">true</property>
    <!-- 运行时在数据库自动生成数据表,这里选择 update -->
    <property name="hbm2ddl.auto">update</property>
    <mapping resource="CustomersEntity.hbm.xml"/>
    <mapping class="com.hibtestdemo.CustomersEntity"/>
  </session-factory>
</hibernate-configuration>
```

需要将其中的 username 和 password 修改为自己连接 Seamart 数据库所使用的用户名
和密码。

10.3.3　生成实体类

直接使用 IDEA 工具连接到 Seamart 数据库,只需导入数据源即可(如图 10.4 所示)。

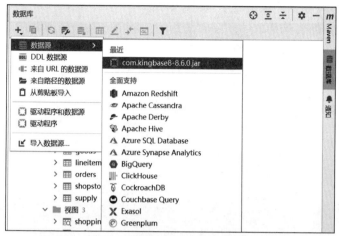

图 10.4　IDEA 工具连接 KingbaseES 数据库 Seamart

之后新建一个 Sales 模式架构，即可看到 Seamart 数据库（如图 10.5 所示）。

图 10.5　IDEA 工具在 Seamart 数据库中建立 Sales 模式

然后可以使用查询控制台来执行 SQL 语句，例如，查询所有顾客信息（如图 10.6 所示）。

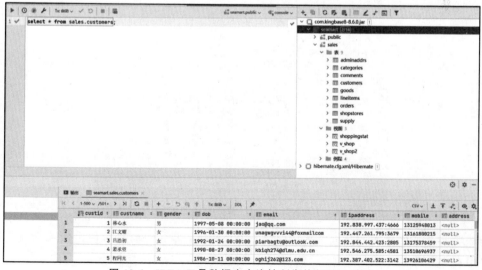

图 10.6　IDEA 工具数据库查询控制台执行 SQL 查询

如果想开发一个数据库应用程序,仅执行 SQL 语句是不够的,需要将数据库中的每一个表映射为一个实体类,这样就可以像操纵 Java 中的其他类一样操纵数据库中的表。可以直接使用 IDEA 工具将数据库中的每一个表映射为一个实体类,具体操作如下。

先在 IDEA 的"视图"→"工具窗口"中找到 Persistence(如图 10.7 所示)。

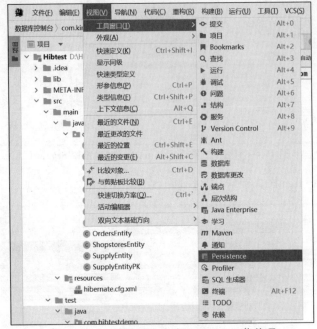

图 10.7　IDEA 工具中查找 Persistence 菜单项

找到出现的 Persistence 窗口,右击,选择"生成持久性映射"→"通过数据库架构"(如图 10.8 所示),选择要创建的实体类即可(如图 10.9 所示)。

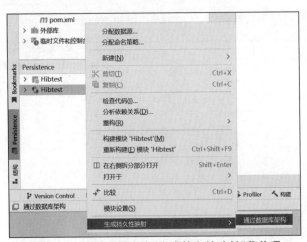

图 10.8　IDEA 工具查找"生成持久性映射"菜单项

选择要生成实体类的数据库表后(如图 10.9 所示),单击"确定"按钮之后就会在当前项目的软件包里发现生成的实体类,例如,如下生成的 Customers 实体类。

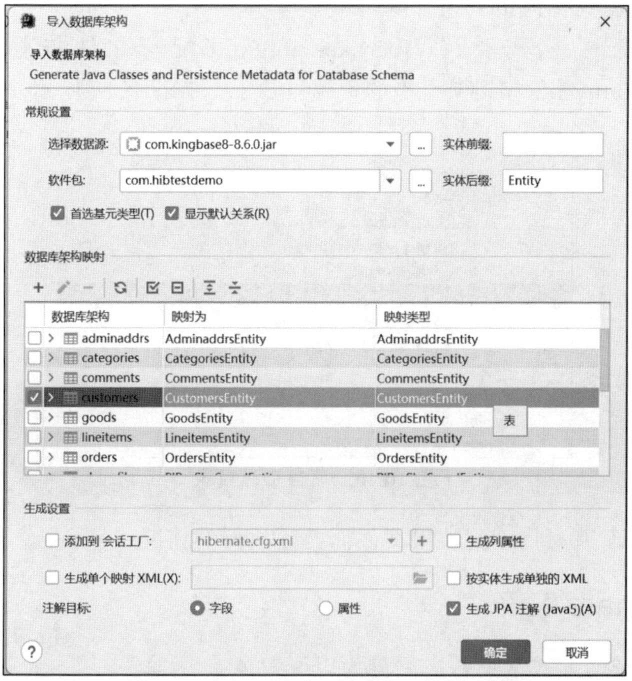

图 10.9　IDEA 工具选择要生成实体类的数据库表

```java
package com.hibtestdemo;
import jakarta.persistence.*;
import java.sql.Timestamp;
import java.util.Collection;
import java.util.Objects;
@Entity
@Table(name = "customers", schema = "sales", catalog = "seamart")
public class CustomersEntity {
    @GeneratedValue(strategy = GenerationType.IDENTITY)
    @Id
    @Column(name = "custid")
    private int custid;
    @Basic
    @Column(name = "custname")
    private String custname;
    @Basic
    @Column(name = "gender")
    private String gender;
    @Basic
    @Column(name = "dob")
    private Timestamp dob;
    @Basic
    @Column(name = "email")
private String email;
...
```

在生成实体类的同时还会生成对象关系映射文件 CustomersEntity.hbm.xml, 该文件将数据库中的关系表映射为 Java 中的对象。

同时需要注意的是,需要将 hibernate.cfg.xml 配置文件与对象关系映射文件 CustomersEntity.hbm.xml 放到项目中的资源目录下,如图 10.10 所示。

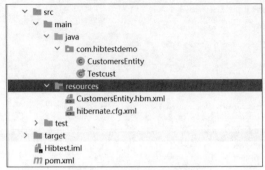

图 10.10 项目资源目录

否则可能会出现因为找不到映射文件而无法执行的情况。

10.3.4 Hibernate 编程

Hibernate 的查询方式常见的主要分为以下三种。

1. HQL(Hibernate Query Language)查询

提供更加丰富灵活、更为强大的查询能力;HQL 接近 SQL 语句查询语法,在语法结构上和 SQL 语句基本相同;使用 HQL 需要用到 Hibernate 中的 Query 对象以执行 HQL 方式的操作。使用 HQL 进行查询也是 Hibernate 官方推荐使用的查询方式。

例 10.17 使用 HQL 来查询 Customers 表中所有顾客。

```
public void qbcselect(){
    CriteriaQuery<CustomersEntity> cq =
    session.getCriteriaBuilder().createQuery(CustomersEntity.class);
//先创造条件构造器,通过条件对象,创建条件查询。
    cq.from(CustomersEntity.class);
    List<CustomersEntity> customers = session.createQuery(cq).list();
    System.out.println("custid" + "  " + "custname");
    for ( CustomersEntity customer: customers) {
        System.out.println("  " + customer.getCustid() + "        "
        + customer.getCustname());   } }
```

查询结果如下。

```
custid   custname
   1        林心水
   2        江文曜
   3        吕浩初
   4        萧承望
   5        程同光
...
```

例 10.18　使用 HQL 来查询 Customers 表中的前 5 名顾客。

```
public void hqlselect(){
    String hql = " from CustomersEntity ";
    Query query = session.createQuery(hql);
    query.setFirstResult(0);
    query.setMaxResults(5);
    List<CustomersEntity> userList = query.list();
    System.out.println("custid" + "   " + "custname");
    for(CustomersEntity customer:custList){
        System.out.println("   " + customer.getCustid() + "        "
        + customer.getCustname());    }
    session.getTransaction().commit();   }
```

查询结果如下。

```
custid    custname
  1       林心水
  2       江文曜
  3       吕浩初
  4       萧承望
  5       程同光
```

说明：①该例子中 HQL 语句"from CustomersEntity"表示查询 CustomersEntity 中的所有信息，之后通过设置范围来实现分页的效果。同时返回多个属性要使用 Customers-Entity 对象类型；②通过使用 session.createQuery(hql) 方法来执行 HQL 语句，返回一个 Query 对象，之后使用该对象下的 list() 方法获得查询结果。

HQL 查询也可以通过使用占位符来实现更加复杂的查询。例如，查询顾客林心水的 custid，就可以先在 HQL 语句中使用占位符，之后获得参数后再传递给 Qurey 对象。

例 10.19　在 HQL 语句中使用占位符查询顾客林心水。

```
public void hqlselect2(){
    String hql = "select custid, custname from CustomersEntity where custname = :
name";
    Query query = session.createQuery(hql);
    query.setParameter("name", "林心水");
    List custList = query.list();
    for(Object obj:custList){
        Object[] array = (Object[]) obj; // 转成 object[]
        System.out.println("custid:" + array[0]);
        System.out.println("custname:" + array[1]);   }
    session.getTransaction().commit();   }
```

查询结果如下。

```
custid   custname
  1       林心水
```

说明：①标记 name 为占位符，之后使用 setParameter("name"，"林心水")方法设置参数；②该例展示了如何在 HQL 中查询指定属性，可以看到是与 SQL 相同的。在获得结果时，多个属性需要使用 Object[]数组进行接收。

2. QBC(Query By Criteria)查询

QBC 命名查询就是通过使用 Hibernate 提供的 Query By Criteria API 来查询对象，这种 API 封装了 SQL 语句的动态拼装，提供了一种面向对象的方式查询数据库的方式。Criteria 对象需要使用 Session 对象来获得。一个 Criteria 对象表示对一个持久化类的查询。QBC 在条件查询上比 HQL 查询更为灵活，而且支持运行时动态生成查询语句。

例 10.20 使用 QBC 来查询 Customers 表中所有顾客。

```
public void qbcselect(){
    CriteriaQuery<CustomersEntity> cq =
    session.getCriteriaBuilder().createQuery(CustomersEntity.class);
//先创造条件构造器,通过条件对象,创建条件查询。
    cq.from(CustomersEntity.class);
    List<CustomersEntity> customers = session.createQuery(cq).list();
    System.out.println("custid" + "  " + "custname");
    for ( CustomersEntity customer: customers) {
        System.out.println("   " + customer.getCustid() + "      "
        + customer.getCustname());
    }
}
```

查询结果如下。

```
custid   custname
  1      林心水
  2      江文曜
  3      吕浩初
  4      萧承望
  5      程同光
...
```

例 10.21 使用 Criteria 对象进行条件查询。

```
public void qbcselect2(){
    CriteriaBuilder cb = session.getCriteriaBuilder();              //创造条件构造器
     CriteriaQuery < CustomersEntity > cq = cb. createQuery (CustomersEntity.
class);
    //通过条件对象,创建条件查询。
    Root<CustomersEntity> root = cq.from(CustomersEntity.class);
    //创建查询条件
    Predicate custname = cb.equal(root.get("custname"),"林心水");
    cq.where(custname);
    List<CustomersEntity> customers = session.createQuery(cq).getResultList();
    System.out.println("custid" + "  " + "custname");
    for (CustomersEntity customer : customers) {
```

```
System.out.println("  " + customer.getCustid() + "        "
+ customer.getCustname()); }  }
```

查询结果如下。

```
custid   custname
   1     林心水
```

说明：使用 cb.equal(root.get("custname"),"林心水")方法设置查询条件,之后使用 cq.where(custname)方法将其添加到 Criteria 对象中,最后使用 getResultList()方法获得结果集。

3. 原生 SQL 查询

使用 SQL 查询可以利用某些数据库的特性,或者将原有的 JDBC 应用迁移到 Hibernate 应用上,也可能需要使用原生的 SQL 查询。查询步骤如下。

（1）获取 Hibernate Session 对象。

（2）编写 SQL 语句。

（3）以 SQL 语句作为参数,调用 Session 的 createSQLQuery()方法创建查询对象。

（4）调用 SQLQuery 对象的 addScalar()或 addEntity()方法将选出的结果与标量值或实体进行关联,分别用于进行标量查询或实体查询。

（5）如果 SQL 语句有参数,则调用 Query 的 setXxx()方法为参数赋值。

（6）调用 Query 的 list()方法或 uniqueResult()方法返回查询的结果集。

例 10.22 使用原生 SQL 来查询 Customers 表中前 5 名顾客。

```
public void sqlselect(){
    String sql = "select custid,custname from sales.customers limit 5";
    List list = session.createSQLQuery(sql).list();
    System.out.println("custid" + "  " + "custname");
    for(Object item : list){
        Object[] rows = (Object[]) item;
        System.out.println("  " + rows[0] + "       " + rows[1]);  }
    session.getTransaction().commit();  }
```

查询结果如下。

```
custid   custname
   1     林心水
   2     江文曜
   3     吕浩初
   4     萧承望
   5     程同光
```

说明：通过调用 Session 的 createSQLQuery()方法来执行 SQL 语句创建查询对象,最后调用 Query 的 list()方法返回查询的结果集。

通过 Hibernate 还可以更新数据库。下面以 Sales.Customer 表为例,通过实体类访问数据库和更新数据库。

例 10.23　通过实体类查询和更新 Sales.Customer 表。

```
/*定义参数*/
String name = "姜五";
Integer id = 5050;
String gender = "Male";
boolean btest = false;
/*连接 DB*/
SessionFactory sessionFactory = new Configuration().configure()
.buildSessionFactory();
Session session = sessionFactory.openSession();
Transaction tx = session.beginTransaction();
/*新建一行数据插入 Sales.Customers 表*/
CustomersEntity customer = new CustomersEntity();
customer.setCustid(id);
customer.setCustname(name);
customer.setGender(gender);
session.save(customer);
/*从 Sales.Customers 表中查询数据*/
CustomersEntity obj = (CustomersEntity) session.load
                        (CustomersEntity.class, id);
System.out.println(obj.getCustname());
/*更新数据*/
tx = session.beginTransaction();
obj = (CustomersEntity) session.load
    (CustomersEntity.class, id);
obj.setCustname("姜六");
session.update(obj);
tx.commit();
```

说明：①插入数据：该例通过 CustomersEntity() 创建一个新的 Customers 实体，通过 setCustname() 等函数设置实体属性，然后用 session.save() 保存实体对象。②查询数据：通过 session.load() 函数和 Customers 的主码 Id 查询顾客信息。③更新数据：session.load() 装载数据，setCustname() 设置顾客属性，session.update() 函数保存更新数据。

10.4　Python 编程接口

ksycopg2 是 KingbaseES 数据库系统 Python 编程语言接口，完全实现了 Python DB API 2.0 规范，并具有线程安全特点。ksycopg2 主要在 C 程序中作为 libpq 包装器实现，因此既高效又安全。它具有客户端和服务端游标，支持异步通信和通知、复制等功能。

10.4.1　环境配置

使用 Python 开发语言进行 KingbaseES 数据库应用开发，环境配置包括三部分：安装 Python、安装 ksycopg2，以及 Python 开发工具。具体介绍如下。

1. 安装 Python

首先从 Python 官网上下载并安装合适版本的 Python，也可以从国内镜像网站下载合适的版本的 Python，以 Python 3.5.2 为例，找到 Python-3.5.2-amd64.exe 下载并按提示安装即可。

2. 安装 ksycopg2

ksycopg2 编程接口支持 Linux 和 Windows 操作系统，支持 Python 2.7 和 Python 3.5。根据安装的 Python 3.5 选择要下载安装的 ksycopg2 接口，也可以在 Kingbase 软件包中的 Interface 文件夹中找到对应的 Python 编程接口，即 ksycopg2，或者从 KingbaseES 的官网上下载，然后在 Python 中导入该接口文件即可。

3. 安装 Python 开发工具

Python 开发工具也有很多，PyCharm 是常用的一款优秀的 Python 语言开发工具，下载安装 PyCharm 最新的社区版本，如 pycharm-community-2022.1.2.exe，按照安装程序提示一步一步安装即可。

10.4.2　数据库连接与配置

使用 ksycopg2 接口连接 KingbaseES 数据库开发应用程序，把 ksycopg2 视作 Python 的一个模块，将其添加到项目的工程目录中，或者直接添加到 Python 的依赖模块路径下，如"D:\Python35\Lib\site-packages"或"\usr\lib\python35\dist-packages"。

以 PyCharm 开发工具为例，创建新项目后，解压 Python 连接 KES 的驱动文件 Ksycopg2_windows.zip，直接复制 ksycopg2 目录到工程存储目录中，例如 D:\Python-app\lib\site-packages 中。

使用 ksycopg2 连接数据库的基本语法如下。

```
conn = ksycopg2.connect(database='seamart', user='system',
  password='123456', host='127.0.0.1', port='54321')
```

如果连接不再使用，则需要及时关闭以释放系统资源。关闭连接的基本语法如下。

```
conn.close()
```

10.4.3　数据类型映射

当 Python 应用和 Kingbase 服务器交换信息时，需要在 Kingbase 数据类型和 Python 数据类型之间进行转换，它们之间的数据类型转换映射一览表参见表 10.1。

表 10.1　KingbaseES 与 Python 数据类型映射一览表

Kingbase 数据类型	Python 类型	说　　明
NULL	None	
smallint, integer, bigint	int 或 long	long 类型仅存在于 Python 2 中，int 型数据溢出后会自动转换为 long

Kingbase 数据类型	Python 类型	说　　明
real，double	float	
numeric，decimal	Decimal	
bool	bool	
char，varchar，text，clob	str 或 unicode	Python 2 使用 unicode 类型，Python 3 使用 str 类型
date	date	Kingbase 中可以存储几乎无限的日期、时间和间隔类型，而 Python 中有最大值限制，如 date 类型最大值为 9999-12-31，time 类型最大值为 23:59:59.999999
time，timetz	time	
timestamp，timestamptz	datetime	
interval	timedelta	
bytea，blob	buffer 或 memoryview，bytearray，bytes	buffer 类型仅在 Python 2 中使用，接收时 Python 2 会转换为 memoryview 类型
ARRAY	list	

10.4.4　执行 SQL 语句

1. 查询和结果集处理

使用数据库连接对象的 cursor() 函数来获取游标对象，然后调用 execute() 函数来发送查询语句。fetchall() 函数可以获取全部结果集，也可以使用 fetchone() 函数获取单行结果，若为空，将返回空列表。

例 10.24　通过 cursor() 函数查询所有顾客的顾客编号和姓名。

```
cur = conn.cursor()
cur.execute("SELECT custid, custname FROM Sales.Customers")
rows = cur.fetchall()
for row in rows:
  print(row)
cur.close()
```

说明：该例就是定义了一个游标 cursor，通过游标的执行，返回结果集，通过 fetchall() 获取所有结果，利用 for 循环输出全部结果。

2. 执行非查询 SQL 语句

诸如 CREATE TABLE、INSERT 等非 SELECT 查询 SQL 语句，也可以通过获取游标对象后执行 execute() 函数来执行。

例 10.25　创建表 CustNames 存放所有顾客的编号与姓名，并插入一条记录。

```
cur = conn.cursor()
cur.execute('CREATE TABLE CustNames(custid INTEGER, custname CHAR(40)')
cur.exeute("INSERT INTO CustNames(custid, custname) VALUES(1, 'John')")
cur.close()
```

3. 参数传递

ksycopg2 实际上并没有 prepare 和 bind 功能,而是使用了参数传递将 Python 类型转换为 SQL 类型来防止 SQL 注入。占位符使用%标记,使用%s 表示按位置占位符,%(name)s 表示命名占位符。

例 10.26　使用占用符来向 CustNames 表中插入数据。

```
cur.exeute("INSERT INTO CUSTNAMES(custid, custname) VALUES(%s, %s)",
    (2, "沈一"))
cur.exeute("INSERT INTO CUSTNAMES(custid, custname) VALUES(%(id)s,
%(val)s)", {'val': '沈二', 'id': 3})
```

说明:如果设置按位置占位符,则插入属性值的顺序要和给定的顺序一致;如果设置按命名占位符,则插入数据按命名给定,与顺序无关。

10.4.5　应用举例

在 Python 环境下连接 KingbaseES 系统 Seamart 数据库,查询 Customers 表,下面给出一个完整的例子。

例 10.27　查询 Sales.Customers 表中前 3 个顾客的编号与姓名。

```
import io
import ksycopg2
import sys
#改变标准输出的默认编码
sys.stdout=io.TextIOWrapper(sys.stdout.buffer,encoding='utf8')
try:
    conn = ksycopg2. connect (dbname =" seamart ", user =" system ", password ="
password",
        host="127.0.0.1",port="54321")
    cur = conn.cursor()
    cur.execute("SELECT custid, custname FROM Sales.Customers LIMIT 3")
    rows = cur.fetchall()
    for row in rows:
        print("custid=", row[0], "custname=", row[1], "\n")
    cur.close()
    conn.close()
except Exception as e:
    print(e)
    print("Operation done failded!")
```

运行结果如下。

```
custid= 1 custname= 林心水
custid= 2 custname= 江文曜
custid= 3 custname= 吕浩初
```

说明:该例表明,Python 程序中要用 try 捕获异常并进行相应处理,数据库连接对象

conn 和游标对象 cur 先后打开,用完之后需要逆序关闭,已释放系统资源,防止意外错误。

假设创建一个自定义函数 reffunc(),在该函数中打开一个查询前 3 名顾客编号的游标,并返回该游标引用,以便后续使用。

```
CREATE FUNCTION reffunc(refcursor) RETURNS refcursor AS $$
BEGIN
  OPEN $1 FOR SELECT custid FROM Sales.Customers LIMIT 3;
  RETURN $1;
END;
$$ LANGUAGE plsql;
```

说明:＄＄意思是实际代码的开始,当遇到下一个＄＄的时候,为代码的结束。

例 10.28　调用自定义函数 reffunc()。

```
cur1 = conn.cursor()
cur1.callproc('reffunc', ['curname'])
cur2 = conn.cursor('curname')
for record in cur2:
  print(record)
pass
```

说明:①第一个 cursor 对象 cur1 调用自定义函数 refffunc()获得该函数返回的游标名称;②第二个 cursor 对象 cur2 执行自定义函数返回的游标获得结果集,然后利用 for 循环输出结果集。

参 考 文 献

［1］ 北京人大金仓公司信息技术股份有限公司. KingbaseES 联机文档. V8.6［EB/OL］.［2023-03-06］. https://help.kingbase.com.cn/v8/index.html.

［2］ 王珊,萨师煊. 数据库系统概论［M］. 5 版. 北京：高等教育出版社,2014.

［3］ Silberschatz A，Korth F H，Sudarshan S. 数据库系统概念［M］. 杨冬青，李红燕，唐世渭，译. 6 版. 北京：机械工业出版社,2012.

［4］ PostgreSQL 全球开发组. PostgreSQL 12.2 手册［EB/OL］. 彭煜玮,PostgreSQL 中文社区文档翻译组,译.［2023-03-06］. http://www.postgres.cn/docs/12/.

［5］ 谭峰，张文升. PostgreSQL 实战［M］. 北京：机械工业出版社,2018.

［6］ Price J. 精通 Oracle Database 12c SQL&PL/SQL 编程［M］. 卢涛，译. 3 版. 北京：清华大学出版社，2014.

［7］ MORTON K，OSBORNE K，SANDS R，et al. 精通 Oracle SQL［M］. 朱浩波，译. 2 版. 北京：人民邮电出版社，2014.

［8］ ISO/IEC JTC 1/SC 32. Data management and interchange Technical Committee. Information technology—Database languages—SQL—Part 2：Foundation［EB/OL］.［2023-03-06］. https://www.iso.org/standard/63556.html.

［9］ CELKO J. SQL 编程风格［M］. 米全喜，译. 北京：人民邮电出版社，2008.

［10］ KING K. SQL 编程实用大全［M］. 杜大鹏，龚小平，史艳辉，等译. 北京：中国水利水电出版社，2005.

［11］ FAROULT S，ROBSON P. SQL 语言艺术［M］. 温昱，靳向阳，译. 北京：电子工业出版社，2008.

［12］ BURLESON D K，CELKO J，COOK J P，et al. Advanced SQL Database Programmers Handbook［M］. United States of America：BMC Software and DBAzine,2003.

［13］ Regina O，Obe，Leo S H. PostgreSQL：Up and Running［M］. Second Edition. United States of America：O'Reilly Media，Inc.，1005 Gravenstein Highway North，Sebastopol，CA 95472,2015.